Small animal surgery

小动物外科学
——外科技术进阶指导手册

Surgery atlas, a step-by-step guide
Surgical techniques

（西）　何塞·罗德里格斯　著
José Rodríguez

杨　磊　主译

化学工业出版社
·北京·

This edition of SURGICAL TECHNIQUES is published by arrangement with GRUPO ASÍS BIOMEDIA S.L.
Small animal surgery. Surgery atlas, a step-by-step guide. Surgical techniques by Jose Rodriguez
ISBN 9788416818273
Copyright© 2016 GRupo Asís Biomedia S.L.. All rights reserved.

本书中文简体字版由 GRupo Asís Biomedia S.L. 授权化学工业出版社独家出版发行。

本书仅限在中国内地（大陆）销售，不得销往中国香港、澳门和台湾地区。未经许可，不得以任何方式复制或抄袭本书的任何部分，违者必究。

北京市版权局著作权合同登记号：01-2019-1033

图书在版编目（CIP）数据

小动物外科学：外科技术进阶指导手册/（西）何塞·罗德里格斯著；杨磊主译. —北京：化学工业出版社，2021.3

书名原文：Small animal surgery. Surgery atlas, a step-by-step guide. Surgical techniques

ISBN 978-7-122-38250-4

Ⅰ.①小⋯　Ⅱ.①何⋯②杨⋯　Ⅲ.①兽医学-外科学　Ⅳ.①S857.1

中国版本图书馆CIP数据核字（2020）第257341号

责任编辑：邵桂林　　　　　　　　　　　　　　装帧设计：张　辉
责任校对：宋　玮

出版发行：化学工业出版社（北京市东城区青年湖南街13号　邮政编码100011）
印　　装：北京缤索印刷有限公司
787mm×1092mm　1/16　印张19³/₄　字数483千字　2021年5月北京第1版第1次印刷

购书咨询：010-64518888　　　　　售后服务：010-64518899
网　　址：http://www.cip.com.cn
凡购买本书，如有缺损质量问题，本社销售中心负责调换。

本书翻译人员

主　　译　杨　磊

翻译人员　杨　磊　杜　山　霍家奇　雷红宇

作者

何塞·罗德里格斯
兽医学博士，毕业于马德里孔普卢腾斯大学（UCM）
西班牙瓦伦西亚兽医院外科医生，外科学和外科病理学导师。《小动物外科手术集》中《图解外科手术》分册合著作者。

审校

斯蒂文·C·巴德斯伯格
美国华盛顿州立大学兽医博士。乔治亚大学兽医学院（UGA）小动物医学与外科系教授，临床研究主任。

合作者

乔治·利纳斯

西班牙萨拉戈萨大学兽医专业毕业。口腔颌面外科专科医师。西班牙瓦伦西亚苏尔兽医医院创始人兼主任，西班牙兽医激光与电外科学会会长。

卡罗琳纳·塞拉诺

西班牙萨拉戈萨大学兽医学博士，动物病理学系动物医学与外科助理助教。萨拉戈萨大学小动物临床医学硕士和生物医学图像介导微创外科技术硕士。

阿马亚·德托瑞

西班牙萨拉戈萨大学兽医专业毕业。萨拉戈萨伊斯帕尼达兽医诊所主任。萨拉戈萨大学动物病理学系副教授。

克里斯蒂娜·伯纳斯特

西班牙萨拉戈萨大学兽医专业毕业。卡塞雷斯大学兽医学博士。萨拉戈萨大学动物病理学系副教授。

安赫尔·奥尔蒂莱

西班牙萨拉戈萨大学兽医学硕士毕业，西班牙萨拉戈萨大学博士研究生在读。

何塞·马丁内斯

西班牙萨拉戈萨大学（HCVZ）兽医学硕士毕业，萨拉戈萨兽医学院临床医学与外科教授，临床兽医医院助理主任。

曼努埃尔·阿拉曼

西班牙萨拉戈萨大学兽医专业毕业。西班牙瓦伦西亚兽医医院兽医。

杰米·格劳

西班牙萨拉戈萨大学（HCVZ）兽医专业毕业。萨拉戈萨兽医学院兽医外科副教授，临床兽医医院兽医。

罗西奥·费尔南德斯

西班牙萨拉戈萨兽医大学教师。

鲁道夫·布鲁尔戴

阿根廷布宜诺斯艾利斯大学兽医医学研究生，获得小动物外科证书和拉丁美洲兽医眼科学院文凭。圣乔治大学（西印度群岛格林纳达兽医学院）小动物诊所的外科医生，小动物医学与外科学术课程主任，小动物外科教授。

罗伯托·布萨多里

意大利米兰大学兽医学博士。欧洲兽医学博士学位。米兰 Gran Sasso 兽医诊所主任。

玛利亚·艾琳娜·马丁内斯

阿根廷布宜诺斯艾利斯大学兽医专业毕业，获得小动物外科文凭。HEMV-UBA 兽医学院教学医院外科医师。

帕布鲁·迈耶

阿根廷布宜诺斯艾利斯大学兽医专业毕业，获得小动物外科文凭。HEMV-UBA 兽医学院教学医院外科医师。

西尔维亚·雷佩托

意大利米兰大学兽医专业毕业。米兰 Gran Sasso 兽医诊所兽医。

贝亚特丽斯·贝尔达

西班牙瓦伦西亚大学兽医专业毕业。

维森特·贝尔达

埃雷拉红衣主教大学（西班牙巴伦西亚）兽医医学研究生。巴伦西亚苏尔兽医医院图像诊断部经理。

路易斯·加西亚

西班牙萨拉戈萨大学兽医专业毕业。萨拉戈萨 Ejea 兽医诊所主任。西班牙兽医激光和电外科学会副主席。

哈维尔·戈麦斯·阿奴尔

西班牙萨拉戈萨阿拉贡科学研究所兽医麻醉师。

阿梅里克·比洛里亚

兽医专业毕业。西班牙萨拉戈萨大学兽医学院医学与外科教授。

帕特里西奥·托雷斯

法国里昂大学兽医专业毕业。帕特里西奥·托雷斯博士医学研究所所长兼兽医外科主任。

前言

"如果你想要不同的结果，不要一直做同样的事情。"

爱因斯坦（1879—1955）

非常荣幸能为大家呈现《小动物外科学》。这项工作代表了小动物外科专家们多年艰辛工作的精华，其中还精选了一些包含在前几个分册中有详细说明的外科手术，通过53个高质量的教学视频的附加展示，引导读者深入外科手术领域。

你手中的这本书是外科学专著之一，其亮点也许是兽医临床医师最精彩的活动：大概是因为外科手术是一种直接的用手来完成的治疗方法，且赋予了外科医生一种神奇的力量，从而在手术室里常常能快速解决疾病。

对于刚就职的外科医生来说，手术是一个"严峻的考验"。成功固然可喜，可极大地增加外科医生的声望，但失败有时更有激励作用。不管怎样，围绕着手术和外科医生的神秘光环迫使我们对每一次外科手术要制定详细方案，以便在最短的时间内获得最好的结果，同时尽可能减少创伤。因此，我们在这本书中新添加了53个视频，这将给外科医生带来很大帮助。书中的副标题一步一步地解释外科医生是如何进行手术的，动态图像以最直观、最具教育性的方式在许多情况下指导外科医生。我们真诚地希望能充分利用它们。所有这些不仅将有利于患者，而且将确保临床医生享受在手术室里的工作，因为手术可以而且应该是一种乐趣。

本书是编者们丰富外科经历的体现，尤其是何塞·罗德里格斯博士，他在外科手术中的丰富阅历对本书有卓越的贡献。毫无疑问，任何外科手术的成功取决于外科医生及其团队在手术前、手术中和手术后准确、有效地识别和处理出血的技巧和能力。

和之前的书一样，我们对一些视觉资料的质量感到歉意。请注意，这些资料是在手术过程中拍摄的快照或视频，有时有不够完美的构图、灯光和焦点。

我们的目标始终是致力于兽医临床工作的发展。如果编者们通过本书能够给您一些帮助和建议，他们都会很满意，如果本书能够传播他们对手术的热爱，他们会更高兴。

我们希望本书中包含的图片、视频、评论、建议和提示将有助于外科医生为做好手术计划。无论如何，我们感谢您的关注，并希望您享受您将实施的手术。

Grupo Asís Biomedia. 编辑部

2016 年 9 月，萨拉戈萨，西班牙

如何使用本书

　　《小动物外科学》是前几卷中介绍的主要外科手术的选集。

　　手术按技术的难易程度分为基础和高级手术。它们体现在不同的解剖领域：心肺系统、循环系统、胃肠道系统、泌尿生殖系统、生殖系统和内分泌系统。

　　这本书也包括一些无血手术的操作。

　　这本书对常见病手术程序做了一步一步、详细的解释。

　　并且，这本书最大的优点是每一个手术技术都有配套的高质量视频演示。

内容

可以扫描二维码观看手术技术视频

对手术流程的每一步具有高质量的图片展示说明

所讨论的章节、主题或病理的名称

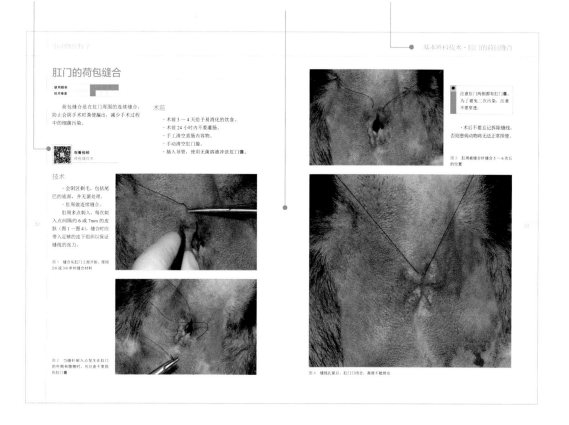

方框中提供了有关手术的技术难度和患病率信息

小动物外科学

胸腔镜

流行性
技术难度

胸腔镜是内窥镜手术中的一种，是用于胸腔常见疾病的诊断和治疗的窥镜入路系统（图1）。

胸腔镜手术可让人联想到其他窥镜手术技术，如腹腔镜技术或关节镜技术，但基于胸腔结构的特点，胸腔镜手术有其特殊性。

胸腔镜检查时，无需在患部周围注入液体或气体建立工作空间，可通过气管插管向肺内注入气体，当气体进入胸腔时，有问题的一侧肺脏就会出现塌陷，这样可以在肋骨与胸膜之间建立一个工作空间，从而免除对该区域扩张的需要。向肺脏注入气体可能会帮助或加剧肺萎陷，术者应注意避免这种情况发生。

如果膨胀压力太高，将会发生张力性气胸。临床症状表现为心输出量下降、对侧肺出现压缩。因此，除极个别情况外不推荐使用吹气法建立工作空间，如果一定要使用吹气，气流量不应超过1L/min，气体压力不要超过5mm汞柱，因为高压力同样可以产生上述症状。

使用胸腔镜时，另一个需要考虑的方面是单极电热凝血的使用。如果使用单极电热

凝血模式，活性电极的高频电流（510kHz）可以穿过组织到达动物下方的电极板。

电凝效果只有在活性电极下才可产生，但有可能也会产生50～60kHz的低频杂散电流。心肌对30～110kHz范围内的电流较为敏感。在此频率范围内，仅10mA的电流即可对心率产生影响，这种电流可由大于30W功率工作的电机产生。

⬛ 单极电热模式可诱发室颤甚至心脏骤停。

▮ 胸腔镜手术中，推荐使用电凝、超声或激光来进行止血。

此外，胸腔镜手术中，术者需确定一个可插入套管针用于进入端口的均匀表面。在胸腔镜介入治疗时，肋骨是个问题。如果内窥镜或手术器械必须沿着垂直向通向肋骨时，活动范围必须会受到影响，所以通过的固定路径越短越好。

应当按开胸术的标准做好胸腔镜手术的术前准备，一旦胸腔镜手术遇到困难，可迅速转为传统的手术方案。

这些说明提示了手术实施过程中需要特别注意的风险

方框中突出显示了术者感兴趣的信息及有用的提示

参考其他技术或其他小动物相关书籍的借鉴

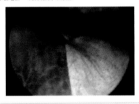

图1 此病例中，右肺尖有明显病灶，而左肺心叶末见此病变

彩色带表示相关临床病例的列举

小动物外科学

病例 / 采用CO₂激光的Hotz-Celsus眼睑成形术

一只一岁大的猫因先天性内翻导致左眼疼痛，被带进医院进行眼科会诊。在局部麻醉眼睛后，经测量确定多余的皮肤约2～3毫米。

手术技术简介

为了避免出血，在Hotz-Celsus眼睑成形术实施过程中 ²，使用CO₂激光切开和切除多余的皮肤。具体做法如下：

* 眼睛表面用一层浸好盐水的棉花保护。
* 第二切口的下端标记为参照点（图1）
* 使用浸泡在盐水中的纱布将眼睑抹刀包裹撑开拉紧眼睑皮肤，以在切开时吸收来自CO₂激光的能量。第一个切口位于距眼睑边缘1～2毫米处（图2）。

简要而清晰地借助图片描述了每一步手术进程

其余眼科检查均正常。在这种情况下，需要的手术技术是Hotz-Celsus眼睑成形术。

图1 眼角膜由一层浸在盐水中的棉絮保护。标记第二切口线的下边缘，即确定要切除的皮肤区域

▮ 在这种情况下，CO₂激光器设定为连续模式和连续波，输出为5W。

* 将第一个切口的两端与最初标记点连接做一个V字形的第二个切口（图3）。

图2 第一个皮肤切口距眼睑约1.5毫米用抹刀包上盐水抹刀，保持皮肤紧绷

图3 第二切口将第一个切口的两端与最初所做的标记连接起来，以确定切除的范围

目录

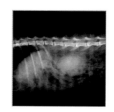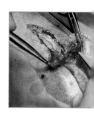

基本外科技术

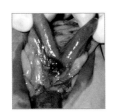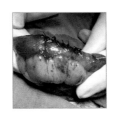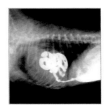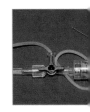

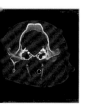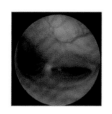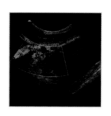

高级外科技术

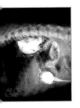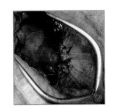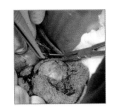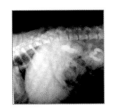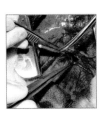

基本外科技术

排泄性尿路造影术

使用频率				
技术难度				

静脉注射阳性造影剂，根据肾脏浓缩和排泄造影剂的能力，使肾脏、输尿管和膀胱逐渐显影。

这项技术的阳性造影剂必须为碘制剂，通常使用离子碘化介质（例如氨基三甲酸钠），而在高危患者中，推荐使用非离子碘化对照介质（碘己醇或碘帕米多）。

> 用于排泄性尿路造影，应该使用碘化造影剂

碘化合物对比剂的推荐剂量为 450～880mg/kg 体重。

在尿路造影前，应禁食 24h，保证肠道排空，以优化肾脏及输尿管的显影效果。此外，也可在造影前 12h 和 3h 灌肠排空肠道内容物。

造影剂可选择在头静脉或颈静脉注射。

应按下列时间间隔进行连续的射线照射：
· 注射造影剂后立刻拍摄（腹背位）。
· 注射 15 秒后拍摄（腹背位）。
· 5 分钟后拍摄（腹背位，侧位和斜投影）。
· 注射 15 分钟后拍摄（腹背位和侧位）。
· 注射 30 分钟后拍摄（腹背位和侧位）。

注射显影剂后肾脏的显影效果取决于肾脏的功能，肾脏的功能越差显影效果越差。因此，对于存在一定程度肾功能不全的患者，可能有必要增加造影剂的剂量。但同时要小心碘化造影剂会诱发肾病。

正确的排泄性尿路造影可以诊断许多影响肾脏和输尿管的疾病（图 1～图 8）

> 排泄性尿路造影时肾脏显影效果取决于肾脏的功能。

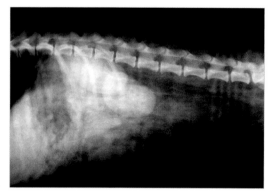

图 1　静脉注射造影剂 5 分钟后排泄性尿路造影。侧位

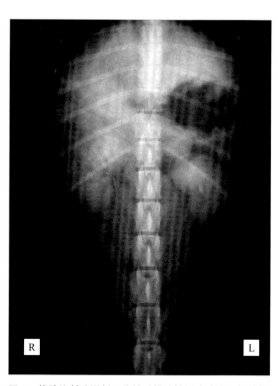

图 2　静脉注射造影剂 5 分钟后排泄性尿路造影。仰卧位

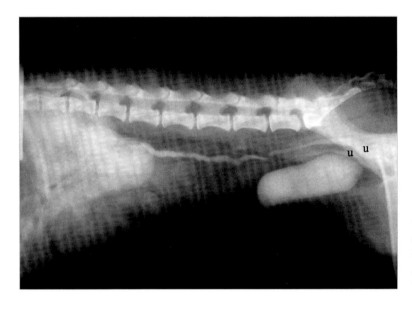

图 3　静脉注射尿路造影剂 15 分钟后，侧位投影。可见双侧输尿管（u）终止于膀胱三角区。在这个病例中，排泄性尿路造影为 X 线诊断异位输尿管提供了一个明确的诊断依据

3

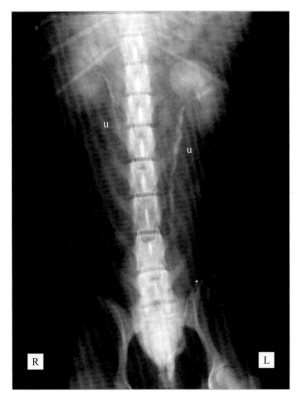

图 4　静脉注射造影剂 15 分钟后排泄性尿路造影，仰卧位，可见双侧输尿管（u）均在远处终止于膀胱三角区异位输尿管的诊断

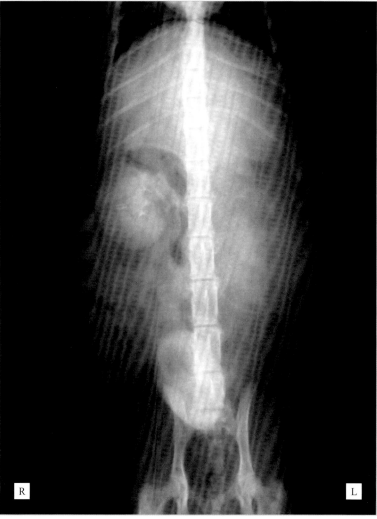

图 5 猫腹部突出的部分，X 线平片显示异常增大的左侧肾脏

图 6 静脉注射造影剂后的腹背位投影，左肾功能表现较差。诊断为肾淋巴瘤

4

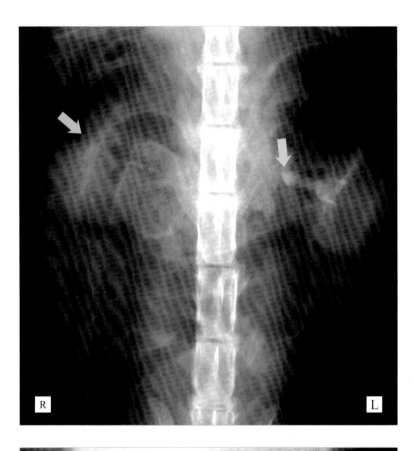

图 7　一只猫静脉注射碘制剂，尿路造影 5 分钟后取仰卧位。X 线片显示形状异常的右肾（蓝色箭头），其表现与肾梗死相匹配，左肾显示梗阻（黄色箭头）

5

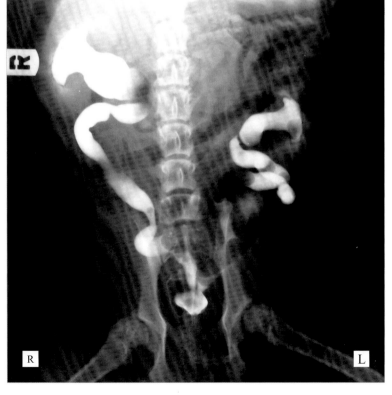

 观看视频
排泄性尿路造影

图 8　一只狗经脉注射碘制剂几分钟后，腹背位。可见肾盂和输尿管极度扩张

预防性止血

使用频率					
技术难度					

在手术过程中，一旦组织受到损伤并被剖开，预防性止血就限制了组织的出血。它可以是暂时的，以实现一个完全无血的操作区域，例如，人医中手指的截断术。或者可以是永久的，以防止将要被切开和不重建的血管出血，如卵巢切除期间的卵巢血管。

> 预防性止血可以缩短手术时间。

这种方法可利用化学、热、机械性等手段来实现。

具体可参阅以下章节内容。

在四肢上，可在一定时间内使用充气绷带或 Esmarch 绷带，以防止组织不可逆缺血。在机体内部，可以使用强力按压或非创伤性阻断钳（血管钳），并使用 Rummel 止血带暂时停止血液流动（图1）。

预防性止血技术是基于使用一系列仪器和材料来预防在切开组织和器官之前从血管出血（图2和图3）。这些技术包括使用夹子和血管夹，结扎和缝合，或使用血管收缩药物用于在切开组织之前诱导血液凝固。

> 预防性止血会损伤血管。在完成手术之前，必须确保组织没有受到损伤，继发性出血的机会也会很大程度地降低。

图1　用 Satinsky 血管钳在腔静脉尾端钳夹阻断，以防止手术中出血

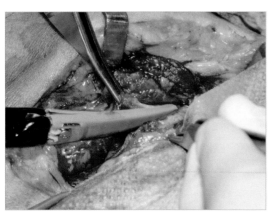

图2　在进行侧开胸手术时使用双极剪刀，有助于在组织切开前将相关血管中的血液凝固，从而将手术过程中的失血降至最低

图3　手术缝合器在切除组织前安全、永久地关闭血管。本病例显示在完成肾切除术前使用肾血管吻合术进行预防性止血

水分离

　　笔者所使用的水分离技术是基于将盐水注入所讨论的组织。

　　这样可简化组织解剖结构，减少手术创伤，改善血管的视野，允许选择性止血（图1）。

> 水分离用于分离不同弹性和致密度的组织，最大限度地减少失血。

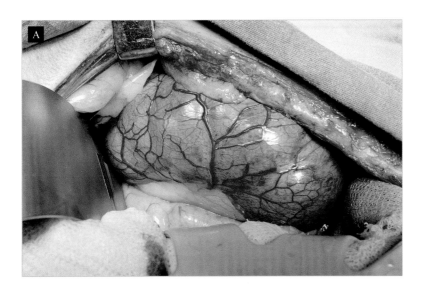

7

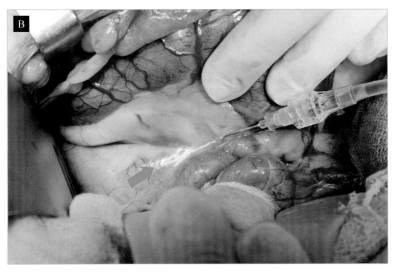

图1　这是实行肾切除术的一个肾。为了简化肾门的解剖，更容易识别肾血管，将盐水注入肾门的脂肪组织中。如（B）所示，生理盐水有助于快速准确地识别血管（用箭头标记的肾静脉）。

在精细而有弹性的组织中，低压水分离是通过在被切开组织周边低阻力组织（如皮下或脂肪组织）和腹膜后间隙中用 20 毫升注射器注射生理盐水来实现的图 2～图 4。

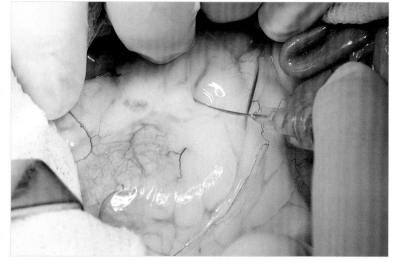

图 2　将生理盐水注入肾周围组织非常简单，可以用 10 毫升或 20 毫升注射器

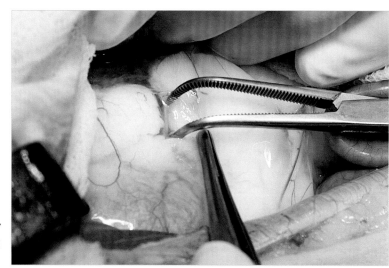

图 3　肾门脂肪组织的"水肿"有助于外科医生更安全地观察和阻断肾血管

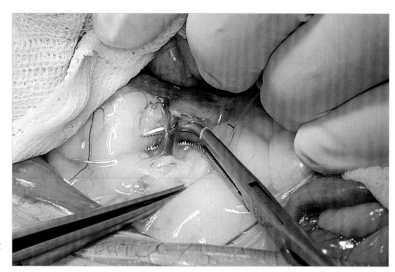

图 4　水分离使组织切开或切除前血管易于被识别、分离和阻断

在大多数情况下，为了正确地分隔组织，需要多次浸润周边组织（图5）。

冷水血管收缩性水分离术

如果使用1：200000或1：400000肾上腺素溶液与盐水混合进行水分离，可以沿着自然平面分离组织，由于肾上腺素引起的血管收缩，出血量大大减少，没有任何心血管副作用（图6）。

> 如果在生理盐水中加入肾上腺素和利多卡因溶液，不仅可以实现水分离，还可以减少出血。

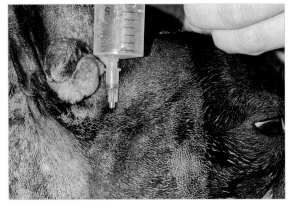

图5　这个病例显示了外耳赘生物切除前对外耳道周围组织的水分离。为了使盐水均匀分布，需要在外耳赘生物根部多点注射

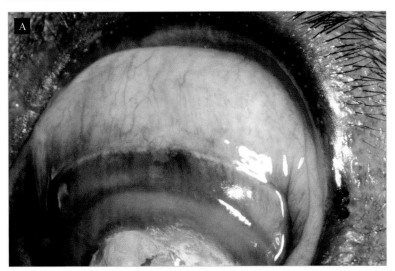

为了获得更好的血管收缩效果，手术前应等待5～10分钟。

> 若使用20毫升注射器进行水分离，用胰岛素注射器（4100）取0.1毫升肾上腺素（1毫克/毫升），并将其加入预充盐水溶液（1：200000稀释）的20毫升注射器中。

9

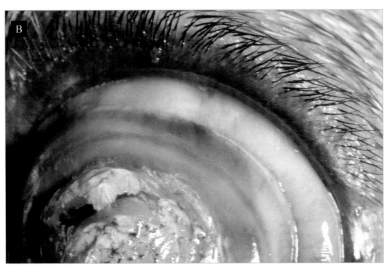

图6　眼周注射盐水和肾上腺素溶液（1：200000）前（A）后（B）的图像。这减少了结膜下和球后间隙的出血，并显著简化了附着在眼睛上的肌肉和组织的解剖

*注：关于肾上腺素稀释，将一粒肾上腺素胶囊（1毫克/毫升）稀释于199ml生理盐水中，即稀释至1：200000。

出血极少，无术后并发症，愈合良好。

在生理盐水中1∶200000稀释的肾上腺素也可以灌注到组织上，以减少浅表手术中的出血。这减少了其他止血技术的应用和手术时间（图7）。

观看视频
水分离术

肾上腺素用盐水1∶200000稀释，其稀释液也可在组织表面滴注以减少浅表手术期间的出血。这样即可减少其他止血技术的应用，也可缩短手术的持续时间。

图7 在浅表手术中，含有血管收缩剂的溶液可用于减少术中出血。

图像显示两名患者在瞬膜上重新定位泪腺。不使用血管收缩剂溶液的组织状况（A）。使用该溶液，由于眼睛表面及周边组织血管收缩和出血减少，使手术更容易、更快（B）

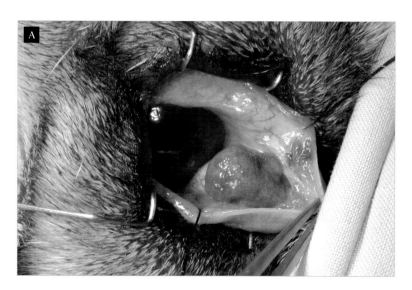

加压水分离

当水分离用于纤维结缔组织和密度较大的组织时，必须在更大的压力下注入盐水，才能使组织分离。在这些情况下，需要小的 2 毫升注射器，这已经被证明比其他更大的注射器更有效。当需要相当大的压力来克服组织阻力时，注射器压力枪是一种优秀而廉价的替代品（图 8）该系统是由印度一名颌面外科医生设计的，用于牙龈组织的分离。

使用大量的液体注入时有另一个选择，可以使用一个压力套管加压快速输液，周围放置一袋温盐水（图 9）。这个系统可以创建 33330.6 ～ 39996.7Pa 的压力（250 ～ 300 毫米汞柱或 0.34 ～ 0.40bar），足以分离组织，且无外伤和血管损伤。

虽然水分离是一种安全的分离方法，但是它也有缺点：

■ 如果使用高流行率的设备，由于组织被盐水饱和，电凝或激光止血的效果会降低。

■ 如果使用大量的生理盐水，由于这种冲洗的冷却作用，患病动物可能会体温过低。如果不加热盐水，情况可能会更严重。

■ 如果使用肾上腺素溶液进行水分离，若使用的浓缩溶液一旦进入循环，可能会

图 8 专业硅胶喷枪，适用于 10 ～ 50ml 注射器
该枪的压力为 588 万 Pa（60bar），可用于强粘连和纤维组织的水分离。

发生心血管损伤，甚至可能在周围组织由于强烈血管收缩而引起缺血进而导致组织坏死。

外部水分离

利用高压盐水流进行水分离，作为一种实现不同弹性和密度组织非创伤性分离的方法，在人体外科中得到了广泛的应用，可选择性地切开组织，且失血最少。有专门的设备可以产生压力在 294000 ～ 588000 帕（30 ～ 60bar）之间的盐水流，但是这些设备对兽医来说可能太贵了。

通过这种类型的组织切开，可以更容易地明确组织表面和更精确地分离解剖结构。

11

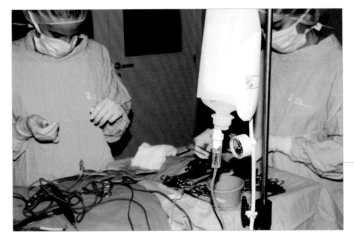

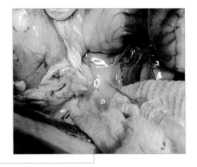

图 9 使用气动灌注系统压力下将生理盐水注入组织
在这个病例中，它被用来分离由于几个月前进行的卵巢切除而在胰腺周围形成的粘连

眼科手术·眼睑内翻

患病率					
技术难度					

Hotz-Celsus 眼睑成形术

先天性睑内翻的手术方法主要是 Hotz-Celsus 眼睑成形术。该手术包括切除眼睑倒置部分的半月形皮肤，然后将其缝合回正常位置。

眼睑内翻

眼睑内翻是眼睑向眼内折叠或翻转，导致毛发接触、刺激和损伤结膜及角膜（图1），可由以下原因引起：

- 眼睑皮肤过度发育
- 眼球下陷到眼窝
- 眼睑重量增加
- 眼部皮肤过度松弛
- 眼睑褶皱畸形

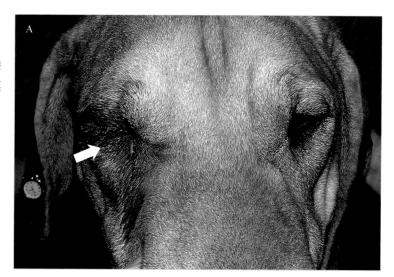

临床症状有：

- 动物用肢体揉擦面部
- 眼泪
- 眼睑痉挛
- 无眼
- 眼泪增多导致眼睑皮炎
- 由于结膜血管充血而引起的眼睛发红
- 角膜损伤和水肿
- 慢性患病动物角膜黑变

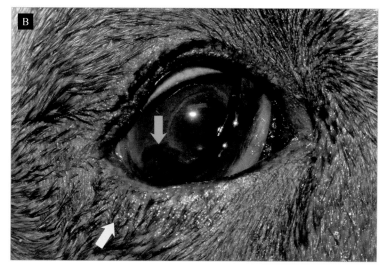

图1　先天性内翻引起眼睛疼痛，眼睑痉挛和过多的泪液分泌（白色箭头）（A），睑缘炎（黄色箭头）和角膜损伤（蓝色箭头）（B）

在使用麻醉剂滴剂去除眼睑痉挛后，评估侵入眼睛的皮肤数量和最受影响的眼睑区域。

为了解决先天性内翻，手术技术的选择是一种改良的 Hotz-Celsus 眼睑成形术（图 2～图 6）。这包括从受影响的眼睑区域切除一个新月形，使眼睑回到正确的解剖位置（图 2）。

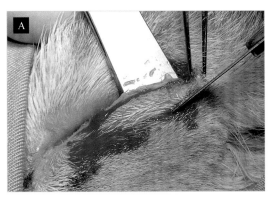 

图 2　改良的 Hotz-Celsus 眼睑成形术去除引起内翻的皮肤部分。第一个切口距眼睑边缘约 1～2 毫米，第二个切口在手术前确定的距离处进行，以去除多余的皮肤并正确定位眼睑边缘

眼睑富含非常丰富的血管，这种手术会导致大量出血。
术后炎症也很常见。

观看视频
先天性眼睑内翻（Hotz-Celsus 眼睑修复术）

13

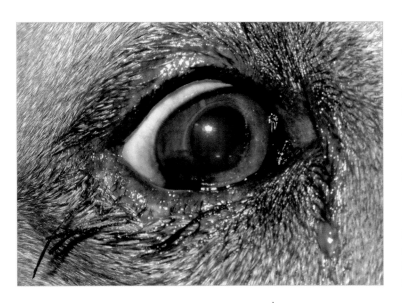

由于眼睑富含丰富的血管，这种手术会导致出血。在这种情况下，出血是通过纱布海绵压缩来控制的。眼睑缝合线是由简易且精细的多线程材料制成（5/0 丝线），注意让结远离眼睑边缘，以防止结的末端伤害眼睛（图 3）。

图 3　使用眼睑缝线时，线结应远离眼睛；线结的末端应该留得很长，以保持灵活，并且在接触角膜时不会损伤角膜

病例 / 采用 CO_2 激光的 Hotz-Celsus 眼睑成形术

一只一岁大的猫因先天性内翻导致左眼疼痛，被带进医院进行眼科会诊。在局部麻醉眼睛后，经测量确定多余的皮肤约 2～3 毫米。

其余眼科检查均正常。在这种情况下，需要的手术技术是 Hotz-Celsus 眼睑成形术。

为了避免出血，在 Hotz-Celsus 眼睑成形术实施过程中[2]，使用 CO_2 激光切开和切除多余的皮肤。具体做法如下：

■ 眼睛表面用一层浸好盐水的棉花保护。

■ 第二切口的下端标记为参照点（图 1）

■ 使用浸泡在盐水中的纱布将眼睑抹刀包裹撑开拉紧眼睑皮肤，以在切开时吸收来自 CO_2 激光的能量。第一个切口位于距眼睑边缘 1～2 毫米处（图 2）。

图 1　眼角膜由一层浸在盐水中的棉絮保护。
标记第二切口线的下边缘，确定要切除的皮肤区域

在这种情况下，CO_2 激光器设定为连续模式和连续波，输出为 5W。

■ 将第一个切口的两端与最初标记点连接做一个 V 字形的第二个切口（图 3）。

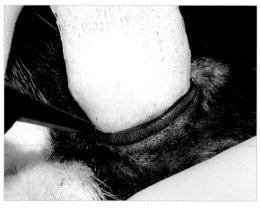

图 2　第一个皮肤切口距眼睑约 1.5 毫米
用抹刀包上盐水纱布，保持皮肤紧绷

图 3　第二切口将第一个切口的两端与最初所做的标记连接起来，以确定切除的范围

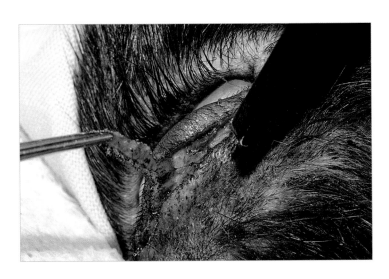

■以前切口留下的皮肤也可以用倾斜的激光束切除，以对圆形肌肉造成最小的损伤（图4，图5）。

图4 采用CO_2激光切除皮肤眼睑皮肤未见出血

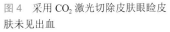

激光手术加快和简化了眼睑手术，因为没有术中出血（图5）。

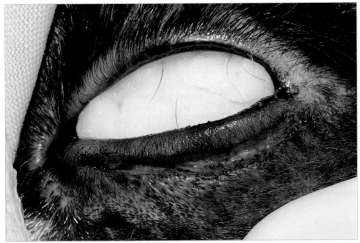

图5 这张照片显示了激光切除皮肤的直接结果

■病例中，术者并没有缝合眼睑切口，而是让切口通过第二种方式愈合（图6）。

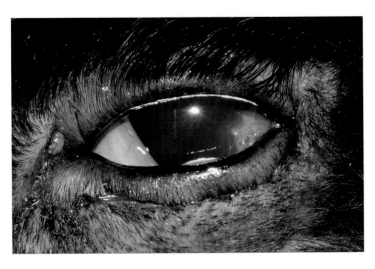

图6 上述手术术后

手术后应使用抗生素和消炎软膏，每天三次，持续一周。

最后的结果是令人满意的，因为可以看到，在其他情况下使用相同的技术，没有缝合，如沙皮（图 7）和哈巴狗（图 8）。

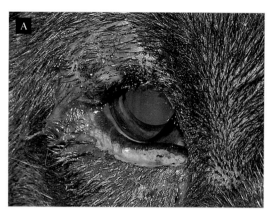

图 7　沙皮犬使用 CO_2 激光，Hotz-Celsus 眼睑成型术后 24 小时（A）和术后 12 天（B）的图片

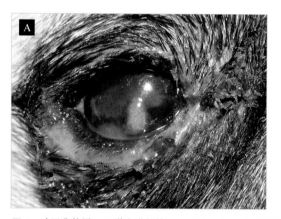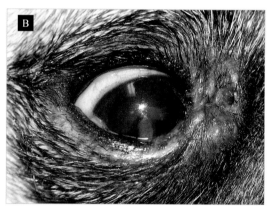

图 8　哈巴狗使用 CO_2 激光进行的 Hotz-Celsus 眼睑成形术和内眦成形术的图像，术后 4 天（A）和术后 10 天（B）

腰骶的硬膜外麻醉

使用频率				
技术难度				

目标

减少对全身麻醉药的需求，增加后躯手术过程中的镇痛。

在最后一个腰椎和第一个骶椎之间插入一根脊柱针，将适当的药物注入硬膜外间隙中（图1）。

> 硬膜外麻醉不能直接单独施用。如果在不使用全身麻醉的情况下，应给患病动物打深度镇静剂。

所需材料（图2）

- 电推剪。
- 合适的抗菌剂。
- 无菌手术手套。
- 一次性脊髓针。
- 用小注射器检查针头的正确位置（确定注射无阻力）。
- 选择不同大小、型号的注射器注射给药。

动物体型	针的类型	
	长度	规格
小	2.5cm	22G
中等	3.8cm	20G
大	7.5cm	18G

药物的使用

麻醉	剂量	毒性(IV)	药物持续时间	镇痛效果
2% 利多卡因	1ml/4.5～6kg	>10mg/kg	60 分钟	
2% 卡波卡因		>30mg/kg	2 小时	
0.5% 丁哌卡因		>3mg/kg	4～6 小时	

✳ 局部麻醉剂可引起低血压。
使用硬膜外麻醉前应纠正存在的低血压。

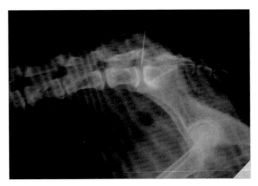

图1 X线片确定脊柱针的位置。如果对硬膜外腔的位置不确定，则应当用此操作确认脊柱针的位置

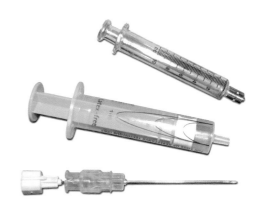

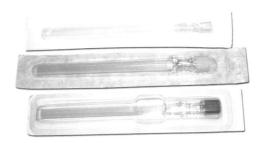

图2 硬膜外麻醉所需材料
- 采用小的低阻力注射器定位硬膜外间隙。
- 不同长度和规格的脊柱针。

17

麻醉前标记

记号笔标记髂骨翼、第七腰椎（L7）和第一骶椎（S1）的棘突位置（图3）。

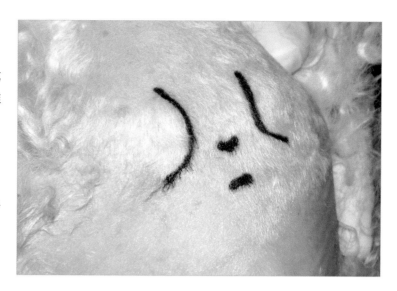

图3 标记解剖位置以定位脊柱针进入椎体通道的插入点：
- 髂骨翼。
- 第七腰椎的棘突。
- 第一骶椎的棘突。

非惯用手的拇指和中指用于触诊脊柱两侧的髂骨翼。同一只手的食指触诊L7的棘突位置后，沿着动物体头部和尾部方向滑动定位腰骶部空间（L7-S1）的一个凹陷部位（图4，图5）。

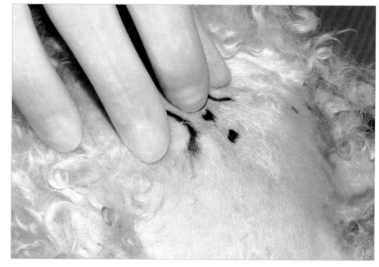

图4 拇指和中指置于髂骨翼上方，食指触摸L7的棘突

图5 接下来，触诊S1棘突，以确定脊柱针插入的位置

图6 患者采用胸骨平卧位，后腿向前拉以扩大腰骶部空间

技术

患者体位

镇静后，根据兽医的舒适程度或偏好，患病动物可按下列任意一种方式放置：

• 胸骨平卧位，后肢向前拉（图6）。

• 侧卧，后肢向头部靠拢。

两种摆位方式，都可实现腰骶部空间的扩张。在注射麻醉剂后，将患者置于腹侧或背侧卧位以在脊柱的两侧获得麻醉剂的均匀分布。若患病动物为侧卧位，则会加大下侧神经根的麻醉。

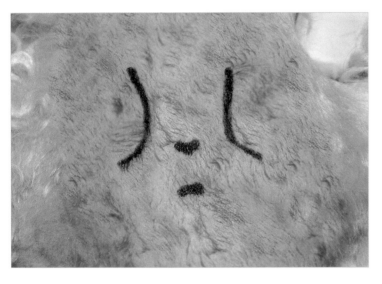

麻醉注射区域的准备工作

• 剃毛、术部消毒，无菌准备。

• 使用无菌手套和严格的无菌技术预防感染。

图7 该区域的准备工作应当像其他外科手术一样：剃毛、消毒肥皂清洗和应用聚维酮碘进行消毒

19

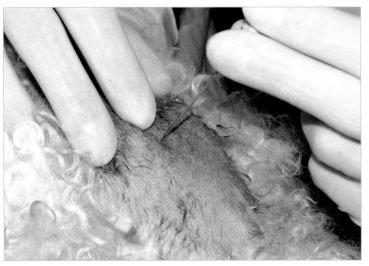

针的插入

用惯用手将脊柱针垂直插入L7和S1棘突之间的空间（图8和图9）。将其缓慢插入直至穿透韧带，即感受到"pop"的刺破感及刺入阻力的消失（图10）。

图8 针插入L7和S1的棘突之间

观看视频
硬膜外麻醉

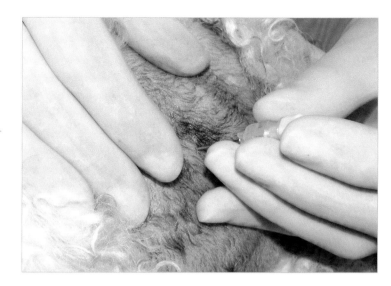

图 9 针应与皮肤表面保持垂直

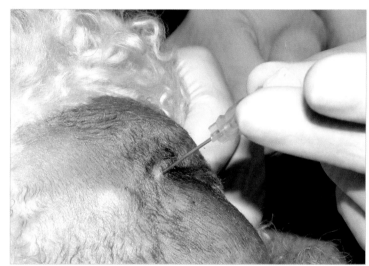

图 10 当韧带被刺破时,应感觉到"pop"的刺入感和组织对针阻力的消失

有时,特别是如果兽医没有经验,针可能会打到 L7 的椎体,必须在尾端的方向重新定位,以到达椎体通道。在获得足够的经验之前,建议对该区域进行横向 X 线检查,以确定针的长度和插入椎管的深度。

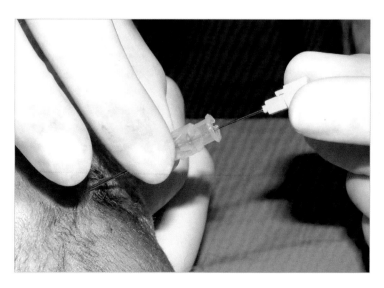

图 11 一旦到达硬膜外间隙,应马上抽出脊髓针的针芯。如果需要重新定位穿刺位置,一定要更换针芯

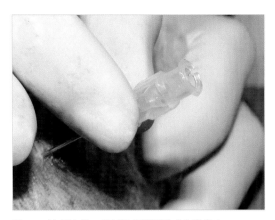

图 12　检查针芯，确保没有脊髓液或血液流出

接着，针芯应马上抽出套管（图 11）并检查套管回抽液中是否有脊髓液或血液（图 12）。

在小型犬和微型犬中，穿刺出脊髓液（图 13）的可能性是有的（穿刺针进入蛛网膜下腔所致）；如果发生这种情况，应将针重新指向尾部，或将麻醉剂量减少到计算剂量的三分之一。如果注射足量的脊髓麻醉剂，可能会出现完全脊髓麻醉，导致心血管和呼吸抑制或衰竭。如果观察到血，提示位于椎管底部的腹静脉丛已被穿刺。在这种情况下，应该收回针，并再次尝试正确定位。

在穿刺过程中如果有尾巴移动，说明穿刺到神经组织了。在这种情况下，针的位置需要稍微调整一下，但是不需要拔针。

如果麻醉药物进入到血管中，可能会导致抽搐、心肺功能减退并导致局部麻醉效果的缺失。

21

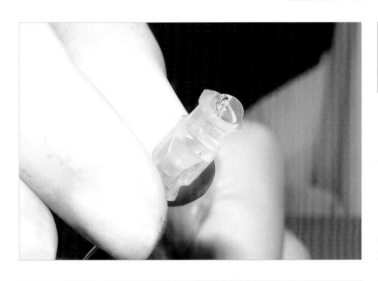

图 13　如果出现脊髓液，应在尾部重新定位穿刺位置或降低麻醉剂量

注射位置的检查

为了检查针头是否正确放置在硬膜外腔内，注射 0.5ml 无菌生理盐水，应该没有任何阻力。为此，最好使用低阻注射器（图 14），在没有这种注射器的情况下，也可使用玻璃注射器。

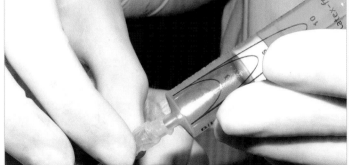

图 14　要检查针头是否处于正确位置，可注入少量无菌生理盐水，在此过程中应当无任何阻力，即可轻松注入

实施麻醉

实施麻醉前应将麻醉剂温热至体温，并在 30 ~ 60 秒内缓慢注射。与之前的测试一样，注射过程中不应该遇到任何阻力（图 15 和图 16）。

先注射 0.5 ~ 1ml 2% 盐酸利多卡因作为试验，若注射后肛门外括约肌迅速扩张，则进一步证明了该技术已经正确完成。

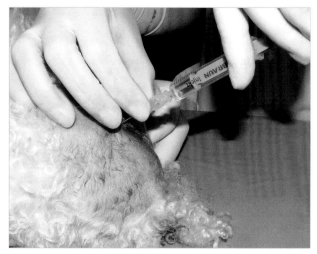

图 15　麻醉剂注射入硬膜外腔

不利影响

· 蛛网膜下腔或血管内注射入麻醉剂可引起呼吸肌麻痹、低血压、霍纳氏综合征以及由于交感神经阻滞、肌肉收缩、抽搐和昏迷而引起的低血糖。

· 如果注射技术不正确，麻醉可能会延迟或不成功；轻瘫和 / 或败血症也可能随之而来。

使用正确的技术。选择合适的麻醉剂并准确计算剂量。确保脊柱针的正确定位。利用盐酸利多卡因进行实验性注射，以确保硬膜外麻醉注射部位的正确。

禁忌症

· 局部解剖结构异常。

· 局部皮炎（脊柱）。

· 败血症。

· 凝血障碍和出血。

· 未矫正的血容量减少。

· 中枢和外周神经紊乱。

· 颅内压增加。

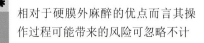 相对于硬膜外麻醉的优点而言其操作过程可能带来的风险可忽略不计

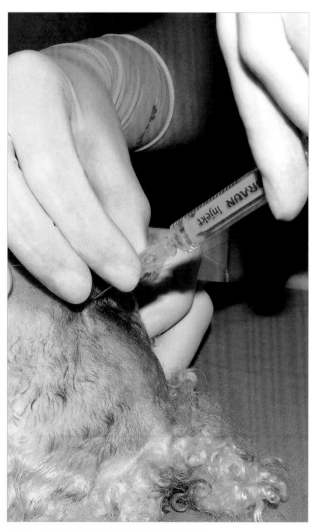

图 16　麻醉剂应在无任何阻力的情况下注入

22

导尿术

使用频率					
技术难度					

　　尿道导尿是临床兽医最常见的操作之一。出现尿潴留的患病动物，无论出于何种原因，都必须导尿以确保尿道通畅。有时也可能需要进行膀胱导尿，以获得尿液样本进行分析。导尿术过程见图 1～图 8。

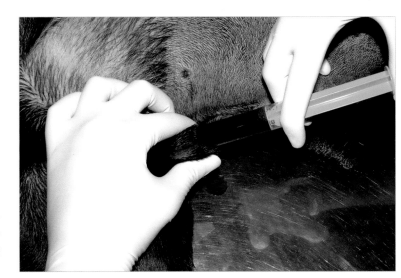

图 1　导尿前，应使用稀释的聚维酮碘溶液尽可能创造一个无菌的导尿区域，用注射器插入包皮进行消毒冲洗

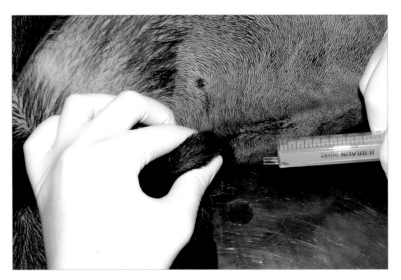

图 2　将消毒溶液注入包皮后，取下注射器，用拇指和食指压缩包皮口

图 3 消毒剂与黏膜保持短暂接触后释放消毒剂

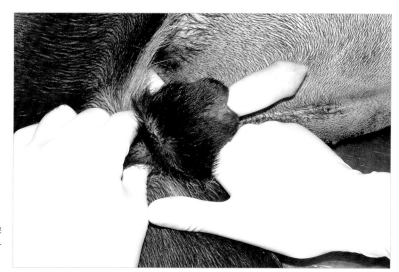

图 4 接下来，暴露阴茎。具体操作：一只手把包皮往后推，另一只手抓住阴茎的基部，向头侧推

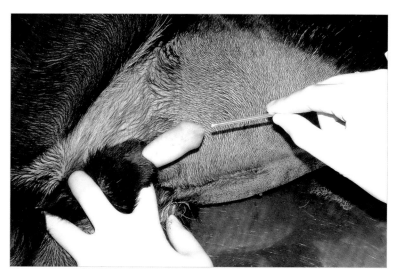

图 5 导管必须是无菌的。为了避免导管插入前污染，应注意导管只能与阴茎接触

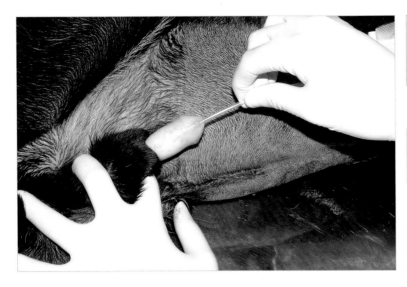

导尿可能会引起感染。以无菌的方式进行这一过程是很重要的。

观看视频
导尿术

图 6 在一只手保持阴茎外露的同时，确定泌尿道并插入导管的尖端

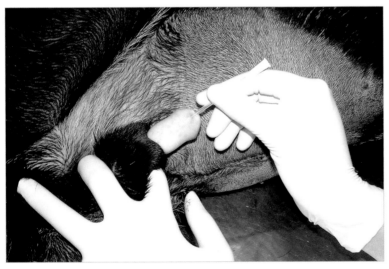

图 7 导尿管轻轻地向前推进，直到到达膀胱。使用半刚性导尿管可促进这一过程的完成，特别是在尿道阻塞的情况下

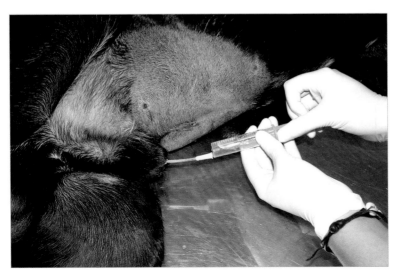

图 8 将无菌注射器连接到导尿管的末端，通过抽吸来排空膀胱

膀胱穿刺

使用频率					
技术难度					

　　膀胱穿刺术用于直接从膀胱获得无菌尿液样本，避免样本受到来自尿道的细菌或组织的污染。它还可以降低导尿引起的上行性尿路感染的风险。另一个适应症是，尿道阻塞、在逆行导尿不能解决的情况下进行膀胱减压。

> ＊ 膀胱穿刺术是一种快速而简单的手术，对于母犬来说比导尿更容易被接受。
>
> 为了便于膀胱穿刺，建议将针管斜面朝上插入（图2）。

技术

· 局部剃毛并消毒。

· 将膀胱定位并固定在腹壁上，注意不要使用过大的压力（图1）。当膀胱被过度压缩时，会加大尿液在针周围漏入腹腔的风险。

· 穿刺用 22-21G 40mm 针在雌性腹中线和雄性犬的中正位置进行。

· 针从膀胱中间沿 45° 角插并指向膀胱三角区（图2和图3）。

· 注射器的放置方式应使柱塞能够缩回而不会失去控制，并能不间断地吸出尿液（图4）。

图 1　稳定膀胱，确保正确的针位。如果膀胱很小，而且是猫的膀胱，最好是从盆腔末端固定

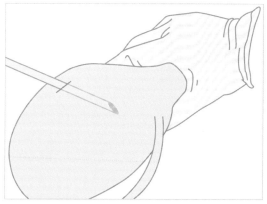

图 2　以一定角度插入穿刺针会在膀胱壁上形成一个倾斜的通道，有助于在抽出针头时关闭穿刺伤口，最大限度地减少尿液泄漏到腹腔内

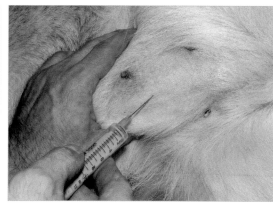

图 3　针尖朝向膀胱的远端区域（三角区），以确保所有尿液可以在需要时完全排出，而不必多次插入针头

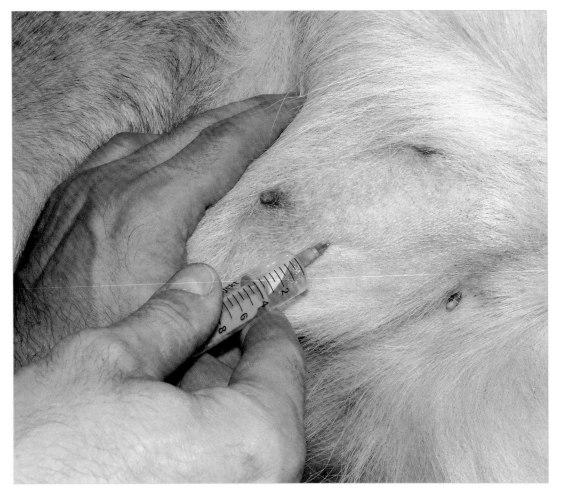

图 4　一旦膀胱被刺破，应在保证针头无移动的情况下提取尿液，以避免损伤黏膜和膀胱壁

✳

如果膀胱太小或者动物不合作导致不能被触诊，则禁止膀胱穿刺，不要盲目穿刺。

如果在膀胱穿刺术前给予利尿剂（呋塞米），要注意这会改变尿比重、pH 及每毫升的细菌数量。

并发症

· 一般来讲，这项技术不会导致继发性并发症。

· 然而，在不配合或者膀胱非常小的动物中，可能出现膀胱病变，如出血、腹膜炎、尿潴留和粘连。

观看视频
膀胱穿刺术及经皮膀胱置管术

经皮膀胱导尿术

使用频率				
技术难度				

　　尿道梗阻或其他病变（尿石、破裂、肿瘤形成）的患病动物不能经尿道插入导管导尿，只能采用通过腹壁放置膀胱导管的方式导尿（图 1 和图 2）。

　　将一套由套管针和套管组成的商用装置引入膀胱，并通过套管引入导尿管（图 3 和图 4）。

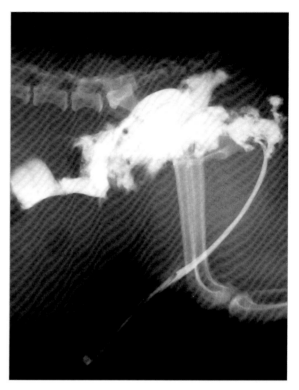

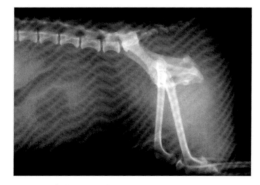

图 1　这个病例表现为尿潴留；导尿管会卡在坐骨区，故经尿道导尿是不可能的

图 2　由于怀疑有尿道病变，我们使用碘化造影剂逆行尿道造影。在 X 线片上，可以看到造影剂通过破裂的尿道流出进入盆腔

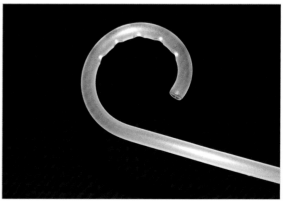

图 3　用于经皮放置导尿管的套件，包括套管针、套管、导尿管和尿液回收袋

图 4　导尿管尖端。当它被放入膀胱时，这个环将防止它滑出

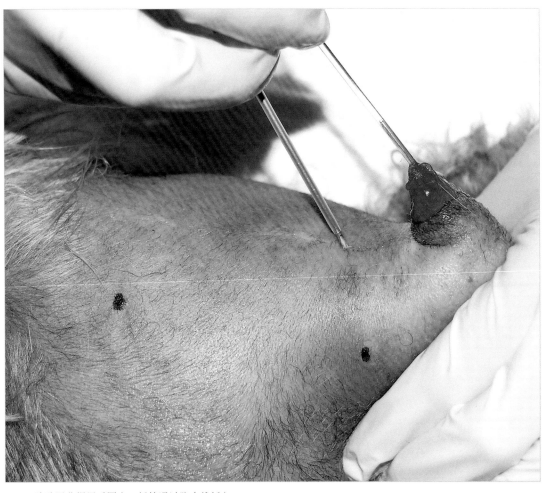

图 5　膀胱用非惯用手固定，插管通过腹中线插入

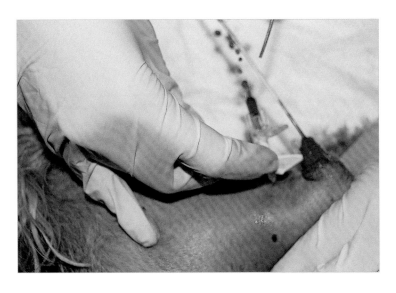

放置技术

　　膀胱固定在腹壁上，套管和套管针同时插入（图 5 和图 6）。

图 6　当套管和套管针进入膀胱后，尿液就会开始流动。随后取出套管针，将套管留在膀胱内

取出套管针，通过套管将导尿管引入膀胱（图7）。

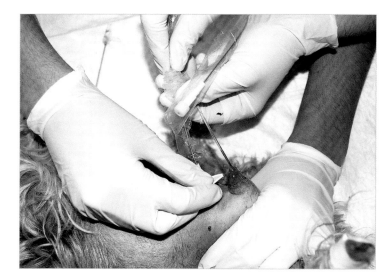

图 7　导尿管通过导管插入膀胱，始终要通过其塑料套管进行操作，以避免污染

套管的塑料连接器可沿着纵向分开，这样便于套管在导尿管插入后拔出（图 8 和图 9）。

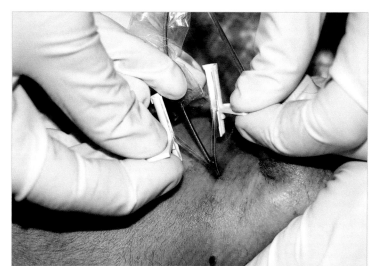

图 8　套管连接器很容易被分开成两半

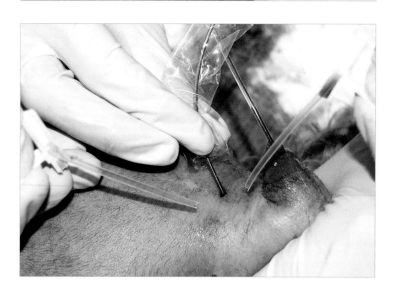

图 9　在留置导尿管的同时，将套管两半从膀胱中抽出来

排空膀胱并收集用于尿液分析和培养的样品（图10）。

图10 膀胱被清空，导尿管连接到一个封闭的尿液收集系统中，以减少逆行感染的风险。最后，将导管固定在腹壁上；患病动物应该戴上伊丽莎白圈以防止摘除留置的导尿管（图11）

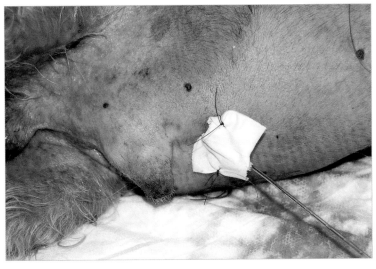

图11 导管应固定在皮肤上，以防止滑出。可通过手术胶带结合两根缝合线固定

31

相关工作

■ 置管后进行尿液的全面性分析，包括尿液培养和敏感性试验。

■ 开始采用液体疗法纠正患畜脱水、尿毒症和电解质紊乱。

■ 导尿管应在膀胱内短时间停留，以避免逆行感染。

只有在出现尿路或全身感染症状时才使用抗生素。

观看视频
膀胱穿刺术及经皮膀胱置管术

肛门的荷包缝合

使用频率					
技术难度					

荷包缝合是在肛门周围的连续缝合，防止会阴手术时粪便漏出，减少手术过程中的细菌污染。

观看视频
荷包缝合术

术前

· 术前 3 ～ 4 天给予易消化的饮食。
· 术前 24 小时内不要灌肠。
· 手工清空直肠内容物。
· 手动清空肛门腺。
· 插入导管，使用无菌溶液冲洗肛门囊。

技术

· 会阴区剃毛，包括尾巴的底部，并无菌处理。

· 肛周做连续缝合。

肛周多点刺入，每次刺入点间隔约 6 或 7mm 的皮肤（图 1 ～图 4）。缝合时应带入足够的皮下组织以保证缝线的张力。

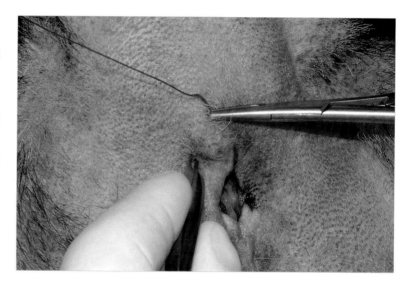

图 1 缝合从肛门上部开始，使用 2/0 或 3/0 单丝缝合材料

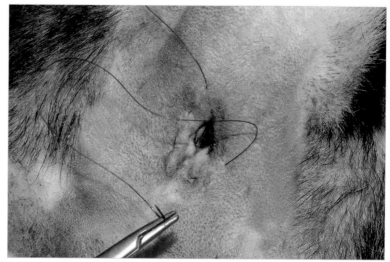

图 2 当缝针刺入点发生在肛门的外侧和腹侧时，应注意不要损伤肛门囊

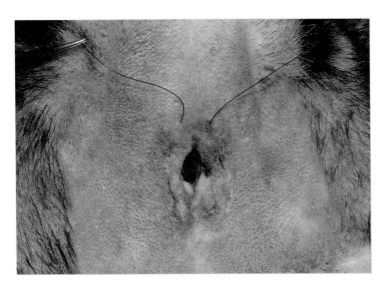

> ✱ 注意肛门两侧都有肛门囊。为了避免二次污染，注意不要穿透。

· 术后不要忘记拆除缝线，否则患病动物将无法正常排便。

图3　肛周被缝合针缝合5～6次后的位置

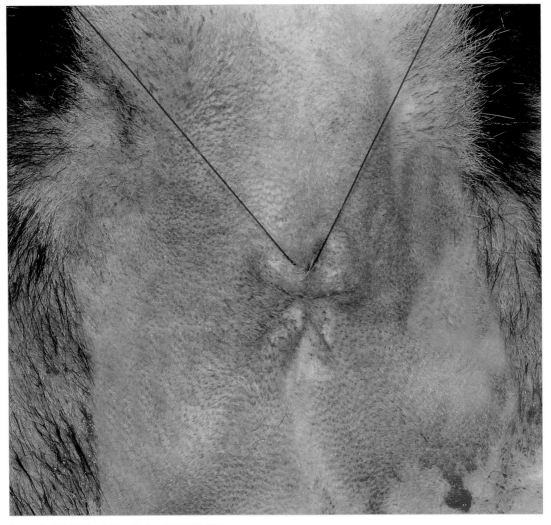

图4　缝线扎紧后，肛门口闭合，粪便不能排出

去势

使用频率	▨ ▨ ▨ ▨ ▨
技术难度	▨ ▨ □ □ □

切除睾丸可能是兽医最为常用的外科治疗方法。它适用于多个领域，如动物数量控制，内分泌、前列腺、肿瘤和行为障碍等的治疗。

当阉割有攻击性或难缠的病畜时，建议使用可吸收缝合线连续缝合、关闭切口。这样就不需要再给患病动物注射镇静剂来拆线了。

去势手术可采取保留阴囊的方式在阴囊前、阴囊壁切口摘除睾丸。也可以采取阴囊和睾丸全切的方式完成手术。对狗来讲，阴囊前切口去除睾丸是最常见的手术方式，需将睾丸从阴囊内向头侧推向前切口。

✳ 为防止睾丸残端回缩后在腹部出血，切断时应用镊子夹住残端，直到确认没有出血为止。

阴囊融合睾丸全切的阉割方法不太常见，只有在阴囊创伤或需要进行会阴尿道造口术的情况下才会采用。

可以选择阴囊上切口，即通过整个阴囊中线的单个切口或阴囊两个部分的囊中切口施行。无论选择什么方法，都会包括阴囊皮肤和鞘膜顶壁的切开。睾丸通过切口外露后，在手指的牵引下将鞘膜与附睾尾部分开。随后，识别精索的结构，使用可吸收的缝线分别结扎血管和输精管。

观看视频
犬去势术

阴囊切口的缝合是可选的。在猫身上，可不用缝合。在阴囊前切口去势手术中，可使用简单的间断缝合方法缝合皮肤。另外，可吸收的皮内单丝缝合线可用于不拆线的缝合。去势最常见的围手术期并发症是阴囊囊肿、阴囊炎症和出血。如果在静脉丛上的结扎不够牢固发生了松动，则术中未检测到腹内出血的概率会上升。去势术过程见图 1～图 17。

病例/ 犬的阴囊前切口去势术

技术难度

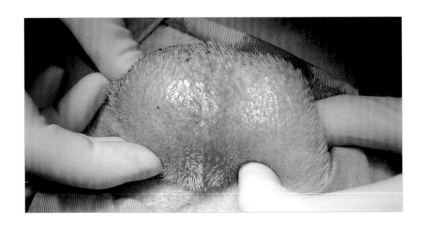

图1 在阴囊前切口的去势手术前，阴囊周围的大片区域应剃毛并做无菌处理

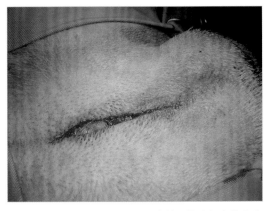

图2 在阴囊前部（头侧）做一个单一的腹部中线皮肤切口

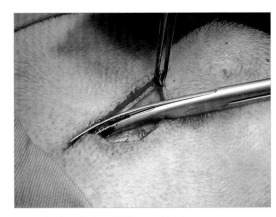

图3 用剪刀将皮下组织切开，扩大切口

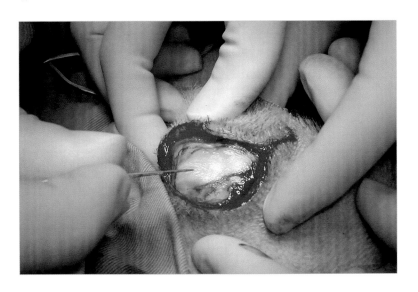

图4 首先轻轻地将睾丸推向切口，直到它被鞘膜覆盖

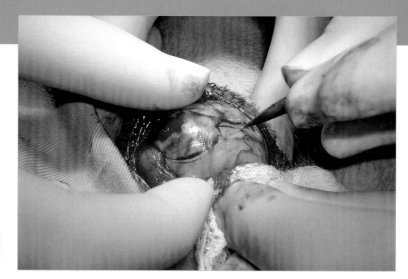

图 5　用手术刀切开鞘膜，注意不要损伤睾丸实质，否则会导致出血

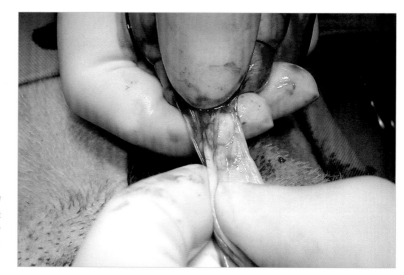

图 6　一旦切开，会发现鞘膜仍然附着在睾丸的尾端并插入提睾肌。用双手拇指和食指进行钝性剥离，破坏附着部位。用手指而不是切割可以减少出血

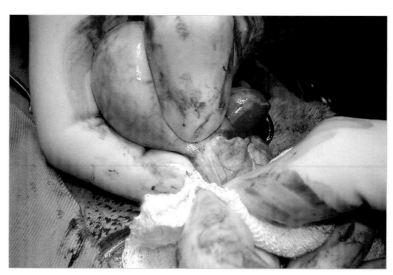

图 7　使用灭菌纱布有助于鞘膜和提睾肌的剥离

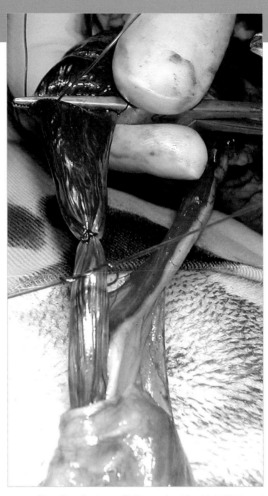

图 8 精索内的精索静脉丛和输精管有其自身的血供,可单独识别。这两种结构都可以用镊子通过钝性剥离连接它们的膜来分离

图 9 接下来,使用可吸收的 2/0 或 0 单丝缝合材料双重结扎精索血管丛,包括静脉丛和睾丸动脉。由于睾丸动脉在静脉丛内运行,所以无法看到

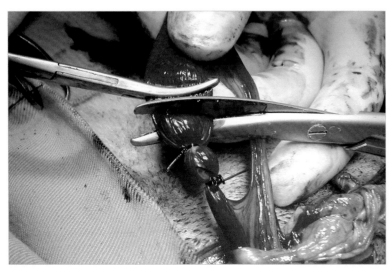

图 10 在结扎线的上方剪断血管

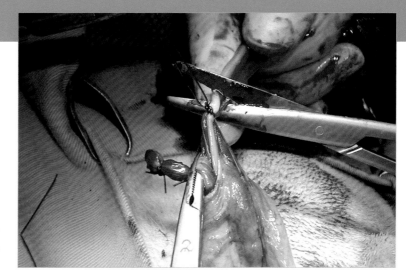

图 11　输精管及其所属血管一起结扎并剪断（可选择与静脉丛相同的结扎材料和结扎方式）

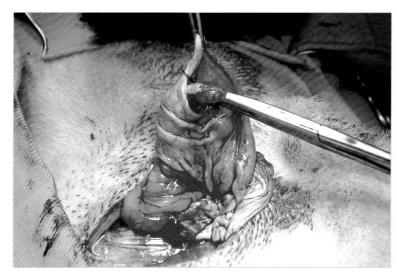

图 12　一旦确认没有出血，可用镊子将断端沿腹股沟环的方向推入鞘膜内

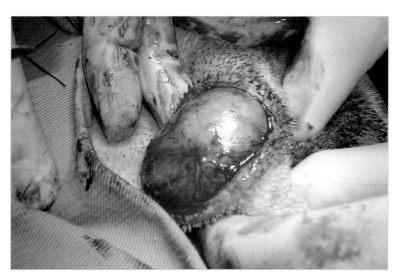

图 13　另一个睾丸被推到同样的皮肤切口且暴露，此时，睾丸仍被鞘膜所覆盖，用与第一个睾丸同样的方式切开鞘膜。然后分离、结扎，并切除精索的各部分

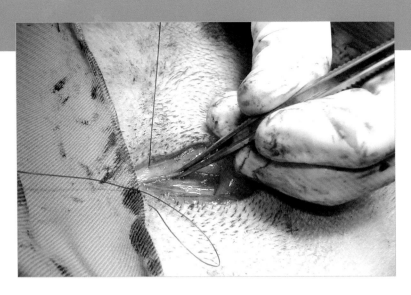

图 14　切口分两层关闭，先使用 2/0 或 3/0 可吸收单丝缝线采用连续缝合的方式缝合皮下组织

图 15　用可吸收缝线采用皮内缝合的方式闭合创口皮肤

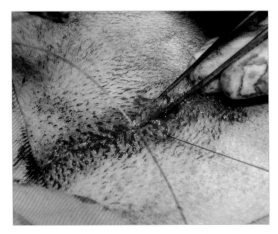

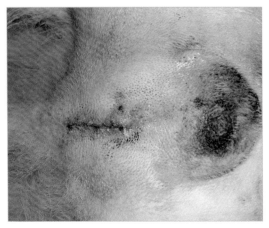

图 16　采用皮内缝合的方式可避免术后拆线

图 17　手术区域的最终外观，可见空的阴囊及手术切口瘢痕

肛周肿瘤

发病率				
技术难度				

位于肛门周围的肿瘤往往是肛门腺的腺瘤和癌，或位于肛门囊中的顶浆腺的腺癌。

肛周腺瘤是该区域最常见的肿瘤（80%）。在其他部位，如包皮、尾部或腰骶部等部位也可出现。

睾丸间质细胞瘤（间质细胞瘤）是一种激素依赖性肿瘤。正常情况下，它们是小的、光滑的、多发的、界限清楚的或伴有溃疡性的肿瘤（图1）。有时也可以是孤立的和大的（图2）。间质细胞瘤的增长是缓慢的。

观看视频
肛周肿瘤

> ✳ 肛周腺瘤是由性激素失衡引起的。因此，建议对患有肛周腺瘤的公犬实施去势手术。

40

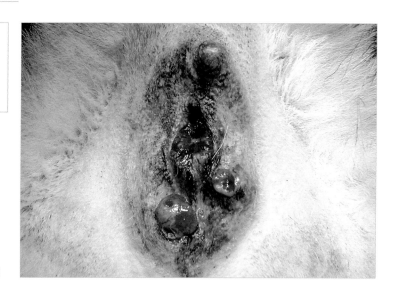

图1 8岁犬间质细胞瘤围肛性浸润

图2 位于肛门和尾部之间的肛周大腺瘤

眼观上，不能鉴别肛周腺癌与腺瘤。

肛周腺癌通常呈单个、溃疡性或局部浸润性生长（图3），生长速度快于腺瘤。这种恶性肿瘤的形成并不依赖于激素。它们主要会转移到盆腔内和腰下淋巴结（图4）。

顶浆腺的腺癌起源于肛门囊。它们通常是单侧的且生长缓慢。起初，它们只影响肛门囊，但后来可以侵入邻近组织。它们是高度恶性的，可转移到多个器官。同时还会导致高钙血症、厌食症、呕吐、便秘、肌肉无力、多饮和多尿。

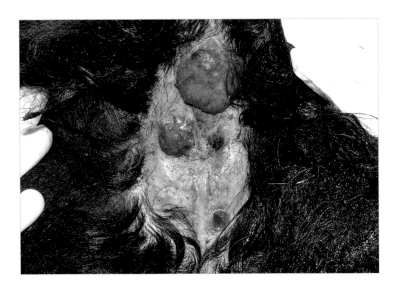

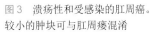
＊ 高钙血症患病动物的预后较正常钙水平患病动物差。

图3 溃疡性和受感染的肛周瘤。较小的肿块可与肛周瘘混淆

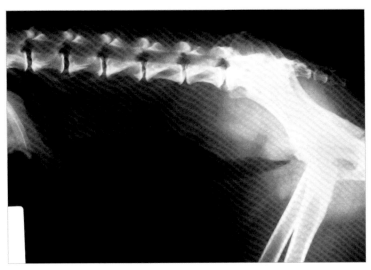

图4 在这些患病动物中，应进行影像学或超声检查，以确定是否出现转移。前一病例的 X 线片显示淋巴结转移

病例/腺瘤（小）

技术难度					

该病例可见各种大小不同的肛周肿瘤，且其中一些是溃疡性的（图1）。体检时发现右侧睾丸比左侧睾丸小得多。

未发现转移，血检正常。

术野准备好后，患病动物胸骨平卧（俯卧）放置于手术台上，荷包缝合闭合肛门（图1～图7）。

* 手术当天不要使用灌肠剂，因为灌肠液可能会造成手术区域的污染。

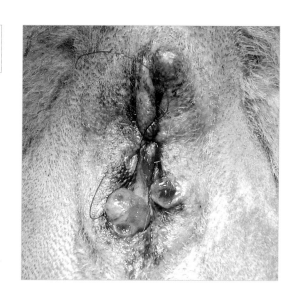

图1　手术区域剃毛消毒后，进行肛门荷包缝合，以避免粪便污染

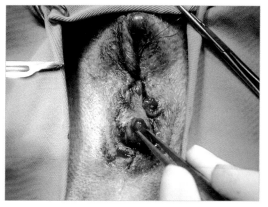

图2　每个肿瘤周围的皮肤用手术刀切开，然后分离皮下组织。这个操作很简单，因为这种类型的肿瘤通常没有侵袭性

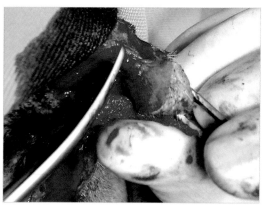

图3　肛周腺瘤很容易切除，很少需要切开肛门外括约肌

42

✻ 避免过度使用单极凝血，因为这可能导致疤痕组织过度纤维化和医源性的肛门狭窄。

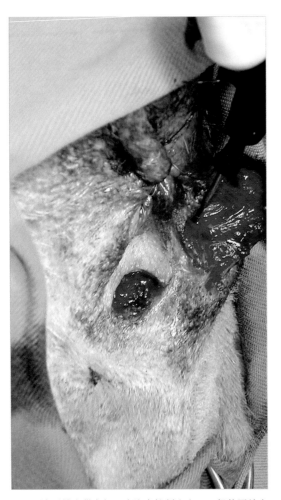

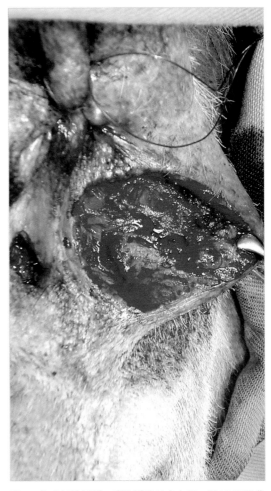

图 4　该区域血供良好，应注意控制出血。一般使用纱布压迫止血即可，在出血严重时最好使用双极电灼烧

图 5　检查切除区域，确诊无明显出血后，用 3/0 可吸收缝合线缝合皮下组织

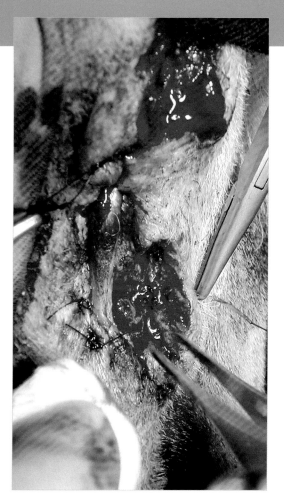

44

图 6　皮肤是用 3/0 不可吸收的单丝线垂直褥式缝合关闭

图 7　肛门附近的皮肤缝合线应垂直于肛门，以避免影响肛门腔和肛门术后功能

为了降低复发的风险，要施行双侧睾丸切除。

本病例的组织病理学检查证实右侧睾丸存在间质细胞瘤。

术后

· 如果在手术过程中发生感染，要继续使用抗生素治疗几天。

· 用温和的泻药通便，以避免在排便时用力过猛。

· 确保狗戴着伊丽莎白项圈，手术区域要保证卫生（每天用水和肥皂清洗肛门周围几次，特别是在排便后）。

· 定期检查伤口愈合情况。

· 6 周后复查，评估患犬是否复发。

一些医生建议在切除肿瘤之前进行去势，以减小肿瘤。

肛门囊切除术

使用频率	
技术难度	

对反复发生肛门囊炎的病例施行切除术（肛囊门切除术）。

以下图示病例中，病畜患有复发性双侧肛门囊炎，宠主选择以手术的方式彻底解决这个问题（图1～图11）。

肛门囊的解剖学位置

肛门囊位于肛门括约肌肌纤维之间，靠近直肠，直肠尾动脉和静脉的分支包含其中，且靠近支配肛门的阴部神经的分支。

术前

· 保证直肠空虚。
· 术前24小时不能使用泻药。
· 清空肛门囊。
· 剃毛并对术野做无菌处理。

手术技术

> **✱** 为了减少术后并发症的发生，应避免在肛门囊发炎和感染时进行手术。
>
> 即使肛门囊出现的问题是单侧的，也要将两个肛门囊切除，以防止将来在另一侧出现类似的问题。

45

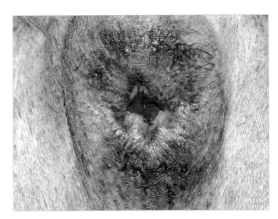

图1 术野的准备

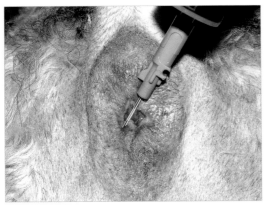

图2 肛门囊清空后，应使用消毒液（聚维酮碘或氯己定）冲洗，以免在手术过程中囊壁破裂而造成二次污染

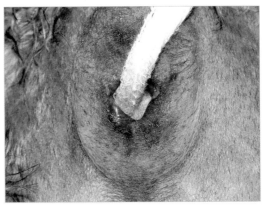

图3 将浸有抗菌剂的纱布条塞入直肠内，不但可对直肠进行消毒，也可避免手术过程中排出粪便。病畜取仰卧位固定在手术台上

术中

- 手术必须以最小创伤的方式进行，尤其在较深部的位置，一定要小心对支配肛门的血管和神经造成损伤。
- 术中隔一段时间就要对组织用灭菌生理盐水进行冲洗，以防组织干燥。

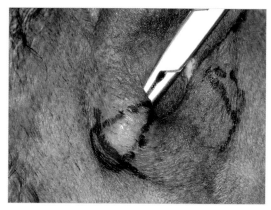

图4 肛门囊用绿色记号笔标出，红色记号笔标出的是切口位置。图片中，止血钳插入的位置即为左侧肛门囊

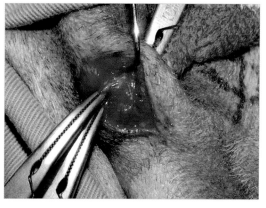

图5 平行于肛门括约肌肌纤维走向做切口，可采用止血钳或双极高频电刀止血

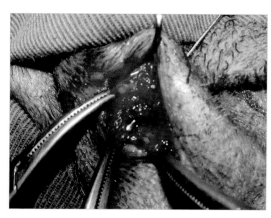

图6 在分离肛门囊时，可能会发生意外破裂。如果囊破裂，应非常小心地移除所有组织，因为任何剩余的囊组织都可能产生复发性瘘

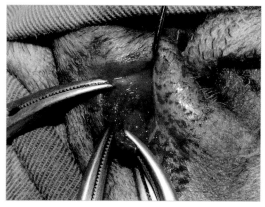

图7 轻轻地分离肛门囊，将其从肌纤维上剥离开，直到其仅被导管附着

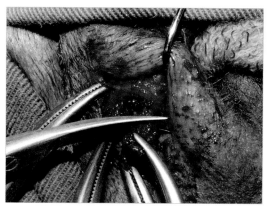

图8 肛门囊被分离出后，其导管应当用可吸收缝线在尽可能靠近肛门口处结扎，然后用剪刀剪断并取出

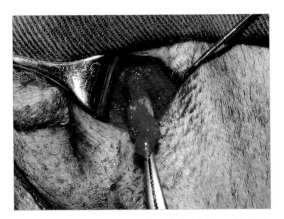

图 9　在另一边重复同样的操作。在本病例中，右侧肛门囊与肛门括约肌的连接较少，切除也更容易、更快

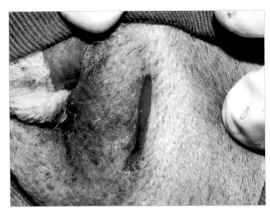

图 10　生理盐水冲洗切口后用可吸收 4/0 缝合线连续缝合肌肉层

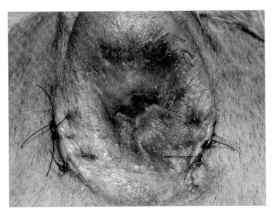

图 11　皮肤创口用单丝不可吸收 3/0 缝合线做垂直褥式缝合

> ＊ 由于单极凝血会导致严重的组织损伤和过度的瘢痕纤维化。所以应避免使用单极凝血。
>
> 肛门囊的炎症和反复感染的过程会导致肛门括约肌广泛纤维化和粘连。这使得分离更加困难，并增加了穿孔的风险。
>
> 在分离肛门囊的顶部时需要特别小心，因为这个区域含有丰富的血管和神经，它们对肛门的正常功能非常重要。

47

术后

- 佩戴伊丽莎白圈，防止动物舔舐伤口。
- 用全身抗生素 3 ～ 4 天控制继发感染。
- 定期用肥皂水清洁该区域。
- 开软化粪便的药，帮助粪便排出。

> ＊ 告知主人可能出现暂时性的大便失禁，持续时间大概一周左右。

通便剂	犬	猫
乳果糖	1ml/4.5kg/8h PO	5ml PO
比沙可啶	5 ～ 20mg PO 每天 1 ～ 3 次	2.5 ～ 5mg PO 每天 1 ～ 3 次

观看视频
双侧肛门囊切除术

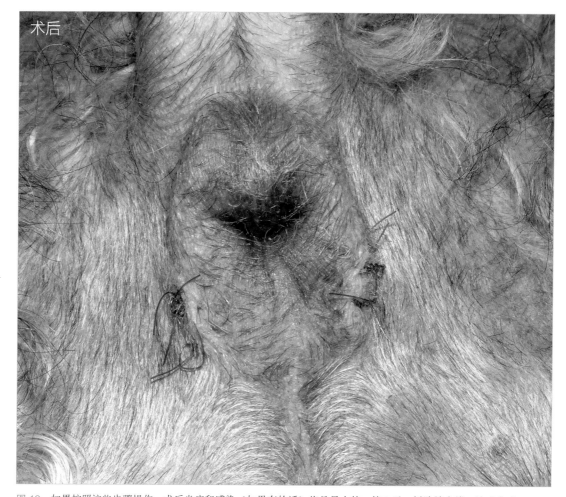

术后

图 12 如果按照这些步骤操作，术后炎症和感染（如果有的话）将是最小的。第 8 天，拆除缝合线，治疗完成

※ 过度激进的外科医生在没有经验的情况下实施手术很容易出现继发感染。

并发症

• 大便失禁。这是由于肛门括约肌过度损伤而引起的一种较为常见的并发症。通常情况下，这种情况只会持续几天，无需担心。如果这种状况持续下去，可能对神经（阴部神经的肛门分支）造成了不可逆的损害，应考虑进行药物营养或外科治疗。

• 里急后重，排便困难。如果有局部感染，这两个问题会在术后初期发生。如果它们出现在中期，它们可能是由于瘢痕组织过度沉积造成的肛门狭窄。在第一种情况下，应使用正确的抗生素治疗，而在第二种情况下，需要进行相应的介入治疗，可促进粪便排出或手术切除疤痕组织改善肛门口狭窄。

• 复发出现瘘，与肛门囊的不完全切除有关。注意结扎时尽可能靠近导管出口，这样就不会留下肛门囊或腺体组织。

• 局部感染和瘘管的出现。如果导管结扎不正确，病原体可能从肛门进入皮下组织。

外阴和阴道肿瘤

在母犬中，外阴和阴道肿瘤是仅次于乳腺肿瘤的第二常见肿瘤。在青年犬中，它们非常罕见。而中老年犬却很常见。这些肿瘤中有 70% ～ 80% 是良性的。

> 虽然大多数外阴和阴道部位的肿瘤是良性的，而且手术预后良好。但是肿瘤外观往往非常惊人。

在阴道和外阴部经常见到的肿瘤纤维瘤、脂肪瘤和平滑肌三种类型。这三种类型的肿瘤不能从肉眼上区分。图 1 为阴道息肉。

肿瘤眼观表现往往是致密，圆形的，通常有多个突起的团块，且表面光滑。

平滑肌肉瘤是最常见的阴道恶性肿瘤，而由于交配传染的肿瘤（图 2）在我们目前的饲

养环境中已经非常罕见，但在农村地区仍然可以看到散养的狗。

再者，也可见到被称为不治之症淋巴结肉瘤，其表面不规则，易出血，常伴有溃疡，可以是单发瘤也可以是多发瘤，往往呈花菜样突起。其他恶性肿瘤包括肥大细胞瘤和鳞状细胞癌也可以见到。阴道肿瘤的转移是非常罕见的。

临床检查时，常发现肿瘤样组织突出外阴或可见到会阴区肿胀。也可能出现阴道出血或脓性分泌物排出。

采用直肠和阴道触诊的方式来完成临床检查。胸腹 X 线片可发现可能的肿瘤转移灶。需要特别注意腹股沟淋巴结、髂淋巴结和腰骶淋巴结的肿瘤侵袭。因此，腹部超声检查也是有必要的。对切除的组织要进行组织病理学分析来证实肿瘤的性质。

> 如果患畜是成年母狗，阴道肿块很可能是肿瘤。如果患畜年轻且处发情期，很可能是阴道增生。

要注意与阴道增生（图 3）和子宫脱垂相鉴别。阴道增生多见于幼犬，与发情有关，从阴道底部到尿道口均可出现增生。

子宫脱垂与分娩有关，猫更为常见。治疗以手术为主，通过交配传播的肿瘤也可用长春新碱治疗。

49

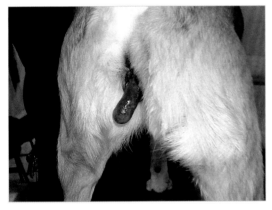

图 1 阴道息肉

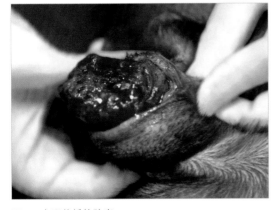

图 2 交配传播的肿瘤

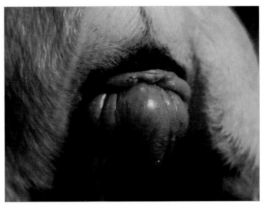

图 3 阴道增生

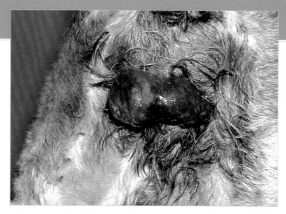

一只 8 岁的小雪纳瑞母犬，在外阴突然出现肿块。检查时，发现一个充血合并坏死的肿块突出于阴门。肿瘤在突出前在很可能已在阴道内生长发育（图 1）。手术过程见图 2 ～图 5。

图 1 病畜尾部视图，显示肿瘤

50

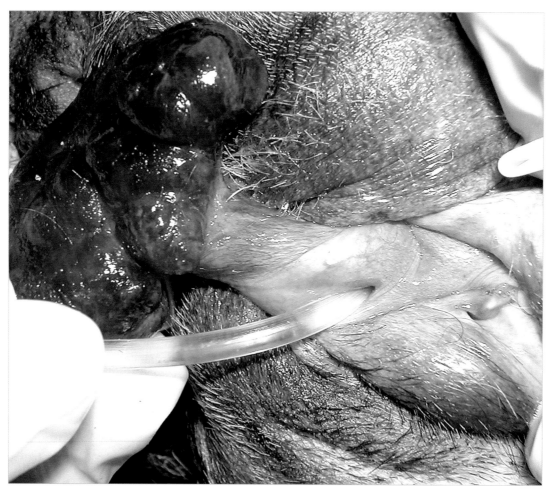

图 2 仔细检查发现，与通常这类病例相比，在这个病例中肿瘤的生长部位更接近于尾部。导尿管置入后显示尿道口被包括在肿瘤基部中。确定切除肿瘤。由于肿瘤可完全暴露，所以没有必要进行外阴切开术

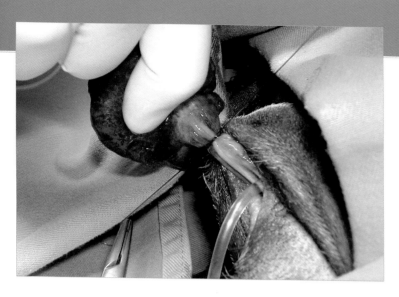

图 3 在阴道手术过程中，始终保持导尿管置入是必要的，一方面可以确定其位置，另一方面可避免意外损伤尿道。在这个病例中，考虑到尿道口被包裹在肿瘤基部。导尿管的置入就更为重要。在切除肿块之前，用 2/0 可吸收缝线在肿瘤基部结扎

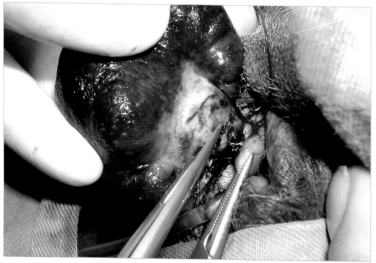

观看视频
阴道肿瘤

51

图 4 在结扎远端切开肿瘤基部，用镊子夹住组织，使其保持在术野内。靠近第一次结扎线的部位进行第二次结扎实现预防性止血

对于任何阴道手术，在整个手术过程中保持导尿是必要的。

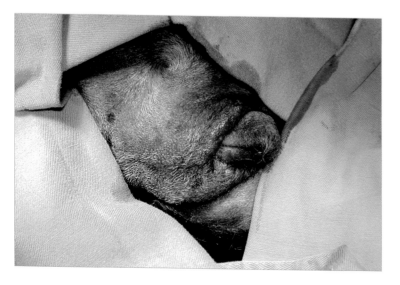

图 5 术后外观

直肠脱·结肠固定术

使用频率				
技术难度				

直肠脱常见于患有腹泻及感染寄生虫的幼犬（图1），也可见于里急后重的成年犬（与肠息肉有关，图2），还可见于会阴疝修补术的术后并发症（图3）。

* 在小狗直肠脱垂的情况下，应考虑肠道寄生虫。
在成年动物中，应考虑导致肠张力增加的疾病的鉴别诊断。

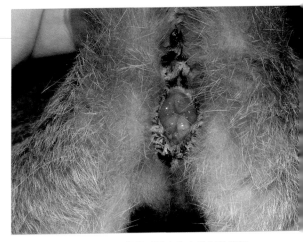

图1　猫直肠黏膜脱垂，继发于肠寄生虫引起的腹泻

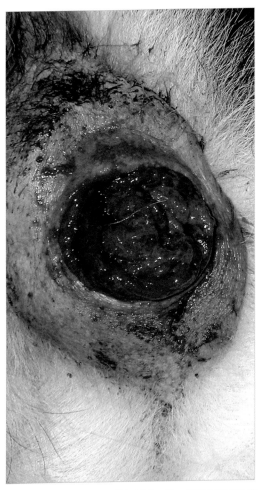

图2　成年犬直肠脱垂，排便困难4天。诊断为直肠肿瘤

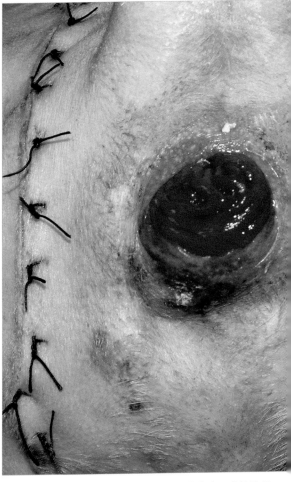

图3　直肠脱垂可能是会阴疝修补术后的并发症，尤其是直肠发生移位时更常见

直肠脱可以仅是肠黏膜层脱出（图1）也可以是整个肠道的脱出（图4）。

区分直肠脱垂和肠套叠是很重要的。为此，在肛门和脱垂肿块之间插入温度计；如果温度计可以很容易地引入，它是肠套叠［图5（A）］，如果不能，它是由直肠黏膜脱垂引起的阻塞［图5（B）］。

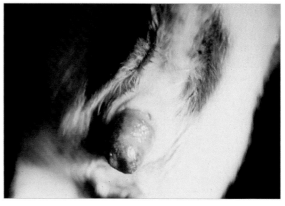

图4　猫由于里急后重引起的完全直肠脱垂。手动复位就会有很好的效果

外翻组织由于血管损伤出现炎症过程，随后组织会干燥并伴有出血和坏死（图6，图7）。

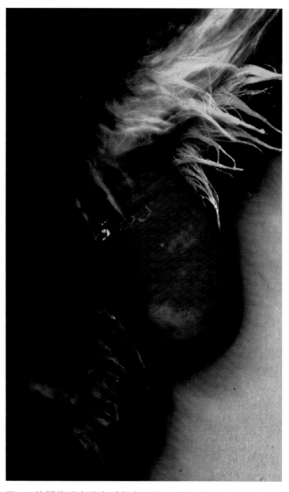

53

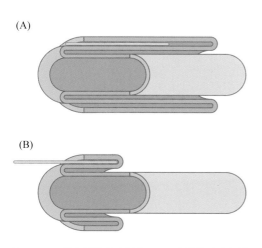

图5　（A）肠套叠脱垂示意图；（B）直肠脱垂示意图

图6　德国牧羊犬幼犬反复直肠脱垂。脱垂组织充血并发炎。随着时间的推移，这个问题会更严重，使手动整复更加困难

直肠脱垂发生的可能原因		
肠炎	里急后重	外科手术
寄生虫肠炎 /结肠炎异物	前列腺疾病直肠肿瘤 便秘难产结石	会阴疝修补肛周手术

图 7 本例直肠脱垂下段坏死，并有蝇卵和蛆虫感染。这个病例需要进行手术切除直肠下段

治疗

 试着找出原发病并做相应的处理。

手动整复

当脱垂很小或黏膜没有任何严重的病变时（图 1～图 4）。

·在高渗溶液或糖溶液中浸泡纱布 30 分钟，用此纱布将直肠水肿降到最低。

·手动将脱垂的部分压向肛门，压力适中，持续不断进行。

·肛周用荷包缝合以避免复发。为了防止肛门完全闭合，在肛门内插入一个大约直径为 9mm 的物体后，应将缝线扎紧。

·使用泻药（乳果糖，约 0.3ml/kg），以促进粪便排出。

外科治疗

·切除脱垂部位。

伴有严重创伤的脱垂或无法手动整复的情况。

·结肠固定术

手动复位或脱垂部位切除后复发的病例。

 观看视频
直肠脱垂的切除

开腹手术

使用频率 ▭▭▭▭▭

剖腹手术或腹腔切开术是腹腔的外科手术方法，用于开腹探查、非腹腔脏器的手术入路及腹腔脏器的手术，可以用于诊断或治疗。

开腹手术切口的长短取决于手术入路的器官，但手术技术总是相同的，与手术部位、物种或性别无关（由于阴茎的存在，雄性的切口与雌性相比有略微的差异）。

> 腹中线是开腹术首选的腹部入路，最常用于狗和猫。可适用于所有腹部器官的手术。

> ✳ 正确的开腹手术，包括仔细严谨的切开和完美的闭合，是确保手术成功的必要条件。在长时间且复杂的腹部手术过程中任何错误都可能导致无法估量的后果。

动物的术前准备

术前准备是很重要的。首先，将患者的腹侧区域剪毛，从头侧 3～4cm 剪至剑突向后延伸至会阴区域，包括大腿内侧，对雄性犬的包皮区域的毛进行特殊护理。修剪时应注意不要损伤皮肤；剃毛剪的刀片应该锋利，以避免剪刀绞伤皮肤（图 1 和图 2）。

> 如果可能，建议患者在手术前排空膀胱，因为膀胱充满会使腹部手术复杂化，增加损伤的风险。

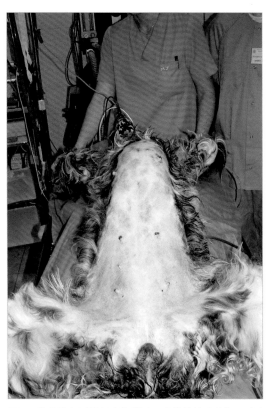

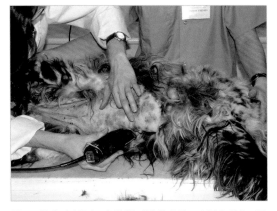

图 1　剪毛时应注意不要划伤或灼伤皮肤。应避免所有可能使患病动物术后恢复复杂化的非手术性病变

图 2　整个腹部区域都应该剃毛，尤其是长毛动物，以避免手术过程中出现二次污染

如果动物在手术前没有排尿，应该用导尿管排空膀胱。雄性动物，导尿管末端和包皮应覆盖无菌纱布（图3）。

将剔除的毛发用吸尘器吸走，然后用消毒洗涤剂擦洗两到三次，以去除所有污垢，将皮肤上的病原菌残留降至最低。

动物仰卧在手术台上，最好是放在保温的软垫上，这样可以防止出现术中体温过低和手术床对肌肉或皮肤的损伤。

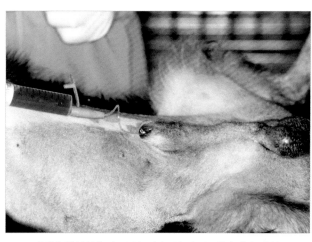

图 3　膀胱留置导尿管对于避免手术过程中医源性损伤很重要，而且因为膀胱的太大可能会妨碍其他腹部器官的手术视野

随后，用消毒液（无泡）在手术区域进行消毒。第一步沿动物体中线由头侧向尾侧进行消毒，然后在平行于中线的两侧从中心向边缘进行消毒（图4）。此过程重复两到三次。

最后，根据要切开的腹部区域放置手术创巾（图5）。

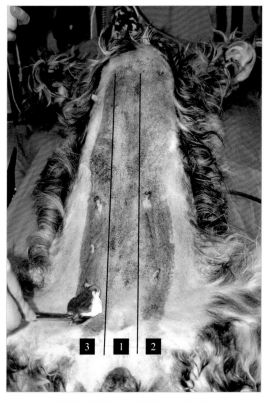

图 4　手术区域的无菌准备，用碘酒从中线开始（1）涂抹。然后，在平行于中线的两侧，从中心区域开始并反复涂抹直至边缘

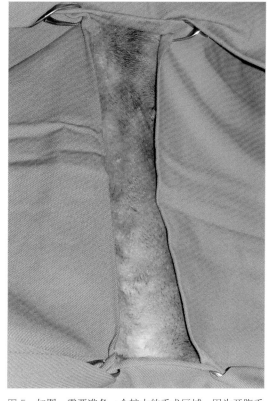

图 5　如图，需要准备一个较大的手术区域，因为开腹手术将从剑突开始直至耻骨前缘结束

手术技术

技术难度

良好的手术视野使手术更容易，因此建议手术视野尽量要大，但要记住，切口过长的同时也可能会增加出现并发症的风险。

> ＊ 切口过长会导致体液的大量流失，增加体温下降和感染的风险。

一旦动物做好术前准备并仰卧，根据手术计划，就可以确定开腹手术的切口范围（图6）。

用手术刀切开皮肤时应注意，刀片要垂直于皮肤，以获得一个直（而不是斜）切口。刀片上的压力应足以到达皮下组织，但不能切到肌肉层（图7）。犬类通常脂肪较多，皮肤较厚，肌肉层较难切到。在猫尤其是怀孕的母猫（肌肉松弛而失去张力），第一个切口应该更加小心。

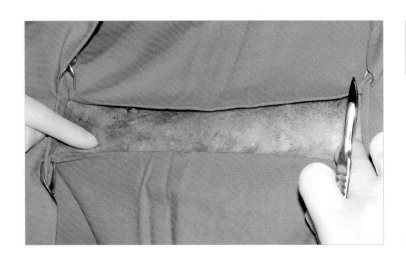

 观看视频
腹中线开腹术

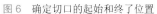

57

图6　确定切口的起始和终了位置

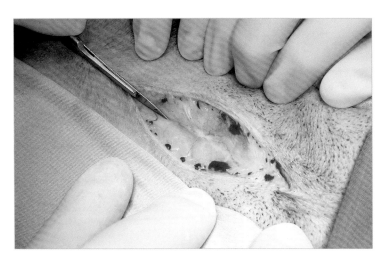

图7　在保证皮肤紧张的情况下切开皮肤，直到切开皮下组织。应该保证垂直于皮肤一刀切开

在雄性包皮区，切口方向应略有偏斜，形成一条小曲线，使皮肤切口平行于阴茎向尾部延伸（图8）。这个切口的偏移是向左还是向右并没有区别。皮肤血管和皮下组织容易出血，应采用烧烙或止血钳进行止血。在雄性动物中，会遇到包皮血管，这些血管是尾端腹壁浅动脉的分支，走向与阴茎平行，并位于皮下组织表面（图8）。根据血管的大小，应选择烧烙甚至结扎防止出血（图9）。分离皮下组织；皮下组织的厚度取决于皮下脂肪的量。

接下来，确定腹白线。腹白线是一个黄白色的纤维韧带，腹肌在腹中线汇合，切开腹白线后才能暴露腹腔。继续分离皮下组织，直到腹白线清晰可见。

腹白线切口长度取决于手术预期计划（图10）。

为了打开腹腔，在白线的某个点先切开一个小口。此过程要注意不要损伤腹部的任何器官，在选定部位两侧的肌壁用鼠齿镊撑开，将其与腹部内容物分开，并用手术刀切开腹白线（图11）。

随后，将一根手指插入切口中，检查脏器和壁之间是否有粘连，这在以前有过腹部手术的病例更容易出现（图12）。

然后可以用剪刀沿着腹白线按所需长度剪开。再次强调，要小心避免损伤内部组织，所以手指要放在腹壁下使其绷紧，同时也可对腹部内部脏器提供额外的保护（图13）。

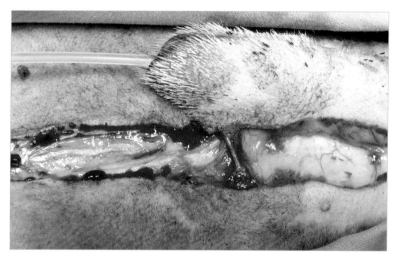

图8 在雄性动物，阴茎可以向切口外侧拉伸，继续完成一个直切口。这张照片也清楚地显示包皮血管的走向

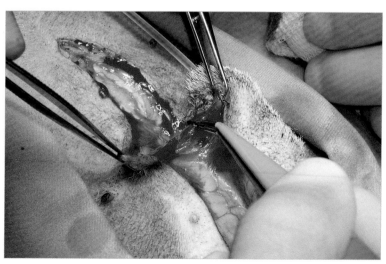

图9 用双极电凝器烧灼阻断包皮血管

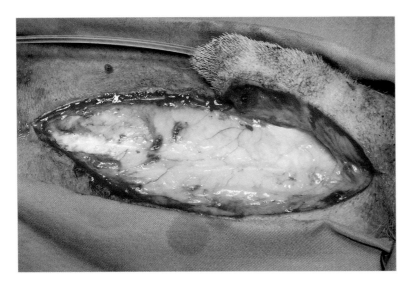

图 10　皮下脂肪组织剥离后，会显露腹白线。腹白线是位于腹壁正中的明显白线

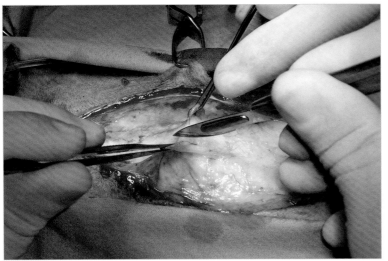

图 11　用两个阿德森钳，将白线两侧的腱膜提起，在腹壁和腹腔内容物之间创造空间，接下来，用手术刀沿着腹白线切开腹壁

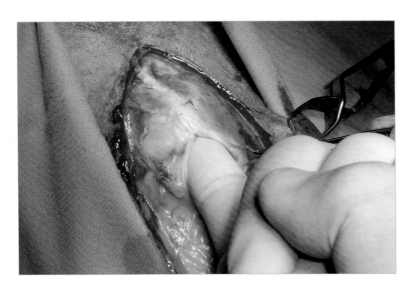

图 12　切开约 3cm 后将手指插入腹部，检查腹腔脏器与腹壁有无粘连，注意此操作会增加脏器损伤的风险

✱ 当切开腹白线进入腹部时，应特别小心对内脏器官的损伤，特别是那些可能由于生理或病理的原因而出现体积增大或移位的器官。

图 13　用剪刀剪开腹白线。手指放置在腹腔内容物和腹壁之间，防止对内部器官的损害

确保对可能在开腹手术中被切断的腹部血管进行有效止血。如果这种出血没有得到控制，可能会使人怀疑手术中出血的来源。手术完成后，建议用温性无菌生理盐水冲洗腹腔。目的是减少术后感染的风险，特别是在接触过程中器官存在微生物的情况下，如肠切开术或子宫积脓（图 14）。

尽量减少手术时间：患病动物会恢复得更快，并发症也更少。

之后，将剖腹手术伤口闭合。缝合材料的选择取决于外科医生的偏好。通常，合成的可吸收的单或复丝材料（聚葡糖酯或聚乙醇酸）给出了良好的结果；大小适合患者的大小。正确的缝合技术、良好的术后护理及合适的缝合材料，这几个方面共同决定手术创口的良好闭合。

第一道是连续缝合：第一个和最后一个结都非常重要，因为缝合的完整性取决于它们。建议将这些结放置在未切开的组织中，即颅侧和尾部切口处（图 15）。

没有必要把它们拉得很紧；在每个打结的地方打 4 ～ 5 个结即可。

缝合时，缝线只需要包括切口两侧腹直肌的腱膜即可，选择从腹部切口的尾侧区域开始，以保持缝合过程中腹部器官良好的可见性（图 16）。

✱ 不需要考虑肌肉的厚度，因为这样会增加缝合的阻力，也不要刺穿腹膜顶壁，这样会增加炎症和粘连的风险。

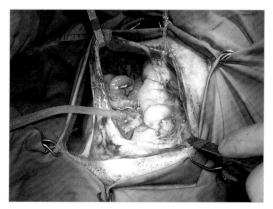

图 14　所有手术后，建议用温性生理盐水冲洗腹腔，以避免术后感染

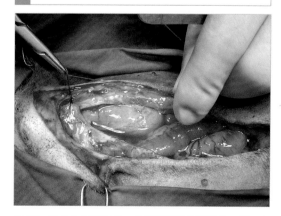

图 15　缝合从尾端开始，以保持腹部的可视性。第一个结放置在未受干扰的组织中，以获得更好的安全性

缝合时避免镰状韧带或皮下组织中的脂肪带入缝线和线结，因为这可能会影响伤口愈合，并导致创口中心凹陷（图 17）。

> ✳ 正确固定腹壁腱膜上的缝合材料，任何缝合线上不应包含脂肪包裹物，在缝合线的起点和终点打上牢固的结，是正确关闭任何开腹手术的基础。

为了使缝合更加牢固，可以在第一层的连续缝合结束后，使用相同材质的缝合线横跨第一层缝合做几个十字缝合。此操作过程中，缝合针的进针和出针位置要远离第一层连续缝合的缝合线，以避免缝合针对第一层连续缝合线产生的切割（图 18）。

对于皮下组织的缝合，意见有分歧，每个外科医生都应该决定是否缝合。对于雄性动物，应该使用一些缝合线使阴茎和包皮恢复到正常的解剖位置。

最后，皮肤闭合。这个区域没有张力，所以任何类型的缝合都可以。建议使用不可吸收的单丝材料。简单间断缝合、水平或垂直床垫缝合或皮内缝合均可使用（图 19）。

> 单股材料由于不具有多丝材料的毛细现象，降低了皮肤感染的风险。

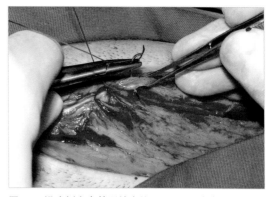

图 16　沿头侧方向等距缝合约 0.5 ～ 1 厘米宽的腹直肌筋膜

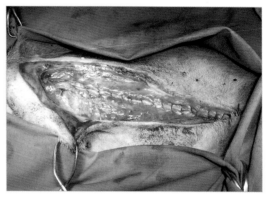

图 17　第一层缝合的最后视图。记住，缝合线中不要连带脂肪组织，这点很重要

> 最后，应该记住，手术的成功不仅取决于正确的技术，而且还取决于术后严格的护理，而后者又在很大程度上取决于主人及其准备提供的护理。要向宠主强调术后护理的重要性。

图 18　一些十字形缝线有助于加强缝合腹腔的连续性

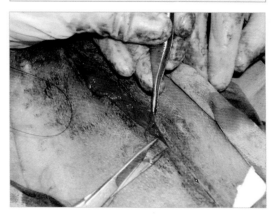

图 19　皮肤的缝合可根据外科医生的喜好进行，皮内缝合是很好的选择，特别是对术后配合度较差（舔舐缝线）的动物

肝脏组织活检

活组织检查可以在超声引导下或直接在腹腔镜下进行，也可以在开腹探查或腹部手术中进行。

在采取活检时，应进行血液凝血试验；如果这对于某些地区而言很困难，建议至少检查颊黏膜出血时间。

> 肝衰竭会影响凝血因子的合成。

经皮肝穿刺活检

使用频率				
技术难度				

经皮穿刺活检可在镇静下进行；不需要全身麻醉。它所造成的创伤比外科活检小，但不适用于以下疾病：

- 脓肿；
- 囊肿；
- 血管瘤；
- 广泛性腹部粘连；
- 感染性腹膜炎；
- 阻塞性黄疸；
- 肥胖；
- 严重的凝血功能障碍。

细针穿刺可以提供病变细胞类型的信息，但不能提供肝脏结构的信息。由于它是直接的，这种类型的活检对弥漫性病变像淋巴肉瘤或脂肪肝综合征是有用的。

为了获得有代表性的肝脏样本，应该使用 Truu-cut 针头（图1）或自动活检装置。

图1 用穿刺核针进行肝脏组织活检。穿刺针有手动（A）或自动（B）的两种

观看视频
肝脏活检

技术

- 通过超声引导，确定肝脏的待取样本区域。
- 采样针插入实质［图2（A）］。
- 将内针推入以获取活检组织［图2（B）］。
- 前推外鞘，切割肝实质，同时保证内针能够触及切开位置［图2（C）］。
- 将外鞘和针一起被抽出，将采取的组织置于甲醛中固定［图2（D）］。

基于外科手术的肝组织活检

技术难度				

外科活组织检查能得到最有用的样本，基于外科手术下的肝组织活检，能够全面地将病变组织区域及周边组织暴露于术野中，以便对病变组织中最具代表性的部分进行活检，同时可及时发现活检过程中造成的出血，也为整个病变组织的切除提供了可能。

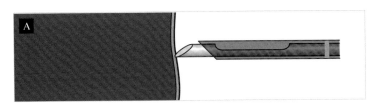

图2（A） 将活检针插入肝实质

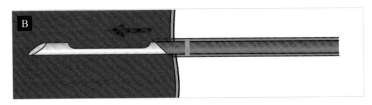

图2（B） 针被推进活检区

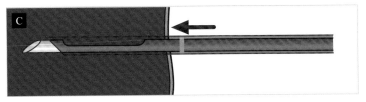

图2（C） 外鞘向前推进，切割活检周围的组织

图2（D） 拔出穿刺针，将所采集的样品进行检查

一般麻醉注意事项：

- 凝血因子的合成减少可能导致凝血障碍。
- 低白蛋白浓度（<20g/L）可能延迟伤口愈合。
- 药物代谢能力可能会降低。
- 安定几乎不会影响心血管系统，并提高惊厥的阈值。白蛋白水平低的动物慎用。
- 以尽可能低的剂量反应率使用异丙酚。
- 严重肝损伤动物应避免使用氯胺酮，轻度患病动物应适度使用。
- 维持异氟醚或七氟醚麻醉。

腹腔镜检查

腹腔镜活检允许直接观察肝脏，因此可以对弥漫性或局灶性病变进行活检，可以监测肝脏实质的活检部位，并控制任何出血（图3）。

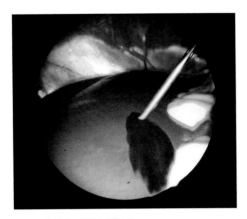

图3 腹腔镜下肝穿刺活检

开腹活检

> 肝脏活检的组织病理学分析，为适当的治疗和准确的预后判断提供了一个准确的诊断可能。

　　在剖腹探查术中，如果怀疑肝损伤，即使在实质中发现最小的改变，也应采集肝样本。

　　开腹活检可对整个肝脏进行检查和触诊，活检可从最具代表性的区域进行（图4）。

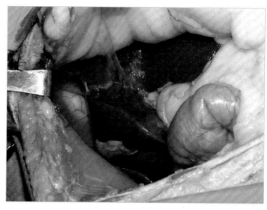

图4　患病动物有明显的黄疸，开腹术不但可以检查肝脏的外观而且便于对肝脏进行活检

> 用这种技术，对任何采样后的出血可以识别和控制。

　　弥漫性分布的，活检组织应在最易操作的组织边缘部分进行采集（图5～图7）。

* 用手指固定肝叶，因为手指对脏器的损伤是最小的。

* 肝组织易碎，易撕裂；因此，缝合时要非常小心。

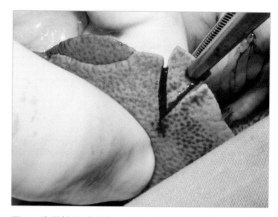

图5　弥漫性肝脏病变。看起来像是脂肪肝综合征。从其中一个肝叶界缘用手术刀切取了楔形组织并固定，以备活检，如图所示

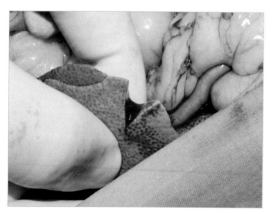

图6　切除肝实质常引起出血。应避免单极凝血，因为这会产生广泛的组织损伤

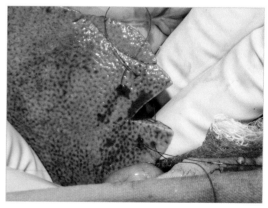

图7　为防止出血，用可吸收缝线以褥式缝合的方式缝合切口。缝合时需小心，避免撕裂肝实质

缝合材料应为单丝，以避免产生对实质的
"锯切"效应。最好使用可吸收材料，避免因
细菌夹带而引起局部感染。

> ❋ 应使用无创圆针进行肝实质的缝合。

如果发现局灶性病变，应彻底触诊肝脏
其余部分，以进一步确定结节或空洞。

组织标本应包括部分正常组织（图8～
图11）。

图8　在本例中，在腹部介入治疗时，在肝脏的方形叶中
发现一个结节。患病动物没有肝病的迹象

图9　检查肝脏其他部分后，进行楔形活检；活检取材部分
应包括结节状病变区和结节病变区边缘的正常肝实质

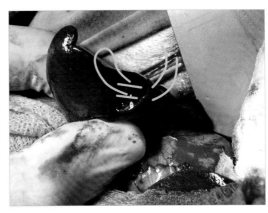

图10　肝脏的切开会引起出血，切口的深度决定了出血的
严重程度。用水平褥式缝合的方式缝合切口能有效地止血

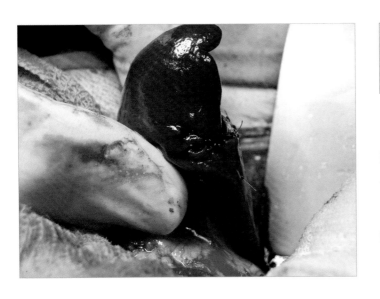

图11　这个病例，采取单丝可吸收缝线做
了三道缝合。图片显示，组织活检后未见
出血

> 如果样本是碎片状的，或者样
> 本中只有很少的肝组织，那么
> 肝活检就不是很有用。

在关闭腹腔之前，检查活检
区域是否不再出血。术后头几天应
监测患病动物的腹腔积血情况。

肾组织活检

使用频率

肾活检可能提示肾功能不全，尤其是急性肾功能不全（图1）。

肾活检可选择超声引导、腹腔镜或开腹手术的方式进行（图2和图3）。

不建议在血液异常、凝血障碍、大型肾囊肿或肾周脓肿的情况下进行经皮活检。

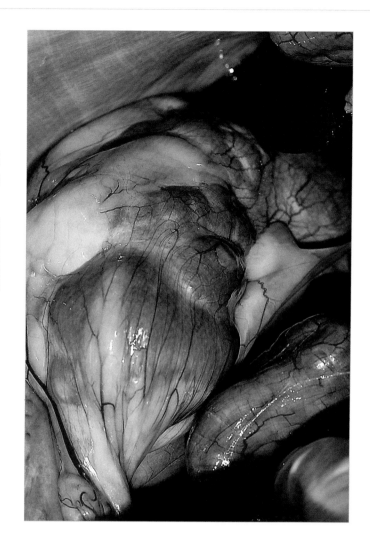

图1 来源不明的肾功能不全患病动物的右肾

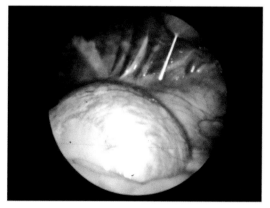

图2 腹腔镜检查可以直接检查肾脏，并将活检针引导到最具代表性的组织区域

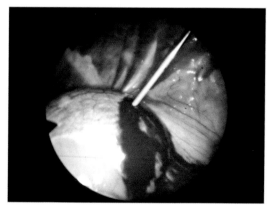

图3 腹腔镜检查可显示任何肾脏损伤和出血或需要注意的不正确的针位

楔形活组织检查

技术难度 ▮ □ □ □ □

手术活检是基于楔形切除肾实质。对于楔形活检，在肾实质用手术刀切开，然后在与第一个切口成一定角度的地方切开第二个切口，以获得楔形的肾脏碎片（图4～图6）。

> 与其他技术相比，楔形活检提供了更好和更大的样本。

图4 将胃和肠道向远离肾脏的方向推动，使肾区充分暴露。在这种情况下，将对结构异常的左肾进行活检

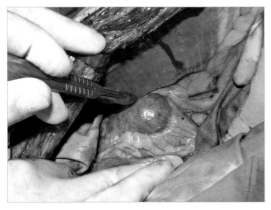

图5 在肾脏实质上用手术刀做两个会聚于一点且呈一定夹角的切口，从而获得一个楔形的肾脏组织样本

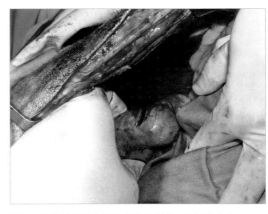

图6 活检后发现在肾脏产生的病变。持续性出血

❋ 切口垂直于肾脏背侧凸缘。

为了止血和关闭切口，缝线以水平褥式缝合的方式关闭切口和进行止血（图7）。

 观看视频
肾脏活检

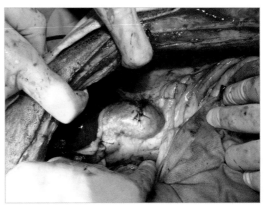

图7 肾活检后的缺损部位，经多次缝合止血后的最终效果

67

脾脏部分切除术

使用频率	■	□			
技术难度	■	■	□		

　　局部脾切除术是指在保留器官功能的前提下对有不可修复的病灶和局部肿块的脾脏进行局部切除（图1）。

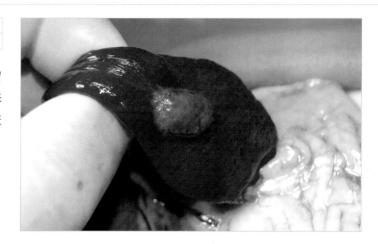

图1　这是一个在脾脏腹侧的肿瘤结节，手术主要将这部分进行局部切除

　　用手术缝线结扎脾脏切除段近端的脾门血管后，切断血管（图2和图3）。

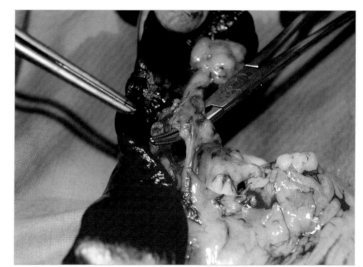

图2　分离和结扎（单股可吸收缝线）待切除脾脏部分的供血血管

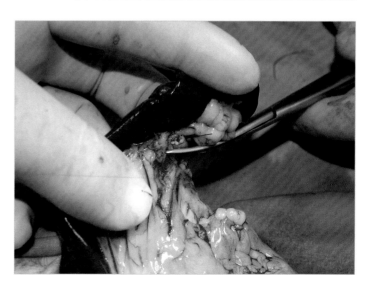

图3　切断脾脏上结扎好的血管分支

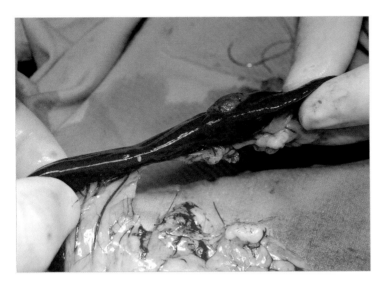

在血供良好的区域切开脾实质（图 4 和图 5）。

图 4　在脾脏良好的区域进行切除

图 5　在脾脏切口近端放一个止血钳，以控制脾脏部分切除后切口端的出血，但不要夹得太紧，以免撕裂组织

* 如果脾脏实质较厚，可用手指从切口向病灶方向挤压脾组织；为避免病变组织向脾脏的健侧播散可在病变部位切除前用夹钳夹紧已推开的部位。

然后在脾脏切口端做两个斜切口（V 形），以便于断端实质的封闭和止血（图 6）。

图 6　在脾脏实质做两个汇聚于一点的斜切口

切口处用可吸收单股缝线进行连续缝合（图7）。

> ✳ 如果松开止血钳时有出血，则需进行二次重复连续缝合。

图7 位于脾脏切口表面的连续缝合线的最终外观

或者，也可以使用外科吻合器（TA），视脾脏实质的大小决定使用3.5或4.8的钉子型号（图8）。

> ✳ 为确保外科吻合器的稳定性，脾脏实质部分的切口应不要离吻合器太近。

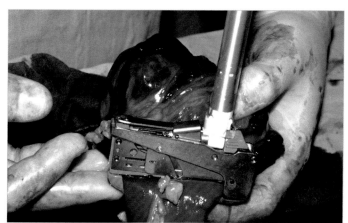

图8 用外科缝合器做双重缝合以确保脾脏切口的良好闭合和止血

不论如何，必须确定脾脏切口部分闭合完全且无血液渗出（图9）。

切除的脾脏部分越大，剩余的脾脏部分发生扭转的风险就越大。说明：脾脏在部分切除后，由于游离度增加会有随内脏器官运动而发生扭转的风险。

> ✳ 为避免脾扭转的风险，建议将剩余脾脏固定到胃黏膜或肠系膜。

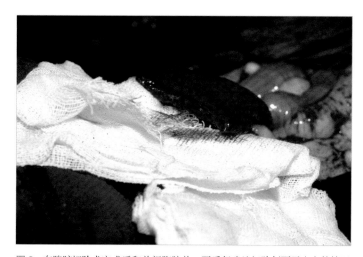

图9 在脾脏切除术完成后和关闭腹腔前，要反复确认切除创面无出血的情况

观看视频
脾切除术

观看视频
脾切除术（血管的结扎）

观看视频
脾切除术（血管的封闭）

子宫卵巢切除术

使用频率

用外科手段完整地将子宫卵巢摘除的手术即子宫卵巢摘除术（OVH）。

养宠过程中，主人为了控制宠物发情和妊娠，对于这种手术的需求非常高；当然OVH对于预防和治疗子宫和乳腺疾病，如子宫蓄脓、子宫炎、子宫及乳腺肿瘤、子宫扭转或脱垂等疾病都有重要作用（图1和图2）。

在宠物第一次发情之前手术可以极大程度降低患乳腺癌的风险，因为乳腺癌是激素刺激性疾病；有时进行OVH可有助于糖尿病的控制或其他行为的改变。

> 雌性动物生殖系统的摘除是临床上治疗雌性生殖系统疾病最常用的手段。

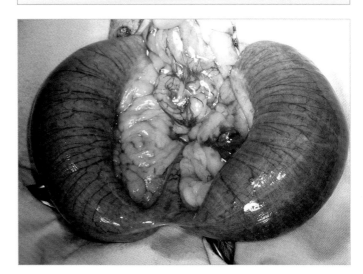

图1　因子宫积脓引起的明显的子宫膨胀

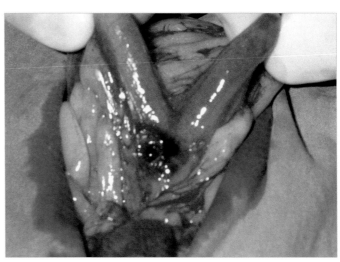

图2　人工授精引起的子宫医源性穿孔

71

犬子宫卵巢全切术

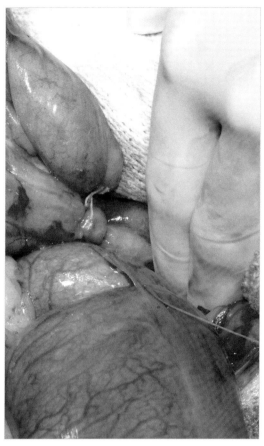

图1 肥胖是大型犬的另一个问题，这会使处理组织和观察卵巢血管变得困难

手术最困难的部分是将卵巢拿出腹腔和结扎位于腹腔深处的卵巢蒂。对于体型较大和肥胖的患犬，手术会变得更加困难（图1）。

为了便于找到卵巢和子宫，在脐后到耻骨联合之前的腹中线做切口。然而常规OVH是不需要做这么大的切口的。

> 充盈的膀胱会妨碍手术视野，因此手术前应将膀胱排空。

> ＊ 记住，悬吊韧带的牵拉可能会引起迷走神经反射，从而导致心脏疾病。

> 右卵巢蒂的牵拉稍微困难一些，因为它位于左卵巢蒂的头侧。对脂肪组织较多的患病动物而言，其卵巢及卵巢蒂的正确识别和剥离较为困难。

卵巢蒂向外牵拉通常从右蒂开始，牵引过程中会有一定的阻力，需要通过温柔而果断地牵引子宫来完成（图2）。

图2 首先，确定卵巢。它们都位于卵巢囊内，位于肾脏的尾部，并通过卵巢蒂与腹部相连

在卵巢与腹壁的连接处，应明确被脂肪组织所包裹的不同结构：卵巢悬韧带和卵巢血管。卵巢蒂的附属血管应分别用适当型号的单股缝线结扎（图3）。

用止血钳的尖端穿过卵巢中膜，借助止血钳钳夹缝合线环绕悬吊韧带并将其结扎（图4）。用另一把止血钳夹紧悬吊韧带远端，在结扎处和止血钳之间剪断悬吊韧带（图5）。

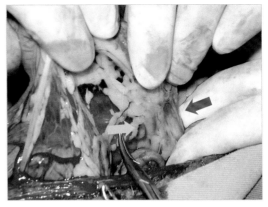

图3 卵巢蒂包含了动、静脉血管（橙色箭头）和卵巢悬韧带（灰色箭头）呈黄白色，它附着在肾脏的尾端，血管丰富

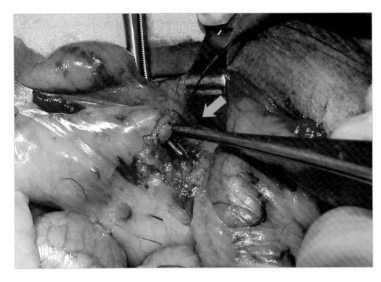

图4 在悬吊韧带旁的卵巢中膜上钝性分离出一个孔。用单股可吸收缝线通过这个孔，结扎悬韧带

有些外科医生不做任何结扎就把韧带撕掉，这可能会导致大出血。

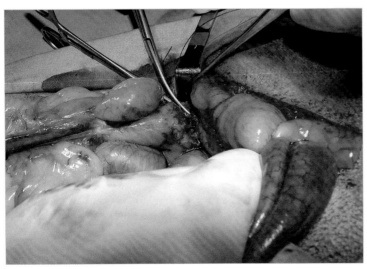

图5 结扎好悬韧带后，用止血钳在结扎线远端钳夹悬韧带，并在结扎和钳夹间剪断悬韧带。这样可以避免剪断悬韧带后其附属血管的出血

为将卵巢血管结扎在一起，切口最好是在卵巢蒂中部（图6），建议用可吸收的单股缝线结扎血管（图7）。

对于经验不足的外科医生，建议在卵蒂近端做两次结扎，以防止剪断卵巢蒂时发生出血。

图6　接下来，在卵巢蒂远端再钝性分离一个洞，离卵巢越远越好，用可吸收的单股缝线在止血钳的帮助下进行结扎

* 结扎的位置必须尽可能远，尽量避免切割不完全导致卵巢残留的风险。

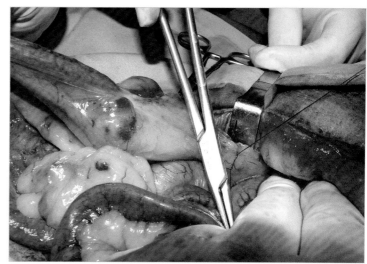

图7　结扎部位最好围绕卵巢血管且尽可能接近腹部大血管，这样，会使卵巢的摘除操作空间更大，摘除卵巢就会变得更容易；建议使用双重结扎法，以确保卵巢血管结扎稳固

在切断韧带之前，将止血钳放置在卵巢旁边，以防止血液回流，污染术野（图8）。

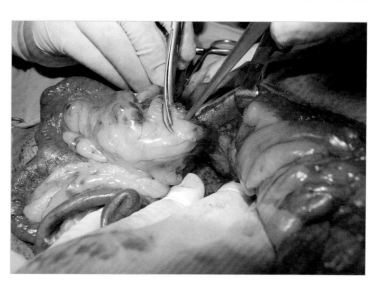

图8　在切除卵巢血管之前，止血钳要钳夹在离卵巢结扎线较远的位置，以防止子宫一侧出现出血

切开卵巢血管后，检查结扎部位是否有出血的可能（图9）。

> 切开卵巢蒂时，注意不要留下卵巢组织；该组织将保持功能，并导致复发发情与子宫残端积脓的风险。

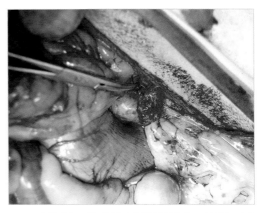

图9　卵巢蒂切开部位用止血钳轻轻夹住，以便切开后该部位不出血时可以将卵巢韧带轻轻送回

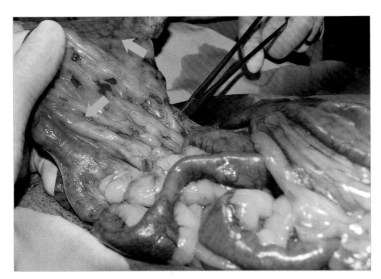

阔韧带和圆韧带形成了子宫系膜，将子宫角、子宫体与腹壁连接起来。在切除子宫角前，需先将子宫系膜用可吸收单丝材料的缝线进行结扎（图10）。

75

图10　沿着子宫角和子宫体切开子宫系膜。如有必要，结扎或烧灼血管，但这些血管通常只在怀孕、肥胖或发情期的犬只身上扩张

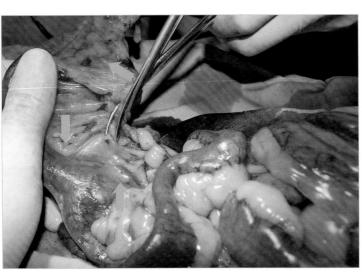

一般来说，除了与子宫平行的血管其他血管都很小（图11）。

同样地，在子宫的另一侧重复上述手术操作，直到将子宫角和子宫体完全分离。

图11　子宫系膜也在这个过程中被切开。子宫血管在离子宫很近的系膜中（蓝色箭头所指），所以当系膜在离子宫体很近的地方被切开时，应注意不要损伤它们

接下来的操作与子宫颈有关，子宫颈位于膀胱的后部。子宫颈放大结构如图12。

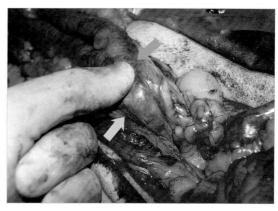

※ 在靠近膀胱的腹部尾部操作时应小心谨慎，以防止对输尿管的损伤。意外结扎输尿管是卵巢子宫切除术不应发生的医源性损伤。

图 12　一旦两个卵巢蒂结扎和切断，子宫颈的血管就会增粗（黄色箭头）。如图中所示，子宫颈末端血管（绿色箭头）在结扎和切除卵巢蒂后出现增粗现象

子宫角后段的血管可在子宫颈处进行结扎。

用可吸收缝线在子宫颈两边分别进行结扎防止出血（图13和图14）。

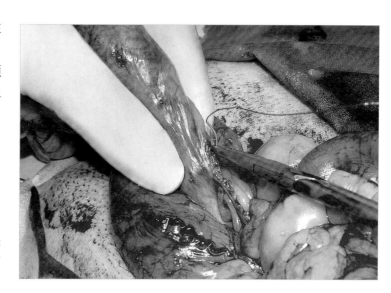

图 13　用带有无创圆针的可吸收缝线从子宫颈体中间穿过后，环绕子宫颈和子宫动脉做环扎

图 14　在子宫颈的对侧再次进行上述环扎操作。结扎时，应避免子宫腔穿孔，以防止潜在的腹部污染

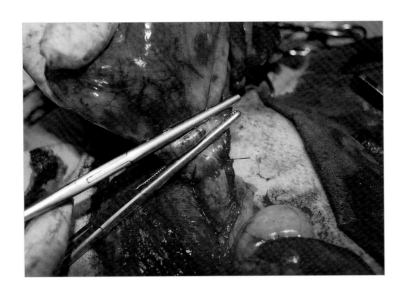

在切开子宫颈之前，将两个止血钳垂直与子宫颈平行放置于结扎出上方；它们之间应留有足够的空间以切开子宫颈，并避免子宫内容物漏入腹部（图15和图16）。

图15　在结扎线前端的子宫颈上钳夹两把直钳，以防止切开子宫颈时子宫内容物溢出，尤其是在子宫积脓的情况下

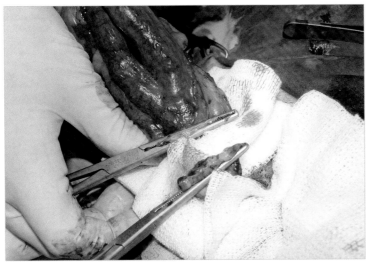

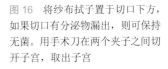
※　止血钳应在子宫体尾部的切开处夹紧，以便将子宫体完全分离。

图16　将纱布拭子置于切口下方，如果切口有分泌物漏出，则可保持无菌。用手术刀在两个夹子之间切开子宫，取出子宫

切口应该在子宫颈，因为如果患病动物体内有子宫体的任何部分，可能会出现子宫残端积脓（图17）。

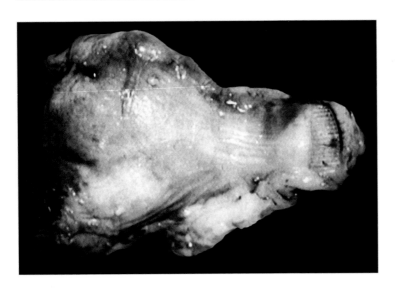

图17　子宫体和子宫角的一部分，含有脓性物质。这是一例卵巢子宫切除不完全的病例

切开子宫后，用带有无创圆针的可吸收单股缝线缝合子宫颈断端，缝合线要穿透子宫颈，同时要包含止血钳的顶端齿部。缝线的两端处于松开状态（图18），然后，在打开和关闭钳口时，收回止血钳的同时让助手拉上两端的缝线，使宫颈完全闭合（图19）。

将缝线两端绑在一起，用同一根缝线将一部分网膜固定于子宫残端，以避免子宫断端与膀胱发生粘连（图20和图21）。

最后，按常规方法关闭剖宫手术切口。

观看视频
子宫卵巢全切术治疗子宫蓄脓

观看视频
腹腔镜介入的子宫卵巢全切术

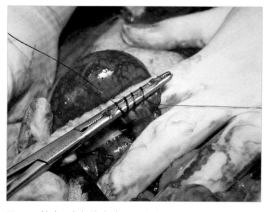

图18　帕克-克尔缝合法可以防止子宫颈内的液体外渗。在缝合宫颈残端时，不要松开止血钳，用带有圆针的可吸收单股缝线，围绕止血钳的齿部进行连续缝合。缝合完毕后，在松开止血钳的同时拉紧缝线两端并打结

图19　这张照片显示的是取出止血钳后的宫颈缝线的两端拉得很紧

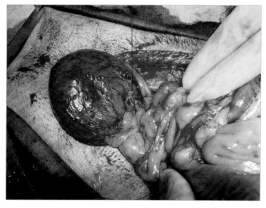

图20　将缝合子宫颈的缝线两端打结。用打结后剩余的缝线部分将部分网膜固定在宫颈残端

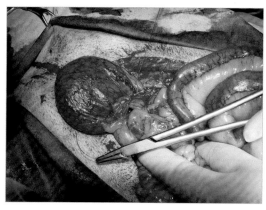

图21　网膜固定在宫颈残端，可避免子宫颈与膀胱发生粘连，从而也降低了术后出现尿失禁的风险

子宫蓄脓/囊性子宫内膜增生

患病率					
技术难度					

囊性子宫内膜增生和子宫积脓是潜在的致命性子宫疾病。它是在黄体酮分泌量高或外源性给药时发生的。黄体酮可增加子宫分泌，减少肌肉收缩和关闭子宫颈。起初，囊性子宫内膜增生是一种无菌性疾病，但随病情的发展，阴道内的细菌上行感染最终导致子宫蓄脓。

子宫蓄脓可以是开放性的也可以是闭合性的，开放性子宫蓄脓，子宫颈轻微胀大（图1），外阴可见脓性或含血的分泌物。而患有闭合性子宫蓄脓的患病动物其临床症状包括：由脓液在子宫内大量蓄积引起的腹胀（图2），由内毒素血症或败血症、脱水、多尿和消化不良引起的厌食。体温对临床诊断没有参考价值，因为其表现并不固定。

> 大肠杆菌是子宫蓄脓中最常见的分离菌。

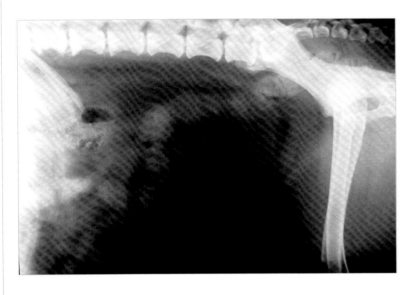

图1 慢性开放性子宫积脓，脓可自行流出子宫。在这些病例中，在结肠和膀胱之间很容易看到膨胀的子宫

> 糖尿病、肾功能不全、肾上腺皮质机能亢进和全身性肝病等疾病的临床表现也包括多尿和消化不良，在诊断子宫蓄脓时，应加以鉴别。

> 发热不被认为是子宫积脓的重要临床症状。只有 20% 的病例出现发热。

> 子宫积脓可在发情后 2～3 个月内发生。它可以影响所有年龄的动物，包括初次发情后的幼犬。

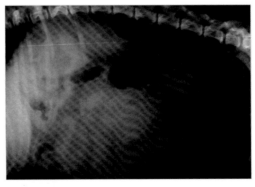

图2 子宫蓄脓时，子宫颈保持闭合，子宫腔扩大，占据腹部的中腹区域，使肠道向颅背侧方向移动

79

实验室检查

这些患病动物通常表现为白细胞增多，核左移明显且伴有毒性中性粒细胞出现。但在某些情况下，白细胞计数却是正常的，这主要是由于白细胞已扩散至子宫中所致；有时也会出现白细胞降低的情况，这是由败血症所导致。此外，也会出现不可再生的正色性正常红细胞性贫血。

血液生化变化特点：

- 高白蛋白血症。
- 高球蛋白血症。
- 尿素氮升高。
- 肌酐升高。
- ALT、ALP 水平升高。

碱性磷酸酶水平适度升高。

诊断

应在了解临床症状和上次发热时间的基础上，结合 X 光和超声检查的结果做出临床诊断。

患有子宫蓄脓的犬或猫，在腹部 X 光片中常常会发现均质的管状结构占据整个尾侧腹部的现象（图 1～图 3）。这种现象也会在产后子宫和孕期前 40 天（胎儿钙化前）的子宫 X 光片中出现，应注意鉴别（图 4）。

> 超声是鉴别这些疾病最可靠的诊断方法。

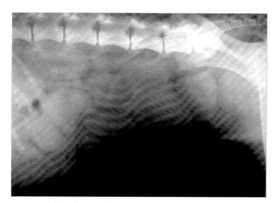

图 3　子宫闭合，子宫扩张明显

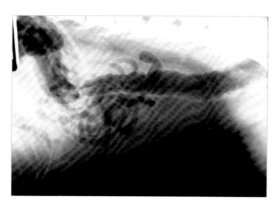

图 4　妊娠头几周子宫扩张

治疗

虽然可以进行药物治疗，但最常见的治疗方法是卵巢子宫切除术（图 5）。

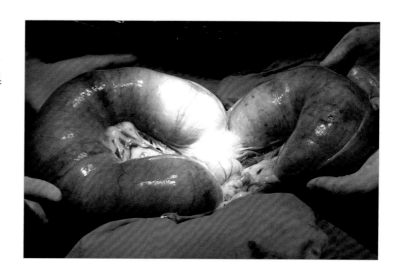

图 5　严重子宫蓄脓的患病动物将接受子宫卵巢切除术

术前

术前补液不但可以纠正体液和电解质失衡，而且可以保证麻醉期间充足的肾灌注。

术前应尽快使用抗生素（如氨苄青霉素或阿莫西林 - 克拉维酸），以控制大肠杆菌等致病菌造成的感染。

> ✱ 子宫中有蓄脓的患畜，应小心地进行手术操作，防止子宫壁的撕裂。

> ✱ 取出子宫前用无菌纱布隔离保护腹腔。

手术注意事项

这种手术中，结扎血管时应特别小心。确保没有由于子宫的脓性物质泄露而造成的腹部污染，并清除任何可能导致感染的残余子宫，即所谓的子宫残端子宫蓄脓。为此，可选择子宫颈的子宫结扎或单极凝固的方法进行（技术 1，图 6～图 9），或用 Parker-Kerr 缝线结扎器官（技术 2，图 10～图 13）。在关闭腹腔之前，应该用大量温热的无菌盐水灌洗腹腔。

观看视频
卵巢子宫切除术和子宫蓄脓

技术 1

图 6　结扎子宫颈尾侧和子宫体血管后，夹住子宫远端，用无菌纱布保护腹腔

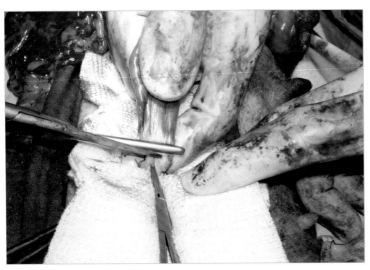

图 7　为了防止子宫残端向后滑动，在切除子宫之前，用动脉钳固定宫颈

图 8　子宫残端采用单极凝血可以消灭可能残留的病原菌

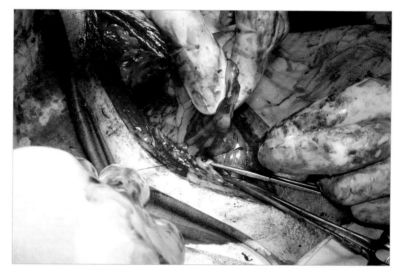

图 9　切除子宫残端能起到促进愈合、抗感染和防止与腹腔其他脏器粘连的作用

技术2

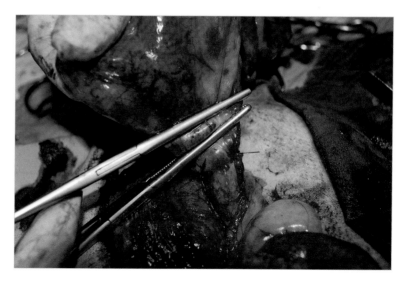

图 10　为了防止子宫内容物漏出，在子宫颈处放置两个止血钳。确保靠近尾侧的止血钳夹在子宫颈上

图 11　用手术刀在夹钳之间切开后，用单丝合成可吸收缝线在留下的止血钳上缝合，开始时没有打结

图 12　取下止血钳，将缝线的两端向相反方向拉紧，闭合子宫残端。然后用缝线两端打结

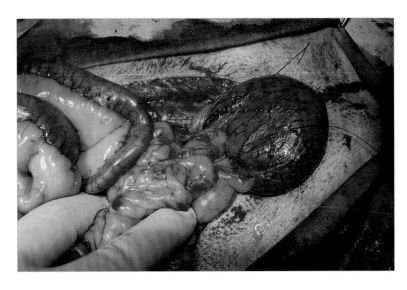

图 13　在这些病例中，子宫残端都是有用的。在缝合子宫残端后，不要剪断缝合线，在缝合线上放置一片犬网膜，并在上面打另一个结

膀胱切开术

使用频率				
技术难度				

　　膀胱切开术是一种进入膀胱内部，提取结石，移除肿瘤或取膀胱壁做活检的手术。

　　在中线开腹手术后，确定膀胱，将其取出并隔离（图1）。为了使膀胱持续暴露，可在膀胱中线两侧各放置一根固定缝线（图2）。

　　在切开膀胱前，应用膀胱穿刺的方法获取尿液样本进行微生物培养。

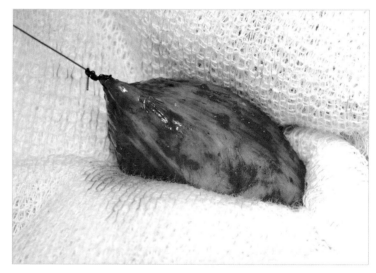

图1　将膀胱从腹腔中取出，用无菌外科敷料隔离。为了防止膀胱滑入腹部，可在膀胱顶部放置一根固定缝线，由助手通过止血钳夹住固定缝线做持续牵引

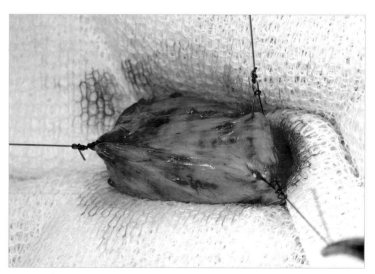

图2　在手术过程中，还需要另外两根固定缝线来保持膀胱切开术的膀胱边缘处于暴露状态

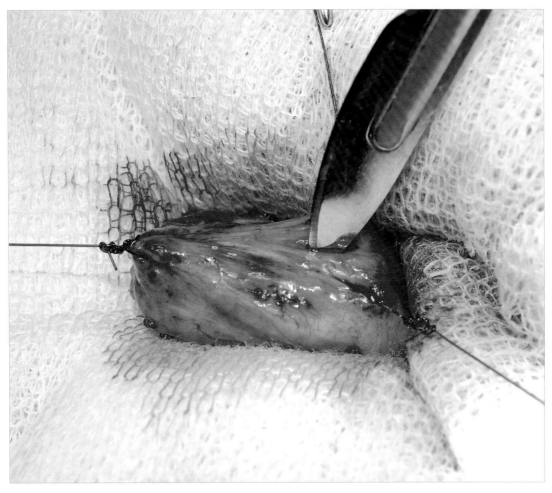

图 3　避开主要的膀胱血管，做一个尽可能小的切口

在牵引缝线之间选择血管扩张较差的区域用手术刀切开膀胱壁（图 3）。在牵引缝合线之间用手术刀在血管不良的区域做切口。切开膀胱壁后，膀胱内的手术可按手术方案实施，例如取出结石（图 4）。

> 切口可以在膀胱背侧或腹侧进行，以避免对大血管的损伤。

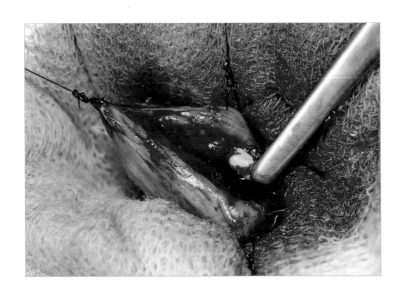

图 4　这张图片显示了从膀胱中提取的大量结石

完成膀胱内冲洗后，应
通过导尿管反向冲洗膀胱；
砂样结石和血块会被冲到切
口表面（图5）。

图5　通过导尿管注入无菌生理盐
水反向冲洗，可以去除微小的结石
（箭头）和夹杂在膀胱黏膜皱褶中
的砂样结石，以及可能在手术中形
成的血块

膀胱创面采用单丝合成
可吸收缝线缝合，采用外科
医生习惯的缝合方式，但注
意不要刺穿黏膜层（图6、
图7）。

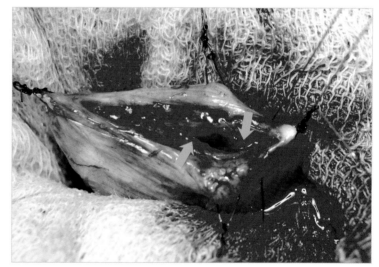

图6　使用简单的连续缝合。尽量
不要用针刺穿黏膜层（箭头），以
免缝线与尿液接触

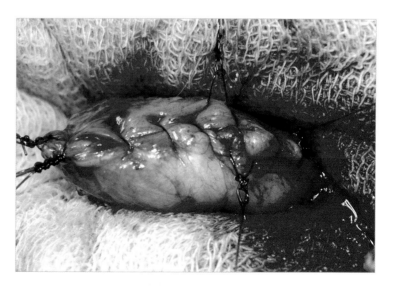

图7　缝线应带入足够的切口两侧
的膀胱组织，以确保在膀胱充盈时，
没有伤口裂开

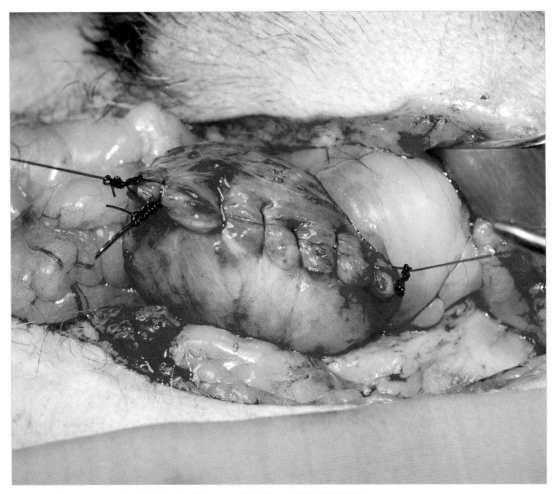

图 8　这张图片显示了通过导尿管注射的盐水，在缝合的切口处没有液体渗漏

关闭膀胱后，将无菌盐水注入膀胱腔内，检查是否有渗漏（图 8）。

膀胱切开术闭合创口后，冲洗腹腔，以清除可能进入腹腔中的任何尿液、沙样结石或血凝块。

然后膀胱上覆盖小片网膜，剖腹手术伤口以通常的方式闭合。

 用网膜覆盖膀胱可促进伤口愈合，并可防止与邻近组织的粘连。

 观看视频
切开膀胱（膀胱结石）

膀胱结石

患病率			
技术难度			

狗的大部分尿石位于膀胱或尿道。鸟粪石（磷酸镁铵）结石最常见，其次是草酸钙。尿酸盐、胱氨酸、硅酸盐和其他结石则少见。

约50%的尿石是磷酸铵镁。在1岁以下的狗中，这一比例超过了60%。产尿素酶的细菌（如葡萄球菌、变形杆菌）在犬的磷酸铵镁结石中起着重要作用，因为这种酶能把尿素分解成铵和二氧化碳。铵离子使尿液碱性增加，从而降低了磷酸铵镁结晶的溶解度。

这些尿石在雌性动物中更常见，因为它们更容易发生尿路感染（图1～图3）；然而，由尿石引起的尿道阻塞在雄性动物中更常见，因为其尿道更窄（图4）。

猫的磷酸铵镁结石与尿路感染无关，而是与饮食导致尿液碱化有关。

草酸钙结石是仅次于磷酸铵镁结石的第二常见尿石，约占总尿石的35%。

在约克夏梗、迷你雪纳瑞、拉萨狮子狗和狮子狗，特别是中年雄性狗中常见。

从品种的流行程度上分析，遗传因素可能与草酸钙结石产生有关系。这些尿石出现在患有高钙尿症，缺乏肾小管钙重吸收，高草酸盐

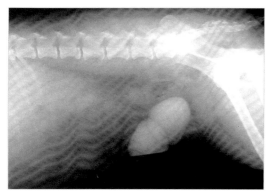

图1 一只迷你雪纳瑞母犬的X线照片，显示两个大的尿石占据了整个膀胱

图2 前述病例取出结石后，尿石相对较大。唯一的临床症状是膀胱腔缩小导致的尿失禁

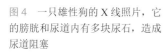

图3 取出尿石的细节。注意磷酸铵镁结石的特征

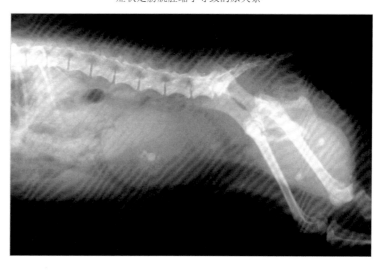

图4 一只雄性狗的X线照片，它的膀胱和尿道内有多块尿石，造成尿道阻塞

饮食和尿中枸橼酸盐水平较低的狗中。草酸钙结石的患病动物不会出现尿路感染，即使有也是由结石导致的尿道损伤所引起的。

尿液酸化可促进草酸盐晶体的形成。

为了减少磷酸铵镁结石的形成而使用尿液酸化的饮食或药物，实际上可能导致草酸钙的形成。近年来，观察到这种类型的石头越来越普遍，可能是由于过度使用防止磷酸铵镁结石形成的饮食引起的。

尿酸盐成分的结石由来自饮食和内源性核苷酸分解产生的尿酸盐组成。斑点狗有能力将尿酸氧化成尿囊素，与其他品种的犬相比更容易在尿液中产生过量的尿酸盐，从而使该品种很容易形成这种类型的结石。英国斗牛犬是另一种易产生尿酸盐结石的品种。

患有门静脉分流的犬血尿酸水平较高，因为血液可直接从消化系统通过分流进入到大循环；这会导致肝脏转化尿囊素的减少和尿酸盐的肾排泄增加。

胱氨酸结石是由肾小管转运胱氨酸障碍这种遗传性疾病所引起的。结石是在酸性尿液中形成的。胱氨酸结石在腊肠犬、巴吉度猎犬和斗牛犬中更为常见。

膀胱或尿道有尿石的犬通常有尿路感染史，临床表现为血尿、多尿和痛性尿淋沥。如果结石位于雄性性尿道内，可观察到梗阻的迹象：腹胀、腹痛、反常的尿失禁和肾后性氮质血症。

放射学检查是尿石病畜检查的重要组成部分（图5）。草酸钙结石的放射不透明程度最高，尿酸盐结石最低，磷酸铵镁和胱氨酸结石的放射密度中等。

虽然逆行膀胱造影术可以显示射线可穿透的结石；但在临床上超声检查（尤其在射线可穿透的结石病例）却更为常用；根据临床诊断效果比较，膀胱造影术仍然被认为是诊断膀胱结石最敏感的技术（图6）。

89

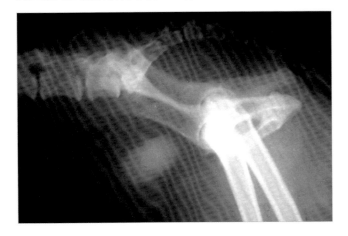

图5 母狗的X线照片，显示单个尿石充满整个膀胱，导致尿失禁

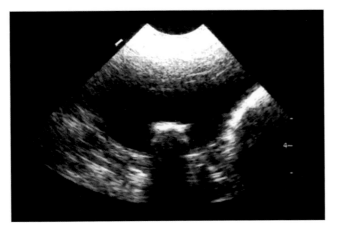

图6 膀胱结石的超声图像。膀胱结石被液体包裹，容易被超声所识别，突出超声的"阴影"

尿路感染既可以是尿石形成的原因（磷酸铵镁结石），也可以是尿石形成的结果（所有其他因素）。这很常见，应该积极治疗。

任何出现尿路感染、血尿、尿淋沥、多尿或尿闭的病畜都应检查有无尿石。

某些结石的溶解是有可能的，尽管通常是通过外科手术取出进行分析，为了防止复发要选择适当的治疗方法。第一步应该是缓解尿道阻塞（若有阻塞时），在尿潴留的情况下清空膀胱。这可通过膀胱穿刺或术中水冲洗尿道来实现（图7～图9）。

＊ 最好是将结石冲回膀胱，并进行膀胱切开术，而不是尿道切开术。

尽管可以用特殊饮食溶解磷酸铵镁成分的结石，但考虑到成本、重复放射或超声检查的需要，雄性犬尿道梗阻的风险以及一些主人不能严格遵医嘱给予规定的饮食和药物，手术治疗通常是优选的。

检查出尿石并不是手术的唯一指征。如果决定采用药物治疗磷酸铵镁结石，应首先根据细菌培养和药敏试验的结果选择敏感的抗生素消除潜在感染。

抗生素治疗持续到结石完全溶解，因为尿石内也会含有细菌。如果在结石完全溶解前停止抗生素治疗，则会出现复发性感染和结石溶解中断。通常仅在消除感染后，使用溶解结石的饮食产生铵后才可能出现尿液酸化。

使用尿液酸化剂（氯化铵、蛋氨酸）也可溶解结石但同样会导致尿液酸化，但现在并不常用。

在尿路梗阻的情况下已具有手术指征，并且在尿路感染的情况下强烈建议手术治疗，尿路感染存在感染上升的风险，其可能导致肾盂肾炎，肾功能不全或败血症。

对于药物溶解难以治疗的尿石，如草酸钙，硅酸盐和磷酸钙结石，如果太大而无法通过尿道排出，应手术切除。

草酸钙结石是不可溶的，因此手术是经常被选择的治疗方法。为了防止复发，应该提高尿液的 pH 值。通过向饮食中添加盐可以获得较低的尿比重，盐应该是用来降低尿液中钙和草酸盐的水平的。一些处方粮可达到这种效果。噻嗪类药物通过促进肾小管对钙的重吸收来减少钙尿症。应通过定期尿液分析监测预防复发的治疗结果，以确认尿液的碱性和不存在典型的草酸钙晶体。

在饮食控制的基础上，药物治疗尿酸盐结石主要采用别嘌呤醇碱化尿液来实现。商业上可用的溶解尿酸盐晶体的饮食具有较低的嘌呤含量，不会酸化尿液。别嘌呤醇是一种黄嘌呤氧化酶抑制剂，通过抑制次黄嘌呤转化为黄嘌呤和黄嘌呤转化为尿酸来降低尿酸的产生。尿液的碱化可以用碳酸氢钠或柠檬酸钾来实现。目标是使 pH 值达到 7 左右。期间宠物的配合是必不可少的，应定期监测尿液 pH 值（pH 试纸测试），因为 pH 值高于 7.5 很容易引起磷酸钙尿石的形成。

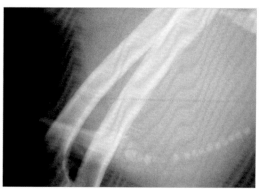

图7 在用水冲洗尿道前，由多发性鸟粪石结石所致尿道梗阻的侧位 X 线照片

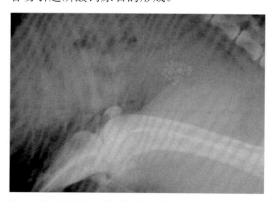

图8 同一例患者，所有结石位于尿液推进术后的膀胱内

胱氨酸结石是由代谢障碍所引起的，手术切除后其复发概率很高；需要术后的预防性治疗。最简单的方法是术后采用碱性低蛋白饮食。

磷酸钙结石占所有尿结石不到 1% 的比例，几乎从未以单纯的形式出现过，它们通常是混杂在其他成分的结石中，如草酸钙尿石。手术取出通常是最好的选择，术后应碱化尿液，以防止复发。

混合或复合成分的尿结石占所有病例的 6% 以上；

如果环境条件的改变对一种类型的尿结石形成不利，它们往往对另一种类型的尿结石形成有利。例如，草酸钙结石可引起尿路感染，从而引起尿液的 pH 值发生改变，同时，感染的细菌所产生的脲酶会使草酸钙结石周围形成一层磷酸铵镁结石。相反，磷酸铵镁结石的治疗包括酸化尿液，而酸化的尿液有利于在原始尿结石周围形成草酸钙沉积。

术前

- 肾性氮质血症的诊治。
- 高血钾的诊治。
- 在细菌培养和药敏试验的基础上进行抗菌治疗。
- 由尿道口将结石冲入膀胱。

> 治疗磷酸铵镁成分的尿结石，应当酸化尿液，而在治疗其他成分的尿结石时，尿液都应被碱化。

> 应当对尿结石的成分做分析，以便采用正确的治疗方式，同时也可避免复发。

图 9　按之前所介绍的膀胱切开术，切开膀胱取出结石

术后

- 注意尿失禁的情况。过度的膀胱扩张会导致逼尿肌张力的丧失。
- 注意尿路阻塞的情况。来自膀胱的血块也可能阻塞尿道。
- 定期检查尿沉渣和尿液 pH 值。
- 继续使用抗生素治疗尿路感染。
- 根据结石类型尽早开始适当的饮食和术后治疗。

为了有效地预防某种类型尿结石的复发，术后治疗过程中应防止钙源性结晶体过饱和的情况出现。这可通过改变饮食、尿液 pH 值以及增加尿液量来实现。兽医可选择不同类型尿结石的处方粮来完成这项工作。

尽管尿结晶和尿结石并不是同义词，但在尿沉渣检查中晶体的存在是控制和预防尿结石的重要参数。

膀胱切开术的并发症很少见，血尿是最常见的并发症，可持续长达一周，之后自行消退。

尽管尿结石复发的概率非常高（磷酸铵镁结石约 18%，草酸盐结石约 25%，胱氨酸结石约 47%，尿酸盐结石约 33% 以上）但通常预后良好。

预防尿路感染是预防磷酸铵镁结石形成的基础。

91

观看视频
膀胱结石（手术治疗）

案例/母犬单个尿结石

一只 5 岁的雌性的大白雄犬出现多尿、血尿和痛性尿淋漓几周时间。

腹部触诊在膀胱区域发现一个坚硬、圆形、坚果大小的物体。尾腹部 X 光片显示为单个膀胱结石（图 1），遂选择膀胱切开术取出结石（图 2～图 11）。

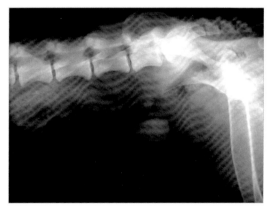

图 1　侧位 X 光片确诊了膀胱里的大结石，它的存在使膀胱腔的容积减少，导致患犬出现尿痛、尿频和血尿

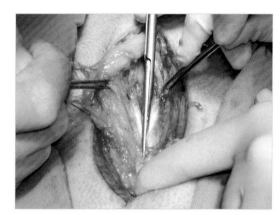

图 2　手术通常采用脐下切口

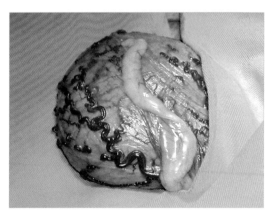

图 3　完全暴露膀胱，周围用创巾包围，以便在切开膀胱前将其与腹腔隔离

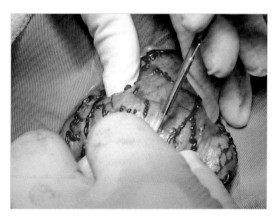

图 4　在膀胱腹部避开血管丰富的区域用手术刀切开膀胱

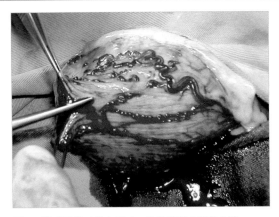

图 5　然后用剪刀扩大切口，注意避开主要的血管

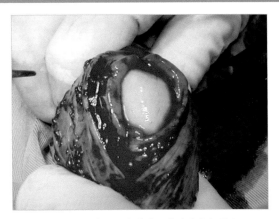

图 6　切口应足够大，以便将结石从膀胱底部顶出

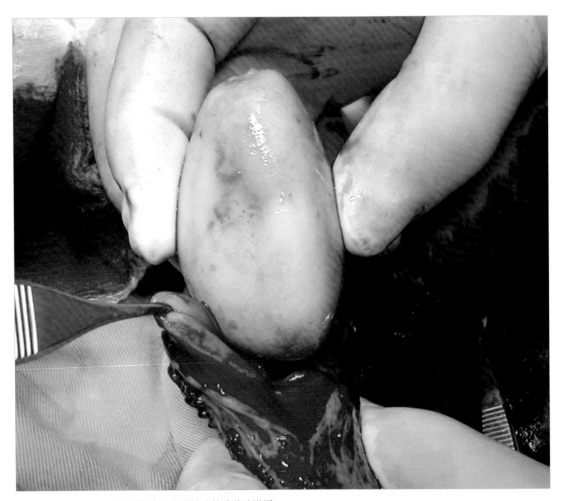

图 7　注意因结石引起的慢性膀胱炎所导致的膀胱壁增厚

术后

　　阿莫西林和克拉维酸连续使用 2 周，控制继发感染。在确定了结石的主要成分后（通过结构和抗氧化能力），使用相应的处方量，以减少复发的风险。术后 10 天，伤口愈合，可拆除缝线。

图 8　结石的外观。经分析确认其主要成分为磷酸铵镁

> 雌性动物膀胱内的单个大结石常使膀胱容积减少而导致尿失禁。

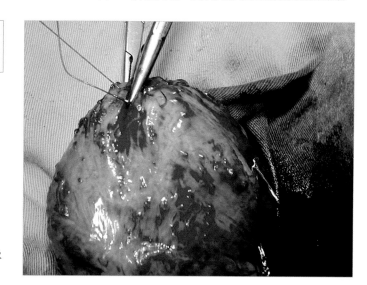

图 9　闭合膀胱时首先使用 2/0 合成可吸收缝线单线进行全层连续缝合

图 10　然后使用同样的单线再进行第二层浆膜肌层连续水平内翻缝合

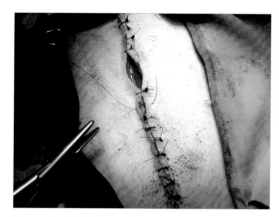

图 11　最后，腹部创口以常规方式分层缝合

异位睾丸

使用频率	
技术难度	

犬猫的睾丸都是在腹腔内形成的，并在出生后不久下降到阴囊。隐睾是一个或两个睾丸下降到阴囊失败的结果。犬的发病率与品种、体型等因素有关，从 1% 到 10% 不等。隐睾症是可遗传的，但它的遗传机制尚不清楚。小型品种犬的发病率几乎是中型或大型品种的 3 倍。这在约克夏梗和迷你雪纳瑞犬中尤为常见。在大型犬种中，拳师犬也常见。

视品种而定，隐睾症可在 3 ~ 6 个月后确诊。幼犬睾丸体积小，触诊困难，尤其是肥胖的幼犬或者是睾丸能在阴囊和腹股沟管之间自由移动的动物。此外，在这个年龄，下降到阴囊仍然是可能的。

异位睾丸可位于阴囊前、腹股沟或腹腔内。经统计，腹腔内隐睾最为常见，尤其是右侧单发隐睾。隐睾的诊断应明确异位睾丸的确切位置。一般来说，隐睾要比阴囊中的睾丸体积小（除非异位睾丸发生肿瘤或其他病变），在睾丸萎缩的情况下，很难确定异位睾丸的准确位置。所以仔细检查阴囊和腹股沟是很有必要的。对难以触及的腹部隐睾，可借助腹部 B 超予以确认。

> 在开腹探查之前，应仔细检查腹股沟区，确认异位睾丸不在此区域。

虽然异位睾丸暴露在较高的温度下会影响生发上皮的发育和精子的产生，但间质细胞的功能和雄激素的产生却不受影响。所以，即使患有双侧隐睾的动物也依然保持着第二性征发育。

异位睾丸，尤其是腹腔内的异位睾丸，比阴囊内的睾丸更容易发生扭转和出现肿瘤病变。扭转是由于睾丸在腹腔内的游离性增加造成的。异位睾丸发生肿瘤病变的风险大约是阴囊睾丸的 20 倍。此外，隐睾的肿瘤病变往往呈现低龄化趋势。在睾丸支持细胞瘤的病例中，如果是异位的睾丸发生了肿瘤病变，则患病动物会出现雌性化表现。

旨在将异位睾丸移至阴囊的外科处理方式效果并不好。这样的处理方式会使肿瘤和睾丸扭转的发生概率大大提高，这也证明了通过预防性去势来防止隐睾的发生是合理的。

阴囊前和腹股沟的隐睾可在异位睾丸所处的位置上直接开口移除。而腹腔内的隐睾，则需要脐下切口的开腹探查手术来定位。定位有时并不容易，如果异位睾丸出现萎缩，则需利用某些标志性的解剖结构来定位它。最简单的方法是通过从前列腺通向睾丸的输精管来定位。在大多数情况下，腹腔内的隐睾经常位于膀胱周边。

> 提起膀胱，可见输精管。一根属于阴囊睾丸，通向腹股沟内的管，另一根则通向隐睾。

如果怀疑有肿瘤，建议进行睾丸组织的病理学检查。这也可对预后判断提供参考。

鉴于睾丸肿瘤的恶性程度较低，即使睾丸出现了肿瘤病变，其患病动物的术后预后情况也是良好的。

95

观看视频
异位睾丸（隐睾 / 单睾）

病例 / 腹部隐睾

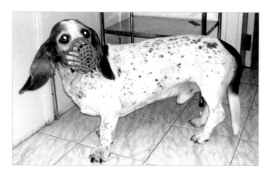

图 1　Rayo 入院当天，腹痛使他有点攻击性，检查时必须给它戴上口罩

一只 6 岁的雄性巴塞特猎犬 Rayo（图 1）出现反复性腹痛。经检查，在阴囊内只发现一个睾丸。

腹部侧位片显示一个橘子大小的肿块在后腹部。肿块很容易摸到，从其大小来看，异位的睾丸可能出现了肿瘤病变。因此决定施行开腹手术（图 2）。在超声检查该区域测量肿块大小时，发现了与睾丸支持细胞瘤相匹配的声窗图像（图 3）。

> 隐睾动物出现的间歇性腹痛症状可能是由于可逆性睾丸扭转所致。鉴于患病动物极有可能发展为急腹症，建议尽快施行去势手术。

96

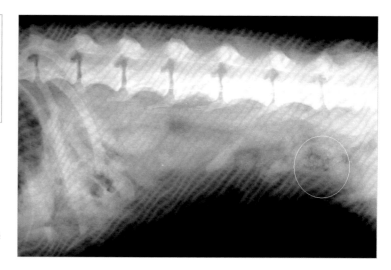

图 2　腹部 X 光片显示隐睾，异位睾丸出现了肿瘤病变

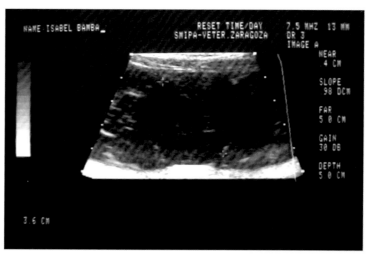

图 3　可采用超声对腹部肿块进行扫查

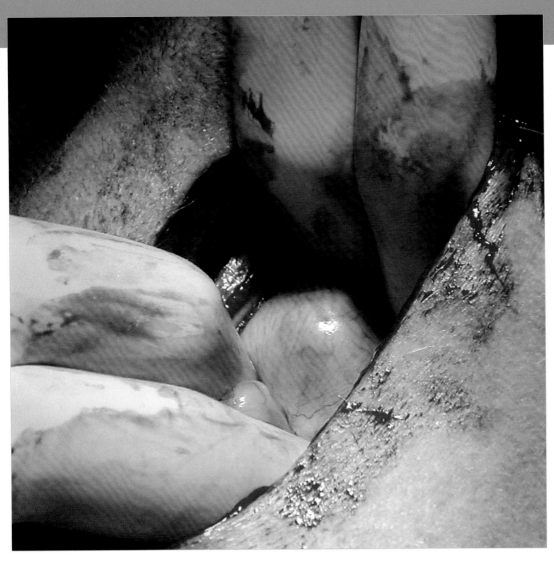

图 4　根据肿块的位置，选择脐下腹中线切口施行开腹手术。正如所怀疑的那样，在膀胱旁边发现了一个巨大的隐睾

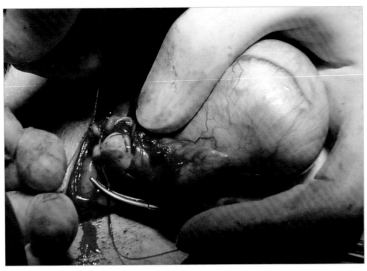

图 5　腹腔内的睾丸通常通过结扎和切断精索的方式来移除

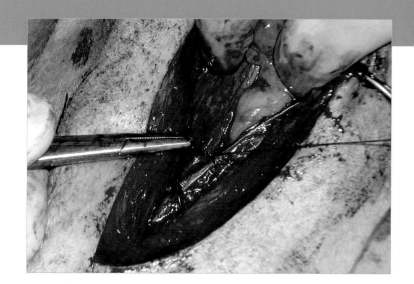

图 6 手术创口分层缝合

图 7 切除阴囊内睾丸

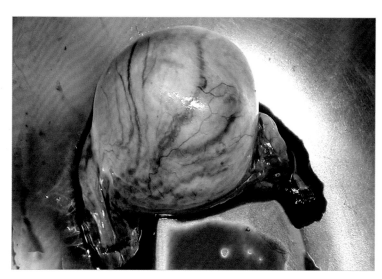

图 8 肿瘤睾丸视图。组织病理学
确诊为睾丸支持细胞瘤

肾摘除术

患病率				
手术难度				

肾脏摘除是指由于感染、肾积水或肾肿瘤导致肾脏疾病无法治愈或出现不可逆的肾损伤时采取的治疗措施。

> 只有对侧肾脏功能正常时才可进行肾摘除术。

沿腹中线切开腹部，胃肠束被推向于目标肾脏，以此检查对侧肾脏的表观和功能是否正常。

之后，将腹部的内容物移到另一边，以暴露目标肾脏（图1）。

控制肾脏周围血管的出血（图2），在离肾脏一定距离处切开腹膜壁层。这样，很容易使用镊子夹住肾脏周边脂肪层运用一定的牵引力钝性分离肾脏（图3，图4）。

图1 左肾被腹膜后的脂肪所覆盖

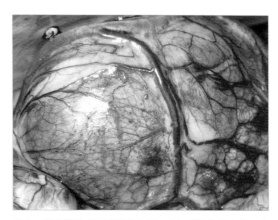

图2 积水肾脏表面充盈的血管。在切开壁腹膜之前，必须控制所有血管的出血，以达到无血手术创的目的

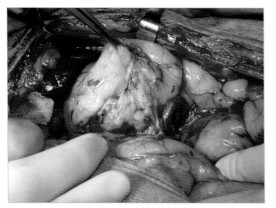

图3 在与肾保持一定的距离处切开腹膜，分离肾尾侧和输尿管近端周围的组织

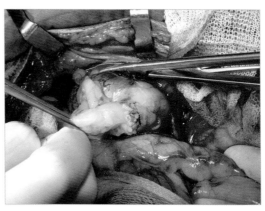

图4 肾的剥离并不复杂，但剥离到肾前缘时要注意周边附属的血管和肾上腺

在肾门，应确定肾静脉的位置，它往往是最接近术者的血管。肾动脉在下面（图5）。

> 应小心仔细地剥离肾门，并且要记住双侧肾脏肾门处都有肾静脉。

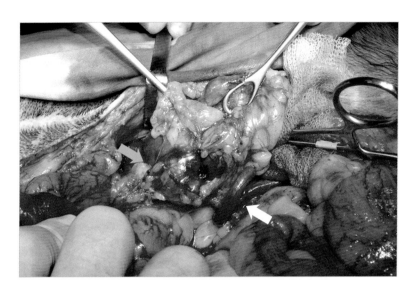

图5　剥离肾门时应注意避免损伤肾血管。首先看到的是静脉（蓝色箭头），动脉在下方运行。输尿管在尾端（白色箭头）

> ***** 顺着血管走向进行血管的分离。

用一个或两个肾远端结扎结合一个肾近端结扎，结扎静脉阻断血流（图6）。

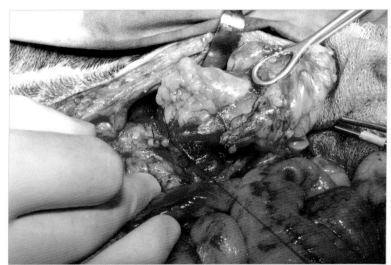

图6　用合成的不可吸收缝线单线结扎肾静脉

切断肾静脉后便可暴露出肾动脉，接着分离和结扎肾动脉（图7，图8）。为防止结扎线从肾动脉滑脱，应在肾远端动脉处进行贯穿。这种方法可以把结扎线固定在血管上，避免出现由于动脉扩张而造成的结扎线滑动（图8）。

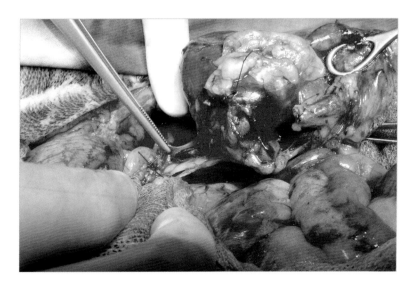

图7　肾动脉在静脉下方。应小心分离，以免损伤肾动脉

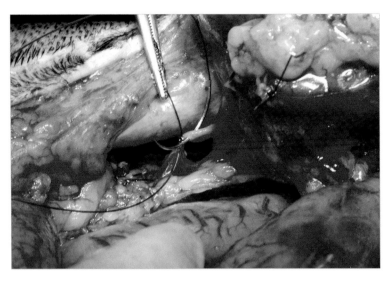

＊ 进行贯穿缝合时，请注意，应将结扎缝线固定在肾远端动脉血管处。靠近肾脏放置贯穿结扎线，血管会出血。

图8 肾动脉直接从主动脉分支出来，是一种高压血管，因此应该用贯穿结扎法将其封闭

有时从肾背侧剥离肾门更容易。因此需要将肾脏抬起，并向内侧翻转，使肾动脉暴露出来（图9）。

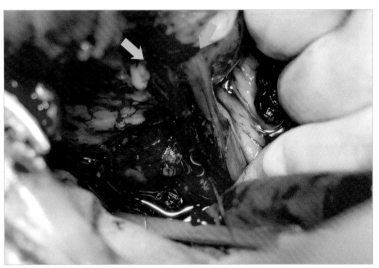

图9 从肾背侧剥离肾门。先结扎肾动脉（黄色箭头），然后结扎肾门静脉（蓝色箭头）。此图为肾动脉的贯穿结扎

＊ 在腹侧脂肪含量较多，肾脏、主动脉和腔静脉之间空间很小或者有其他技术上的困难等情况下，应从背侧剥离肾门。

肾脏的摘除是通过剥离所有与肾窝联系的周边组织来完成的（图10）。

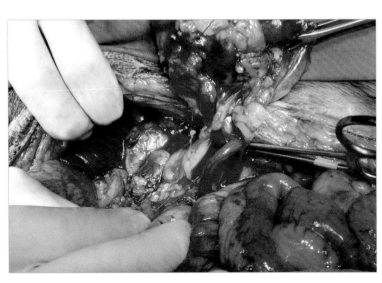

图10 肾脏脱离了它的解剖位置；只有输尿管与肾脏相连

从输尿管到膀胱的整个分离过程（图11，图12）。

肾摘除术最终通过在尽可能接近膀胱处夹紧、切断并结扎输尿管来完成（图13，图14）。

在关腹之前应检查肾窝及肾周围血管是否有出血。

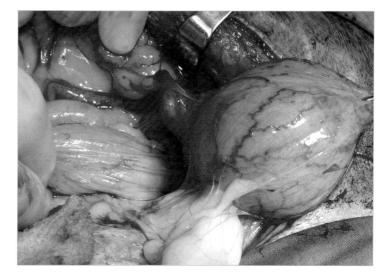

图11 远端输尿管的分离要小心进行，避免对邻近结构造成损伤，特别是在靠近膀胱的位置

观看视频
肾摘除术（肾结石）

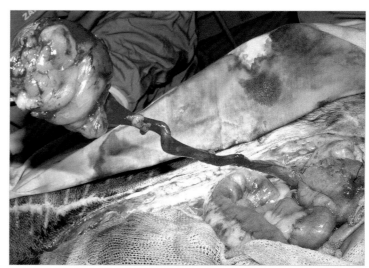

图12 完全摘除的肾脏。它只通过输尿管与膀胱相连

图13 夹紧并切断靠近膀胱的输尿管

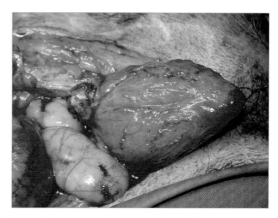

图14 在距离膀胱尽可能远的位置用合成可吸收缝线结扎输尿管

胃造口术·腹中线开腹术

流行性	
手术难度	

广泛用于诊断和治疗的腹中线切口开腹术，同样适用用于放置胃饲管。

开腹手术的范围可延伸至脐上区域直到胃部，从而获得良好的视野并可将胃拉出手术切口。

根据胃的解剖位置特点，在左侧腹壁最后肋骨下方进行全层切开（图1）。

观看视频
异物取出（胃切开）

103

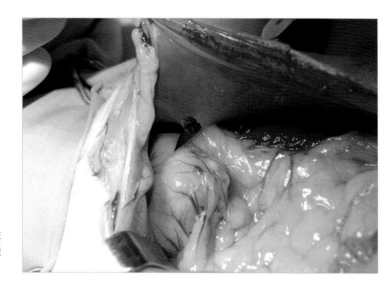

图1　为了获得更小的手术切口，在左侧腹壁胃区部位切开皮肤和腹壁肌肉

使用无创手术钳从腹壁内侧至腹壁外侧穿透腹壁，夹住胃饲管的末端将其拉入腹腔（图2，图3）。

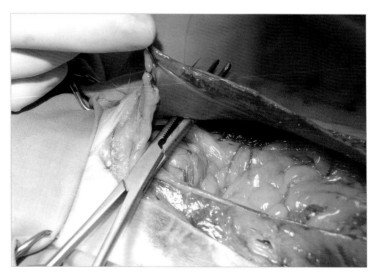

图2　用 Kocher 钳从腹壁内测穿出至腹壁外侧，并夹住胃饲管

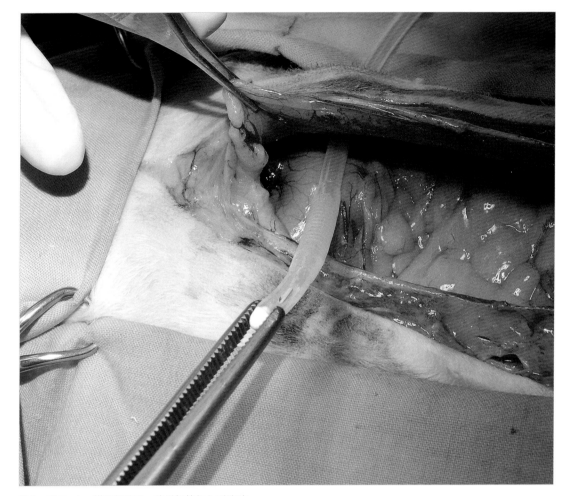

图3　在 Kocher 钳的帮助下，将胃饲管拉入至腹腔

　　将胃拉出并做有效隔离，选取胃体无血管且远离幽门的部位使用单丝可吸收缝合线和圆针，对胃的浆膜层和肌层进行荷包缝合（图4）。

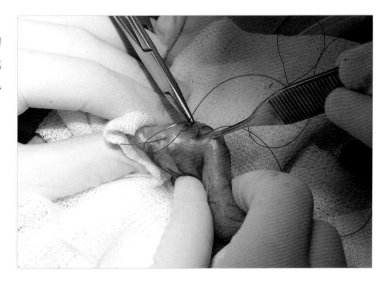

图4　借助无菌纱布对胃进行隔离，在胃壁无血管区域进行荷包缝合

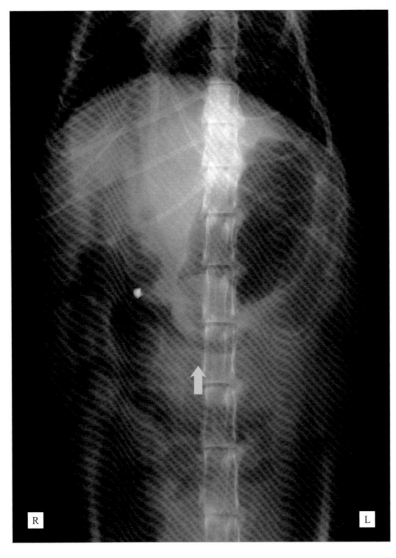

胃饲管不能处于幽门或幽门窦部位，否则会引起幽门口阻塞，使胃内食物不能进入十二指肠（图5）。

图5 该病犬插入了胃饲管，但是当通过饲管灌入食物后，很快出现了呕吐，注意观察胃饲管球囊压迫了幽门窦（箭头所指），阻塞了幽门口。这是一种放置胃饲管的严重技术失误

在荷包缝合的中央部位用手术刀在胃壁上做一个全层的切口。

通过胃切开术插入饲管（图6）。

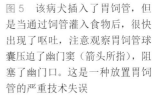 用手术刀尖对胃全层做一个刺创切口，不要剥离黏膜层，因为黏膜很容易脱落。

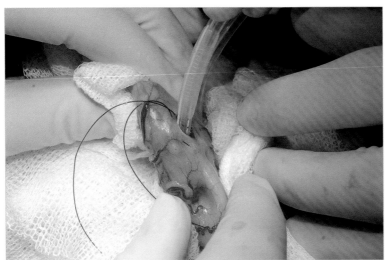

图6 在荷包缝合中心处做一个小的胃切开，插入胃饲管

接着，用生理盐水充盈胃饲管球囊，这样可防止胃饲管从胃脱出进入腹腔（图7）。

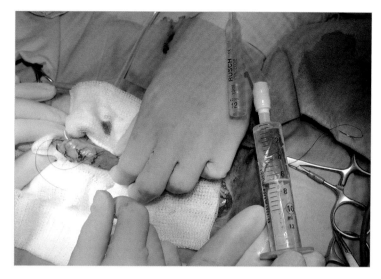

图7 胃饲管球囊进入胃腔，使用生理盐水充盈球囊，防止胃饲管脱出至腹腔

拉紧荷包缝合缝线并在胃饲管周围打结，防止胃内容物漏入腹腔（图8）。

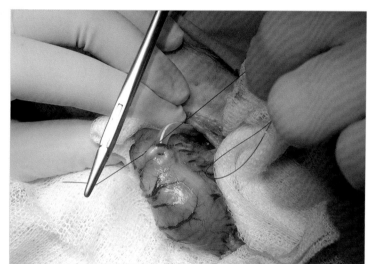

图8 最后，在胃饲管周围拉紧缝合线并打结，防止胃内容物漏出

接下来，将胃固定于腹壁，从而产生良性粘连，这样可避免在插管拔出时产生污染。进行胃固定时，采用两针单纯结节缝合将胃壁固定于腹壁上（图9）。

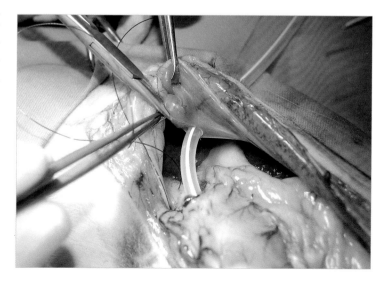

图9 使用单丝可吸收缝合线做两针简单的结节缝合完成胃固定术。此图可见缝合线固定于插管头侧

为了保险起见，可将部分网膜置于插管与胃之间（图10，图11）。

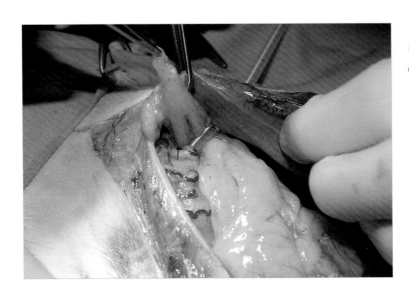

图10　部分网膜置于插管周围，即可提高愈合水平，同时也降低了继发性腹膜炎发生的风险

107

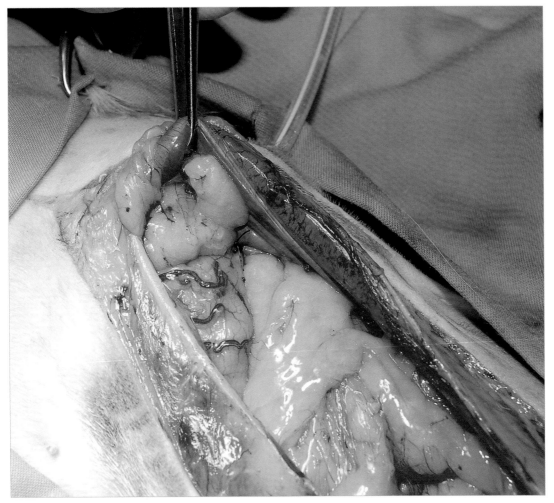

图11　按照第一次缝合的方法做二次缝合，使胃固定术得以彻底完成。与第一次缝合不同的是，二次缝合固定的是胃饲管尾侧，缝合时同样需要缝合部分网膜，保证固定后更加安全

胃饲管可采用任意一种缝合方法固定于皮肤上，以避免插管移动时脱出（图12）。

推荐使用"中国式指拷"线结技术。

> ✱ 由于单股缝线容易滑脱，所以在皮肤上固定胃饲管时可采用多股缝合线进行缝合固定。

按照常规方法闭合开腹手术的创口。

> 不要忘记堵住胃饲管，以防止气体进入或食物和胃内容物漏出。

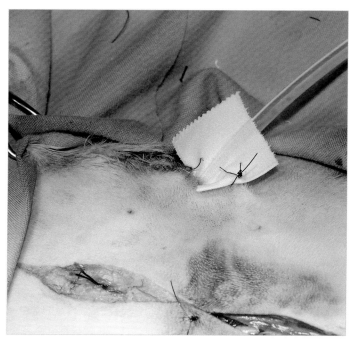

图12 此病例中，借助胃饲管上贴着的黏性胶布，将其固定于皮肤上

术后

术后通过绷带和伊丽莎白圈对插管进行保护，防止动物将插管拔出（图13）。

通过胃饲管饲喂动物，需要采用流食。每个患病动物需要计算饲喂量，而且每天需多次饲喂。每次饲喂前最好使用温水进行冲管。

胃饲管至少需要留置10天。拔出插管时，要先将球囊排空，拆除皮肤缝合线，然后再拔出插管。

插管拔出后需要考虑的第二个问题是残留创口的愈合，这样的创口愈合一般需要1周时间。

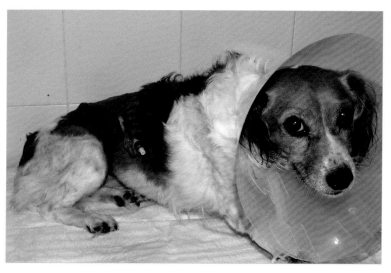

> 通过胃饲管饲喂时需保证流食顺畅地通过胃饲管，否则可借助碳酸饮料来疏通胃饲管。

图13 患犬在放置胃饲管后从术中苏醒

胃扩张-扭转综合征（GDV）

流行性	
技术难度	

胃扩张 - 扭转综合征又称为"胃气胀"，是一种胃扩张后再沿肝脏和脾脏附着物发生扭转的疾病（图1～图3）。

> 即便对患病动物采用了适当的治疗方式，胃扩张 - 扭转综合征也是高死亡率的疾病。

鉴于胃扩张 - 扭转综合征的高死亡率，这里要给易发品种的（大型犬和深胸犬）犬主一些建议：

■ 将日常饮食分成多次饲喂，避免单次大量饲喂。

■ 饲喂过程中应避免因抢食而引起应激反应。

■ 饲喂前后限制活动量。

■ 不要使用抬升高度的食盆。

■ 有该病史的犬禁止繁育。

■ 可以考虑对易发品种犬进行预防性胃固定手术。

■ 如果你观察到犬出现流涎、嗳气、呼吸困难或腹部膨胀，立即拨打急救电话。

发病机理

当胃发生扭转时，会阻断胃与食管和小肠之间的联系。胃内气体不能排出，且在胃内聚集，进一步可导致胃膨胀。

胃的静脉淤血使液体聚集于胃内。扩张的胃会使后腔静脉和门静脉受到压迫，导致回心血量降低，进而引起心输出量下降诱发心肌缺血。

中心静脉压和平均动脉压会下降，从而导致患病动物出现低血容量性休克和组织血液灌注量减少，进而影响肾脏、心脏、胰腺、胃和肠的正常生理功能。在胃缺血时，心律不齐经常发生。

如果此种情况不能得到及时纠正，随即多个器官会出现衰竭和坏死。

> 对于犬（甚至对于兽医）来说，胃扩张 - 扭转综合征是最严重的紧急疾病之一。

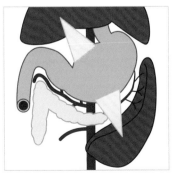

图1　胃的头侧通过胃肝韧带与肝脏连接，尾侧通过网膜与脾脏连接。张力与强度见箭头所指

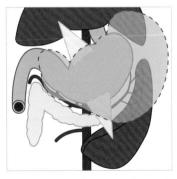

图2　如果胃发生了扩张，与上一张图片提到的韧带相比，膨大的区域为胃的基底区，占据了偏中心的位置

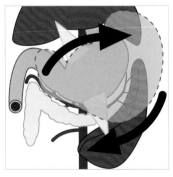

图3　基于以上原因，扩张的胃很容易发生自身旋转，进而出现胃扭转

临床症状

病犬出现坐立不安、干呕、流涎、呼吸困难、腹胀。同时还会有心动过速、脉搏变浅、黏膜颜色变白、黏膜血液再灌注时间延长。

首先应当做什么？

需要拟定病犬详细的治疗方案。

> 手术成功与否主要取决于动物主人的反应速度和兽医的应对处置速度。

> ✳ 应对这样的病例有越多的兽医和护士参与，治疗结果越好；因为很多工作可以同时进行，病犬也可以得到更长时间的监测。

治疗的首要目标是稳定病犬状态和胃的排空。

稳定病犬

在我们医院对 GDV 的稳定工作和首要工作程序是：

■ 在两侧头静脉或颈静脉上安置大直径的静脉留置针（图 4）。

■ 快速静注 7.5% 的高渗盐水以增加循环血量（4 毫升 / 千克，快速静注）。

■ 羟乙基淀粉 - 血容量扩张剂（4 毫升 / 千克，快速静注）。与血小板功能障碍或凝血功能障碍有关。

■ 利多卡因配置成 2% 浓度，按照 0.1 毫升 / 千克静脉注射，从而预防和治疗可能出现的早搏。

■ 等渗液或林格氏液静脉注射以维持循环血量 [20 毫升 /（千克·小时）]。

■ 术前静脉注射咪达唑仑（0.5 毫克 / 千克）和 μ- 阿片类药物（0.02 毫克 / 千克），从而降低诱导麻醉药物的使用剂量，并且相应地产生镇痛作用。

■ 采用阿莫西林克拉维酸和恩诺沙星的组合用药，来预防由肠道扩散的细菌性感染。

■ 测量血压。

> 血液中乳酸浓度是很好的预后指标，因为它可以反映局部缺血和细胞损伤的程度。

图 4　在双侧头静脉上放置 2 根大直径的留置针。同时，其他兽医人员准备药品，进行血液学检查和胃部减压的相关工作

在实施治疗措施前，采血进行血液学和血浆乳酸（正常值：0.5 ～ 2.5 毫摩尔 / 升）的检查。

胃部减压

在开展药物治疗的同时，胃部减压工作随即开展。

首先，安置胃导管。

■ 我们使用大孔径胃导管（与小马驹使用的相同），用导管测量鼻尖至最后肋骨的长度，并在导管上做好标记（图 5）。

如果可能的话，可使用卷轴绷带垫在门齿之间插入导管，插入长度达到预先标记的位置（图 6）。

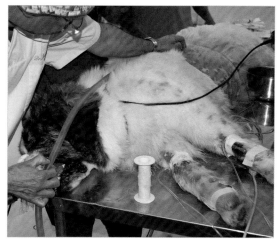

图 5　测量胃导管鼻孔至最后肋骨的长度，并做好标记。这可以对导管插入深度起到提示作用。注意，左侧腹部已经剃毛

110

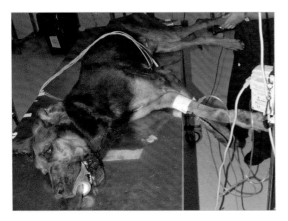

图6 此病例中，胃导管已经插入至胃部并对胃进行了减压。对病犬进行保定并即将进行手术

> 如果插管插入至预定标记位置，意味着插管已经到达胃部。

如果胃导管不能插入至胃，要尝试改变病犬体位，可翻转病犬或使病犬坐立起来。

> 不要强行插入胃导管，否则会损伤或撕裂食管。

如果以上这些插管措施失败，需采取经皮穿刺放气。

■ 此法中，需要使用大直径的套管留置针，或长的多孔探针（由于探针中有针芯，所以很容易刺入胃）进行胃部放气减压（图7～图9）。

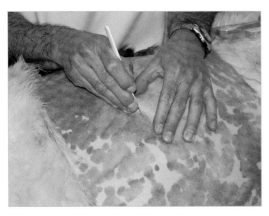

图7 在最后肋骨后做一小切口。选择左侧作为术部的原因是，扭转的胃将脾拉至腹部右侧，所以左侧切口可以降低脾损伤的风险

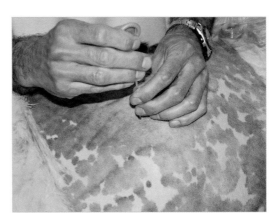

图8 带有针芯的留置针果断地插入至胃腔

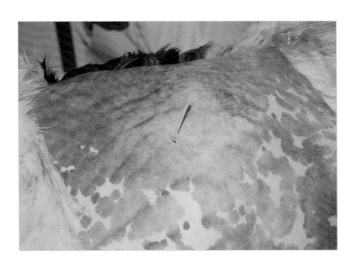

图9 抽出针芯，胃立即放气

当胃减压后，心脏部位的压力随之减轻，胃导管更容易插入。

■ 将胃导管插入胃腔后，需使用稍温的液体对胃进行冲洗，从而清除胃内容物（图10，图11）。

清洗完毕后，病犬可能出现麻痹性肠梗阻，且胃失去了收缩蠕动功能，所以需要持续进行胃的排空和清洗，否则胃内容物由于发酵会再次引起胃扩张。

图10 通过胃导管将温水灌入，灌入时抬高胃导管借助高度差会使灌入更容易

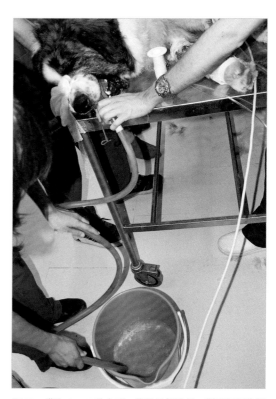

图11 灌入2～3升水后，将胃导管降低，利用虹吸作用导出胃内容物

胃扩张与胃扭转扩张综合征（GDV）的区别

发病的过程中，可通过X线诊断方式对胃扩张和胃扭转扩张综合征进行区分（图12，图13）。

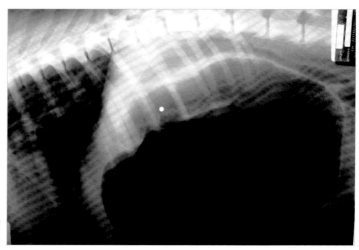

图12 由于幽门和十二指肠移位造成的胃扭转，胃呈现典型的倒C形影像

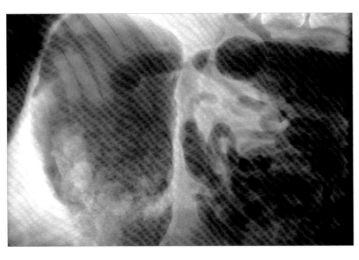

这些影像可以提供胃的位置、内容物等信息，这些信息都是手术前后的关键点。

图 13　广泛性麻痹性肠梗阻和胃内积存大量食糜的胃扩张（内有干性饲料颗粒）

手术方案

动物保定完毕即可进行手术。

> 尽管对胃进行了减压，但是如果胃发生了扭转，会出现血管损伤和局部组织坏死。

麻醉步骤

可对病犬静脉注射丙泊酚（3 毫克 / 千克）直至起效，或静脉注射氯胺酮（5 毫克 / 千克），连接至呼吸循环系统，吸入 100% 纯氧，使用异氟醚或七氟醚进行维持麻醉。有必要时，可在术中口服（5μg/kg）或静脉注射 [5ml/（kg/min）] 镇痛剂芬太尼。

> 适量的镇痛剂可使异氟醚（1.2% ～ 1.3%）或七氟醚（2.3%）的吸入浓度控制在 MAC❶ 以内，并以此降低血管扩张和低血压风险。

病犬需进行以下监测：

- ECG。
- 无创血压。
- 血氧饱和度。
- 二氧化碳图。

心电图

如果心电图显示出窦性心律不齐（观察到期外收缩和频发的 QRS 紊乱），需准备一个三通道静脉留置针，能够在注射等渗晶体液的

同时连续滴注利多卡因 [50μg/（kg/min）]，配置利多卡因时，可将 25ml 2% 利多卡因加入至 500ml 盐水中。

另一方面，如果有心室异常状况，伴发低窦性心律，不能注射利多卡因。如果这种室性逸搏心律消失，心脏将会停止跳动。

> 利多卡因具有镇痛作用，并能够控制室性心律。

血压

平均动脉压需控制在 70mmHg（90mmHg 收缩压和 50mmHg 舒张压），从而防止由于组织的血液灌流量不足，而出现的低血压及肾功能的损伤。如果血压不能超过 70mmHg，需要注射高渗液体和等量胶体溶液，这在前文中已有阐述。相反，如果血压升高过快，需要补充注射镇痛剂，以加大麻醉深度。

脉搏血氧饱和度和二氧化碳图

脉搏血氧饱和度可以显示出正常血红蛋白饱和度为 95% ～ 100%，如果是 100%，表明有良好的自主呼吸或辅助通气。

此外，根据通气类型可设置呼吸机参数。通过辅助通气或人工通气的正压通气作用，可降低静脉回流并且改善低血压状况。

> 保证良好的通气能够在很大程度上帮助患病动物维持血液 pH。

❶ MAC：最小肺泡浓度。

手术目的

其目的是:

■ 排空胃,并将胃恢复至正常位置。

■ 对胃和脾进行视诊观察,检查损伤和坏死的区域。

■ 将胃固定于腹壁,从而降低胃再次扭转的风险。

胃扭转通常情况下,是按顺时针方向发生扭转的。所以胃扭转的矫正需按照反方向进行(图14)。用左手抓住幽门拉入腹腔切口,右手固定胃体和胃底,将胃拉至动物左侧并向手术台的方向向下拉动(图15)。

> ❋ 为了检查胃是否恢复至正常解剖位置,手沿着膈进入腹腔触诊食管。如果食管是软的、平滑的、质度均一,表明胃的位置恢复正常。如果食管触诊是硬的、质度不均一、紧密呈索状,表明食管是扭转的,胃仍处于扭转状态。

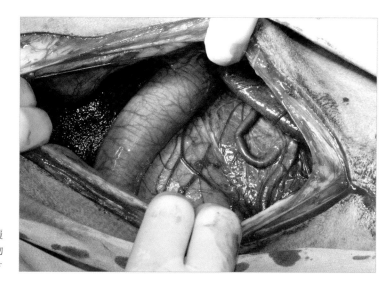

图14 沿腹中线切开后,可看到覆盖着网膜的胃,由于幽门扭转到动物的左侧,所以十二指肠盘绕在胃上方

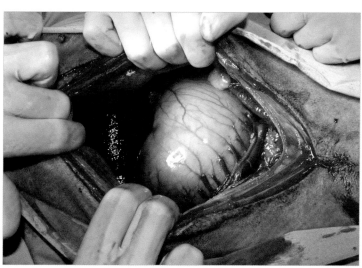

图15 以逆时针方向矫正扭转的胃,经检查,胃已恢复至其正常解剖位置

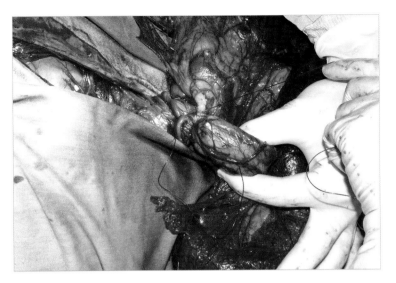

缺血性病变处置方法

确保脾处于正常解剖位置，如果发现多处缺血性病变，需要进行脾摘除术（图16）。

图16　在胃扭转伴发脾扭转的情况下，直接进行脾摘除

由脾分支出至胃的短血管发生损伤和破裂很常见。这可以导致胃大弯出现更严重的出血、血栓、梗死（图17）。

> ＊ 此病例中需要足够的耐心，胃部呈现高度血管化，恢复能力较好。

图17　胃大弯的出血和局部缺血是胃短血管破裂的结果

如果对胃的某一部分存活能力持有怀疑，可将该部位进行内翻缝合，将血管化较好的组织缝合在一起（图18～图21）。

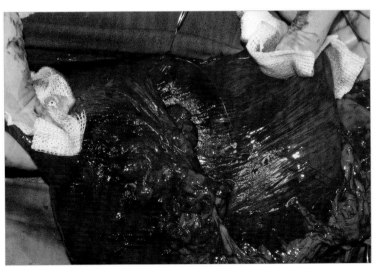

图18　胃体的中间有缺血部分，我们决定对其进行内翻缝合。助手固定住胃，协助进行缝合

图19 缝合时使用单丝合成可吸收缝合线，缝合浆膜层和肌层

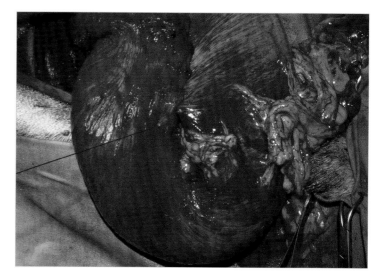

图20 在缝合的远端外侧，需结扎与胃大弯相连的剩余血管，以防止网膜或脂肪组织影响缝合部位的愈合

此病例中，这种内翻缝合可以确保胃的密封性和稳定性，坏死部位不会继续发展为坏疽。

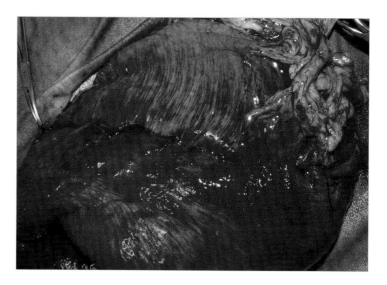

图21 单纯内翻缝合后的效果，坏死部位完美地被内翻进去

胃的固定

为了降低复发的风险，需在腹壁右侧进行幽门窦的胃固定术。

> 胃固定术可防止胃扭转的发生，但是不能预防胃扩张。

切口胃固定术是较为简单的技术，效果很好。

需做两个切口，一个在幽门窦处切开浆膜和肌层，另一个在右侧腹壁处切开腹膜和腹壁肌肉筋膜层（图22）。

接下来做连续间断缝合，首先缝合固定切口背侧边缘（蓝色箭头，图22和图23）。再缝合切口腹侧边缘（黄色箭头，图22和图24）。

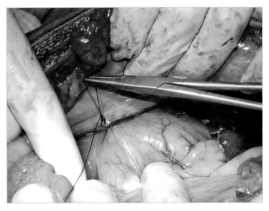

图23 第一层需缝合两个切口背侧边缘

117

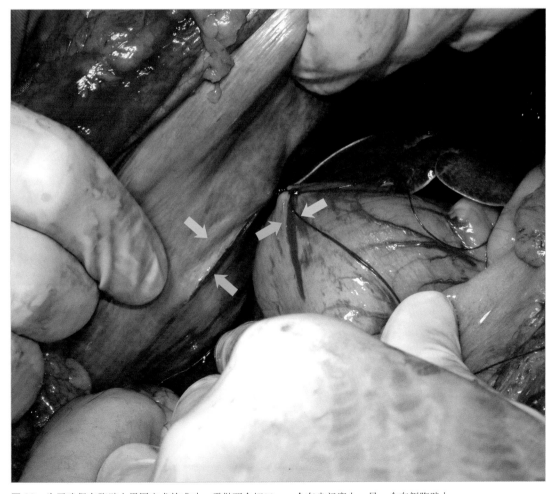

图22 为了确保在腹壁上胃固定术的成功，需做两个切口，一个在幽门窦上，另一个在侧腹壁上

观看视频
胃扩张-扭转综合征

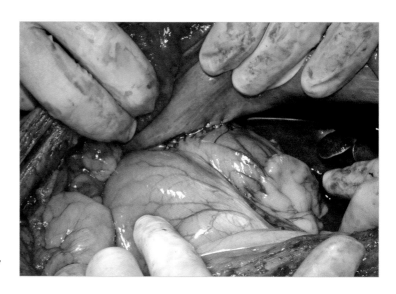

图 24　接下来缝合腹侧切口边缘，从而完成整个胃固定术

＊ 胃固定术中，选用 2/0 可吸收或非吸收合成缝合线。

围术期护理

a. 低血钾

围术期护理和监测越快越好，要根据病患的病情在急诊部及时准确地采取处置措施。

> 在围术期最初的几个小时内易发生一些严重的并发症，如果控制不好，将会有生命危险。

需要监测电解质结果，常见低血钾症，可通过体液疗法补充钾离子，但不能超过 0.5mEq/（kg·h）。

b. 室性心律失常

围术期常出现心律失常，为了防止心律失常，需将动物的水和电解质平衡维持在正常范围内。

如果出现明显的心律不齐，可一次性静脉注射利多卡因（2～8mg/kg，Ⅳ），如果心律不齐是间歇性出现的，可连续滴注利多卡因［50～70μg/（kg·min）］。

> 过量注射利多卡因可导致震颤、呕吐和惊厥。如果有以上症状发生，需停止注射。

c. 胃溃疡

由于胃部有坏死，可能诱发胃溃疡。可使用 H2 受体阻断剂（甲氰咪胍、雷尼替丁或法莫替丁）。术后 12～20 小时内，给予软的低脂肪食物，不但可以评估患病动物对食物的接受程度，减少呕吐，也可帮助胃蠕动的恢复。

d. 腹膜炎

若有未被发现的胃坏死，坏死部位可诱发广泛性腹膜炎和败血症。如果病情发现及时，需再次进行紧急手术，切除受感染的组织，并埋置腹腔引流管。

预后

该病的预后取决于很多因素：动物主人第一时间是否能够引起重视，是否及时送医，是否发生胃和脾的扭转，是否并发胃的坏死，是否有心室期外收缩和其他并发症。血浆乳酸水平是判断预后的良好指标，如果指标正常表明胃部没有过多的坏死，预后则相对乐观。

> 对患有本病的犬来讲，如果胃部并发坏死，术后死亡率则会升高 10 倍。

胃固定术会使该病的复发风险降低。但是动物主人需改变饲喂习惯，且要按照本章前文中的建议措施进行预防。

非线性异物肠梗阻

流行性			
技术难度			

在小动物临床实践中，非线性异物性肠梗阻很常见。小肠的直径较食管和胃要小很多，所以异物可以通过食管和胃，但是却可能阻塞在小肠。

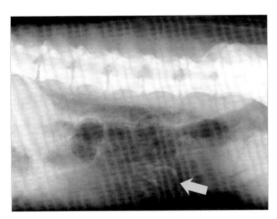

图1 人工造模的肠梗阻。由于X线可以穿透低密度物质，所以可以清晰地观察到异物的轮廓

临床症状

由于异物的位置不同，临床症状呈现由隐性到严重的不同级别。

上消化道异物：
- 顽固性呕吐。
- 脱水、电解质紊乱。
- 腹痛。

下消化道异物：
- 厌食、精神萎靡。
- 粪便样呕吐物。
- 体重下降。
- 腹痛。

诊断

此病主要通过X线进行诊断（图1～图3），但要注意鉴别其他类型梗阻的X线影像（气胀、"发卡"状肠袢、延迟排出的钡餐），非阻塞性肠麻痹（腹部手术或创伤、髓质损伤、血钾水平的改变、尿毒症、腹膜炎等）（图4，图5）。

因此，超声诊断的重要性日益增加，因为它既可检测异物，又可评估肠壁的状态及发生继发性腹膜炎可能性。

119

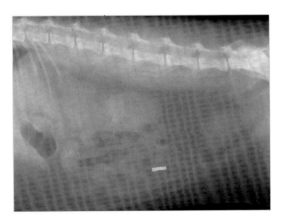

图2 小肠内金属异物

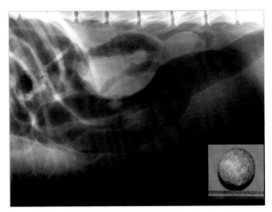

图3 接近于梗阻部位发生麻痹性梗阻和扩张性肠袢（球状影像），可直接通过X线片发现异物

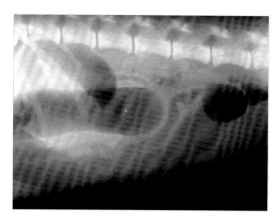

图4 麻痹性肠梗阻。这是一个由脂肪肝造成胃麻痹的病例

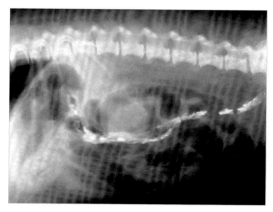

图5 由于手术操作造成气胀性肠袢，钡餐延迟排出可证实肠道内没有发生梗阻

血液学检测结果如下：

项目	测定结果	参考值
白细胞总数	$20.61 \times 10^3/mm^3$	5.50 ～ 16.90
淋巴细胞	$1.02 \times 10^3/mm^3$	0.50 ～ 4.90
单核细胞	$3.73 \times 10^3/mm^3$	0.30 ～ 2.00
嗜中性粒细胞	$15.56 \times 10^3/mm^3$	2.00 ～ 12.00
嗜酸性粒细胞	$0.20 \times 10^3/mm^3$	0.10 ～ 1.49
嗜碱性粒细胞	$0.11 \times 10^3/mm^3$	0.00 ～ 0.10
红细胞压积	57.6%	37.0 ～ 55.0
红细胞总数	$8.60 \times 10^6/mm^3$	5.50 ～ 8.50
血红蛋白含量	20.3g/dl	12.0 ～ 18.0
血小板数	$301 \times 10^3/mm^3$	175 ～ 500
总蛋白	8.1g/dl	5.4 ～ 8.2
白蛋白	3.9g/dl	2.5 ～ 4.4
球蛋白	4.2g/dl	2.3 ～ 5.2
碱性磷酸酶	55u/l	20 ～ 150
谷丙转氨酶	23u/l	10 ～ 118
淀粉酶	404u/l	200 ～ 1200
总胆红素	0.5mg/dl	0.1 ～ 0.6
尿素	47mg/dl	7 ～ 25
钙	10.8mg/dl	8.6 ～ 11.8
磷	6.5mg/dl	2.9 ～ 6.6
肌酐	1.0mg/dl	0.3 ～ 1.4
葡萄糖	124mg/dl	60 ～ 110
钠	128mmol/l	144 ～ 160
钾	3.0mmol/l	3.5 ～ 5.8
氢	79mmol/l	109 ～ 122

超声检查可帮助鉴别低回声异物和接近于阻塞物的由液体蓄积造成的肠道扩张，还可观察到肠道蠕动情况，通过多普勒超声可看到小肠血流情况。

治疗

如果异物能够通过消化道，就无需进行手术治疗（图6）。

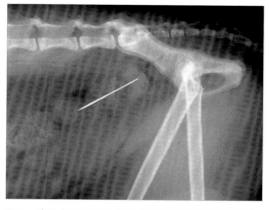

图6 缝针在没有对组织造成损伤情况下随粪便排出。只要线状异物没有在消化道（通常在口腔中）中被卡住，就不会对组织造成损伤

此类病例中，要通过 X 光检查消化道情况并确定异物通过情况。

如果有以下情况，需采取手术治疗：

■ 有明显的肠套叠、阻塞前部肠扩张、泛性麻痹性肠梗阻、呕吐、腹泻、腹痛等症状。

■ 出现肠穿孔、腹膜炎、白细胞数升高等症状。

■ 6 ～ 8 小时内异物没有向后移动。

如果发现梗阻异物，但是并没有发生呕吐、腹痛、白细胞增数或发热，可以不进行手术操作，因为异物可能会随粪便排出。

术前

纠正酸碱平衡紊乱和脱水情况。预防性抗生素治疗：恩诺沙星（5 ～ 10mg/kg）配合氨苄西林（22mg/kg）。

术式

腹中线切开，推开网膜，拉出肠袢（图 7）；按一个方向拉出肠管，以便找到阻塞部位（图 8）。一旦找到阻塞部位，需要根据阻塞部位的情况选择肠切开术或肠切除术。

121

观看视频
肠梗阻（肠切开）

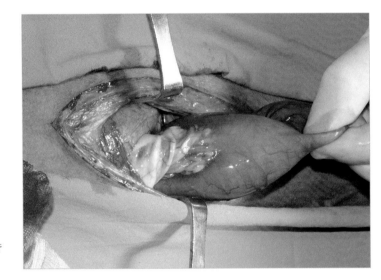

图7 可见扩张的肠管，提示扩张肠管前部有阻塞物

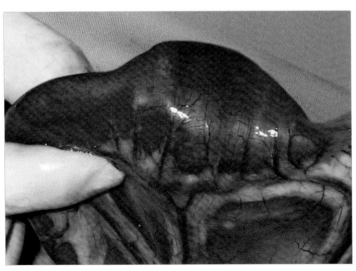

图8 确定肠梗阻，通过肠切开术移除阻塞物

阻塞部位常见有淤血，一般淤血血管恢复良好，若无法判断预后，可进行肠管部分切除术。

对这个病例你将怎么做？

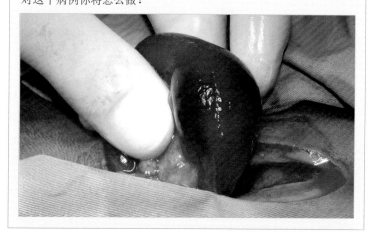

去除阻塞物后，需要对肠管其他部位进行检查，以确定没有其他病灶（图9～图11）。

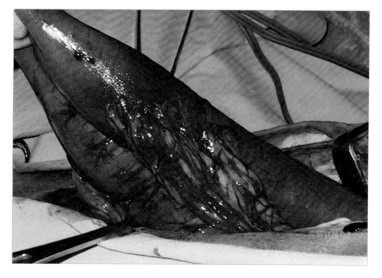

在完成主手术和闭合腹壁后，术者需确保腹腔内再无其他病灶。

图9　此病例中，网膜与肠管出现了粘连，这意味着这部分肠管出现了一定程度的损伤，所以要对这部分肠管进行切除。这个患病动物先后经历了两个手术，一个是为了取出异物的肠切开术，一个是为了摘除坏死肠管部分的肠切除术

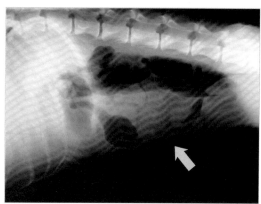

图10　上述病例的X光检查图。可在腹腔中部见到由异物导致的阻塞

1cm

图11　这块橡胶球引起了肠腔的阻塞

肠切开术

流行性				
技术难度				

肠切开术适应于可逆性损伤的肠壁，或适应于肠壁全层活组织穿刺。

为了达到最好的手术效果，需做到：

（1）对受损肠管进行鉴定，通过无菌的辅料或纱布将肠管拉出，并将其与腹腔其他组织隔离，再使用微温的无菌生理盐水湿润肠管（图1）。

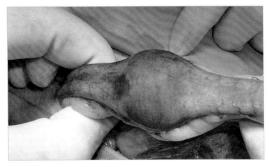

图1　腹中线切开一小口，暴露出肠管。将肠管一点一点地拉出和送回，直至找到阻塞部位，使用无菌辅料或纱布将其他肠管部分和组织隔离至腹腔中

（2）轻柔地将阻塞部位的肠内容物推向两端，防止肠内容物输送至阻塞部位，为手术做好准备。术中需要一个助手使用食指和中指像钳子一样夹住肠管两端（图2）；如果没有助手协助，也可使用无创肠钳。

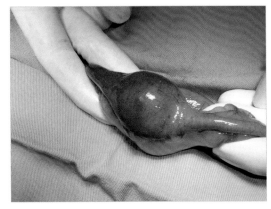

图2　术中助手使用手指像钳子一样夹住肠管，防治肠内容物通过此部位漏出污染腹膜。如果没有助手协助，也可使用无创肠钳（Doyens）

（3）若使肠管切开术造成的损伤最小，应选择适当的切口部位，即在阻塞部位后段肠管处切开 [图（3A）]。如果异物不能向远端移动，切口则选择在阻塞部近端 [图3（B）]。肠切开术的切口不能选择在异物阻塞部位，因为此处缝合后裂开的风险很高。

✱ 在肠管切开前，将受影响的肠管部分与腹腔隔离。

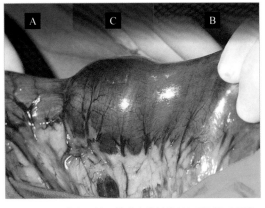

图3　（A）阻塞部远端，推荐在此处进行切开以取出异物。（B）阻塞部近端，推荐在异物较大时选择此部位进行切开。（C）阻塞部，避免在此部位进行切开

（4）手术刀切入肠管的角度应选择在肠系膜的正对侧（图4）。

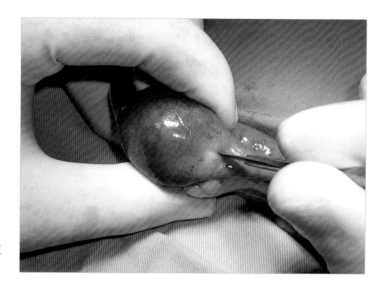

图4 肠切开术时手术刀应从肠系膜正对侧以长轴方向进行切开

（5）切口长度应与异物相对应，可这样减少在异物取出时对肠壁造成损伤（图5）。如果切口太小，取出异物时可造成组织撕裂，进而影响切口的愈合。

（6）由于异物很容易与肠壁黏膜发生粘连，所以取出异物的动作要轻柔（图6，图7）。

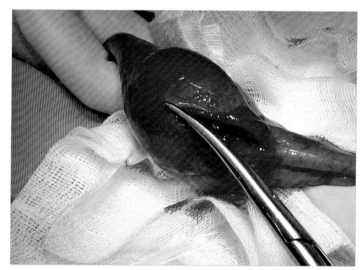

图5 切口的大小应适宜，以保证取出异物时不会撕裂肠壁

图6 异物易粘连于肠黏膜上，所以取出异物时需要轻柔、小心地将异物从肠腔剥离出来

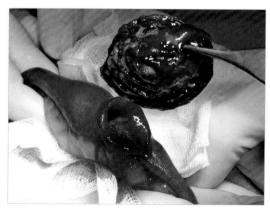

图7 阻塞于肠腔的桃核被取出

（7）异物取出后，需要将肠内容物吸出或清除，从而降低漏出切口污染腹膜的风险。

（8）肠壁缝合方式有很多种，但需要考虑每种缝合后的肠腔狭窄程度（表1）。

下面介绍采用压挤缝合（对接缝合）闭合肠腔的方法（图8～图12）：

> ※ 选择单股可吸收并带有无创圆针的缝合线（非吸收缝合线可造成严重的血浆蛋白不足）。

> 推荐使用对接缝合。
>
> 压挤缝合法有较强组织张力，因为缝合线两次穿过黏膜下层。与此同时，此种缝合法造成的肠腔狭窄是很小的。

表1 不同的肠壁缝合方式产生的肠腔狭窄程度

缝合方式	外翻缝合	内翻缝合	对接缝合
组织强度			

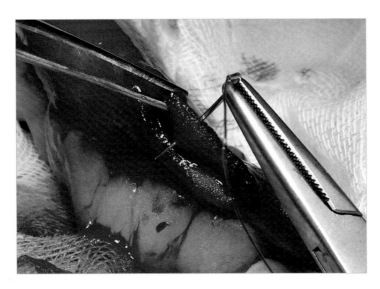

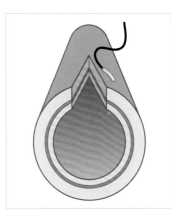

图8 缝合针从创缘3mm处穿透肠壁全层

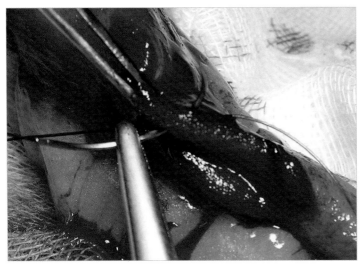

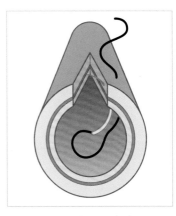

图9 接下来，缝合针从创缘1mm处，穿过黏膜和黏膜下层，但不能穿透浆膜层

125

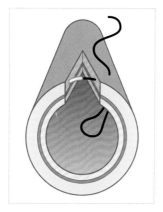

图 10　以同样的缝合方法，对另一侧创缘进行反向缝合。缝合针先从黏膜下层进针，再从创缘 1mm 处穿入肠腔

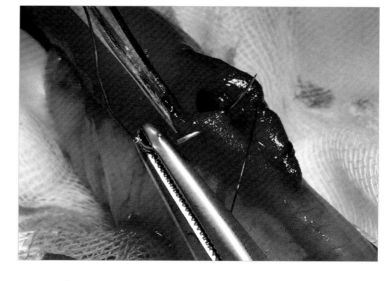

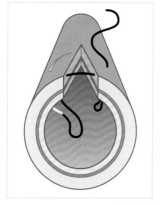

图 11　缝合针在创缘 3mm 处穿透肠壁全层，沿黏膜到浆膜的方向穿出浆膜层

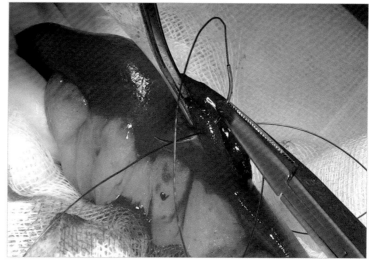

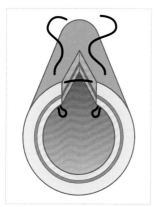

图 12　此种缝合可以保证足够的组织张力，且不会撕裂组织

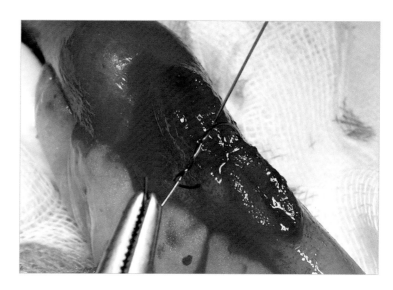

（9）缝合完毕后，需要对肠腔以适度压力注入生理盐水，以检查缝合处的密封情况（图13）。观察是否发生漏液，若出现漏液，需做补充缝合防止液体漏出。

（10）肠管在还纳回腹腔前需要用生理盐水冲洗，如果怀疑有腹腔感染，需使用大量微温无菌生理盐水进行腹膜冲洗。

（11）需对其他肠管部位进行检查，以确定没有由于异物通过而造成的损伤，同时还需对腹腔的可视器官进行检查。

（12）最后，可将腹膜覆盖于缝合的肠管上，以防止肠管与腹腔其他器官的粘连（图14）。

在闭合腹腔前，需检查整个肠管，以确保肠管的问题得以解决。

 手术结束后，需确定腹腔脏器没有其他问题或损伤。

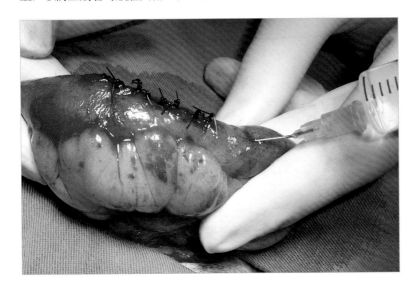

图13 通过对肠腔注入一定压力的生理盐水，以确定肠腔缝合部位的密闭性，需保证缝合部位没有液体漏出

观看视频
肠梗阻（肠切开）

127

图14 肠切开术中的网膜固定法，可以提高愈合能力，并防止肠管与腹腔其他器官粘连

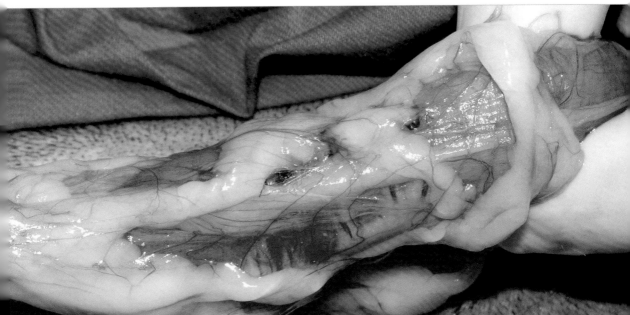

肠切除术

流行性	
技术难度	

肠切除术适应于，由不同病因导致的肠管缺血或坏死时坏死肠管的切除。

最佳手术方案：

（1）拉出坏死肠管时的注意事项在前文中已有提及。

（2）如果肠管未发生穿孔，可评估其再充血的能力。有充分理由证明肠管已发生坏死时，推荐摘除坏死部分肠管（图1）。

（3）确定需要切除肠管的长度。这取决于肠管坏死部分的长度，还要考虑局部血供的情况（图2～图9）。

记住，一旦阻塞物取出，肠管阻塞部分的血液再充盈能力是很强的；若对肠管是否发生坏死持有怀疑，在决定施行肠切除术前要有足够的耐心等待最终判定结果。

观看视频
肠管病变（肠切除术）

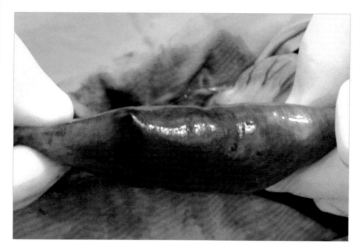

图1　由肠管内异物导致肠系膜对侧肠管出现坏死。将坏死部分肠管从腹腔中拉出，并做二次隔离

图2　评估需要切除的坏死肠管范围及血供

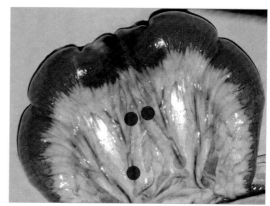

图3　此病例中，对坏死组织供血的血管被红圈标出。疑似对坏死区域肠管供血的血管被橙色圈标出

图 4　给坏死肠管区域供血的肠系膜血管弓被蓝色圈标出

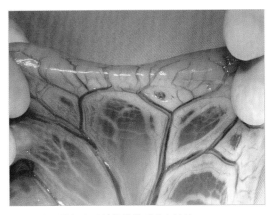

图 5　确定被标出要结扎的肠系膜血管弓

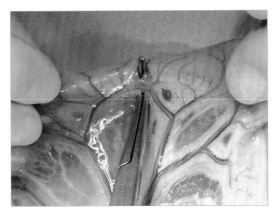

图 6　借助无创弯钳在肠系膜上预留一个穿孔，便于结扎

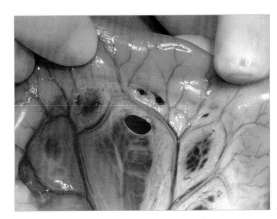

图 7　临近肠管的肠系膜需进行穿孔和分离

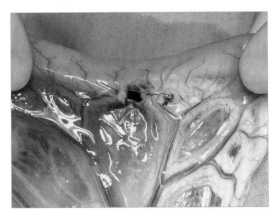

图 8　使用可吸收缝合线在肠系膜弓部位进行的结扎不能阻滞对拟吻合肠管表面的供血

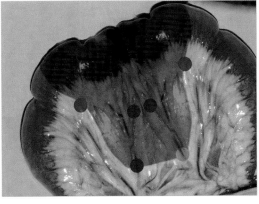

图 9　上述血管结扎后理论上失去供血的区域，从而可以清晰地判别出需要切除的肠管部分

129

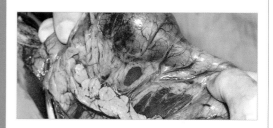

✱ 如果切除的肠管有十二指肠，胰十二指肠血管的胰血管分支需要保留，只能结扎或凝固灌注十二指肠的血管分支。

在切除肠管前最重要的是确定结扎哪根血管。注意要保留为吻合端组织提供血液的血管，而且越直越好。

（4）在尽量远离肠管断端吻合术的部位剪断肠系膜。吻合术完成后需要对肠系膜进行缝合，避免发生肠管嵌入（图10，图11）。

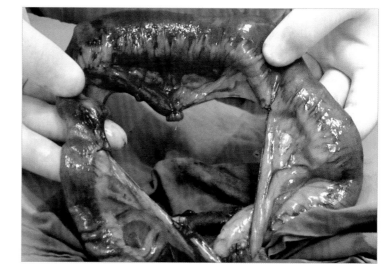

图10　结扎造成的局部缺血部位明确了需要切除的区域。沿着血管剪开肠系膜，注意要尽可能多地保留肠系膜，以便后期进行缝合

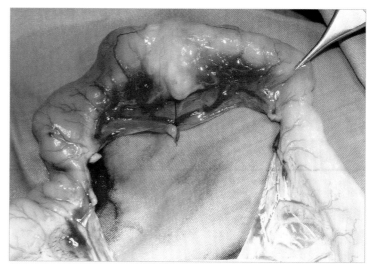

图11　肠切除术还适应于肠道肿瘤，在肿瘤两侧大约4cm的健康组织处进行切除

（5）清除待切除病变区域两侧的肠内容物，使用手指向两端以"挤奶"方式清除肠内容物。

（6）为了阻止肠内容物通过，可使用肠钳夹（Doyen钳）住肠管，或由助手协助防止肠内容物漏出（图12，图13）。

（7）使用肠钳夹住预切除肠管的两端，防止肠内容漏出。

（8）将肠梗阻两端肠管360°全切断。如果切除肠管两端直径相同，可垂直切断肠管；如果直径不同，需要斜向切断小直径一端的肠管。

（9）切除坏死肠管，尽量不要污染腹腔。

（10）在吻合断端吸取或清除（使用湿纱布）肠内容物。

（11）通常会建议经验不足的手术医生在不损伤供血血管的前提下切除断端外翻的黏膜和肠系膜边缘的脂肪（图12）。

（12）吻合术从肠系膜边缘开始，切记不要将脂肪组织缝合进来，缝合第一针打结后可留一根长线头，通过牵引方式保持对合张力（图13）。

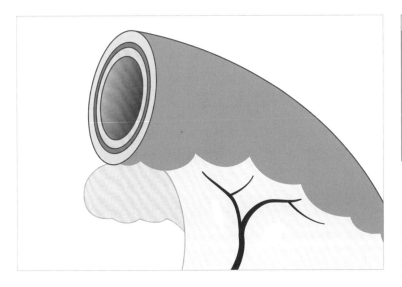

※ 通常使用无创圆针和单股合成缝合线。尽管原则上一般要求使用可吸收缝合线，但对患有腹膜炎和低血浆蛋白的患病动物推荐使用非吸收缝合线。

图12 在切除肠系膜边缘脂肪之前，应特别注意。如果脂肪最终进入吻合口的缝合线，就会导致消化道瘘和腹膜炎

确保肠系膜边缘吻合术部位绝对没有脂肪。如果脂肪嵌入缝合部位，将会有肠内容物漏出至腹腔。

图13 进行吻合术第一针缝合时要在肠系膜边缘进行，要确保在缝合过程中和所有的缝合部位没有脂肪组织残留

131

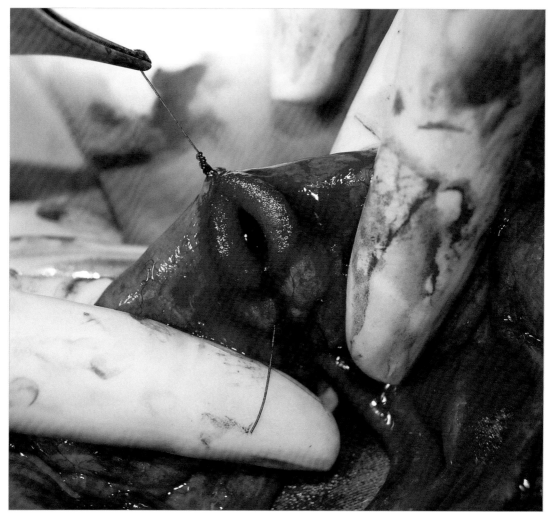

图 14　第二针牵引缝合线置于肠系膜对侧，这可以使吻合手术中吻合口两侧的缝线均匀分布

（13）接下来，在肠系膜对侧再做一缝合线，与第一针呈180°向相反方向牵拉（图14）。

（14）根据术者的选择使吻合侧的肠管与术者保持最近距离。

（15）缝合完毕后，将肠管旋转，再对另一侧肠壁进行评估和缝合（图15）。

> ＊　断端吻合术需保证足够的精度，缝线在吻合口两侧应均匀分布，打结要结实稳定。过紧的打结可以造成组织缺血、缝合部位裂开和腹膜炎。

图 15　猫肠管进行端端吻合，缝合时使用 4/0 单股缝合线进行单纯间断缝合法缝合

（16）肠管断端吻合结束后，需要检查缝合线的密封性。在不去掉肠钳的前提下以一定压力注入生理盐水，检验吻合端是否发生渗漏（尤其要观察靠近肠系膜的部位）（图16）。

图16　吻合术结束后，以适度的压力注入生理盐水检查吻合端是否发生漏液

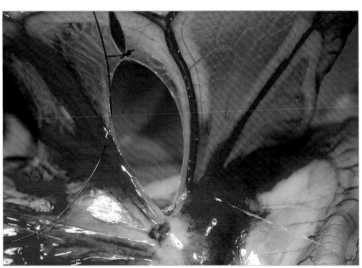

（17）要对肠系膜进行缝合，以防止肠管嵌入，注意不要将临近的血管缝合进去（图17）。

吻合术结束后，需要检查其他肠管和腹腔其他脏器。

图17　缝合肠系膜时，可采用与缝合肠管相同的缝合线做 3 ～ 4 针间断缝合。需要注意不要将临近的血管缝合进去。这幅图片与肠吻合术无关，但可以看到撕裂的肠系膜

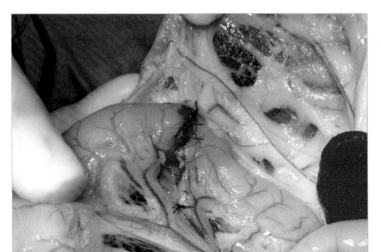

（18）冲洗肠管并还纳回腹腔。

（19）如果怀疑腹腔受到肠内容物污染，需用大量生理盐水冲洗腹腔。

（20）将网膜固定于肠管吻合部位（图18）。

（21）常规闭合腹腔。

图18　为了提高局部愈合能力，降低肠瘘发生的风险，防止肠管与其他组织粘连，可将网膜固定于肠管吻合部位

肠套叠

流行性 ▮▮▮▯▯

一段肠管嵌入另一段肠管（通常是远端）中称为肠套叠，可导致肠梗阻和肠腔狭窄。

通常，肠套叠的发生与炎症和刺激有关，例如：

- 肠内寄生虫。
- 细小病毒。
- 饮食改变。
- 异物。
- 腹部手术并发。

肠套叠会使周边血管塌陷，导致肠管供血不足。肠壁出现水肿和变脆。若原发病不能得到解决，会发生组织坏死，进而出现继发性腹膜炎。

常见于有消化系统病史或近期有腹部手术的幼犬。临床症状不是十分典型，具体取决于损伤的严重程度：

- 腹痛。
- 黑便。
- 呕吐、厌食。
- 精神沉郁。
- 体重下降。

诊断

通过腹部触诊可摸到香肠状肿物，这与套叠的肠管相吻合。触诊的肿物可通过 X 光检查发现，尽管不会被轻易鉴别（图 1，图 2）。

腹部超声检查可为诊断肠套叠提供病理解剖学影像（图 3）。

> 超声诊断可为肠套叠提供良好的诊断依据。

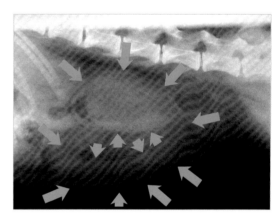

图 1　腹部中央发现倒转的 C 形肿物，与肠套叠 X 线影像相吻合

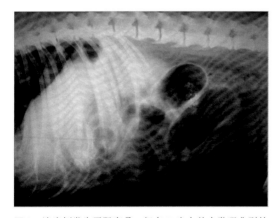

图 2　该病例发生了肠套叠，但在 X 光中并未发现典型的香肠状肿物

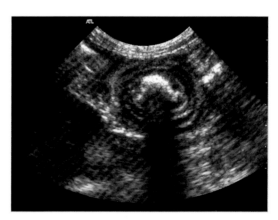

图 3　如洋葱状的切面图为典型的肠套叠 B 超影像

134

手术介入

技术难度	整复法				
	肠切除术				

由于此病有较为严重的并发症，所以手术需要尽早进行。术前需纠正脱水和电解质紊乱，而且需要提前注射抗生素。腹中线切开并隔离病变肠管（图4），可以尝试采用手法整复的方法拉出嵌入的肠管，由于此时肠管较为脆弱，在手法整复中需要小心操作（图5～图11）。

如果肠套叠引起的肠壁水肿不明显，且没有纤维性粘连，手术会很简单。

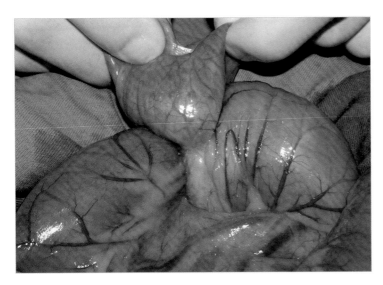

＊ 肠套叠整复时不能仅靠牵拉来完成，否则会造成肠管撕裂。

图4 此病例是发生在回肠部的肠套叠，近期发病，没有明显的血管损伤，所以从理论上讲预后良好

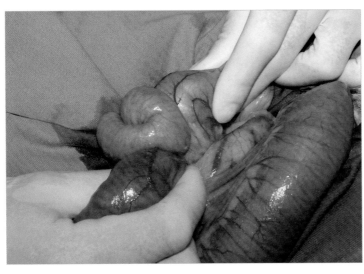

图5 为了避免损伤嵌入的肠管，需要在远端肠管部位以"挤奶"的方式（或像挤牙膏一样）挤出肠管

✳ 肠套叠整复时在挤压远端肠管的同时，还需配合轻柔手法拉出嵌入的肠管。

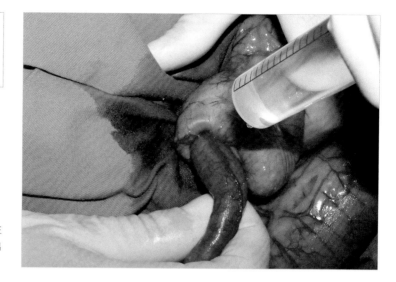

图6 需要对套叠区域进行冲洗，在防止肠管干燥的同时也有利于拉出嵌入的肠管

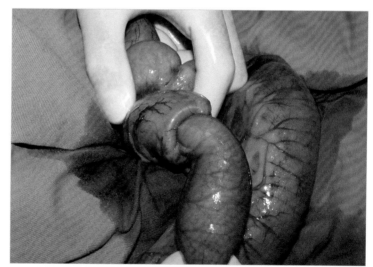

图7 轻柔且耐心地从远端肠管中拉出嵌入肠管，从肠管嵌入到手术整复的时间间隔越短，操作越容易成功

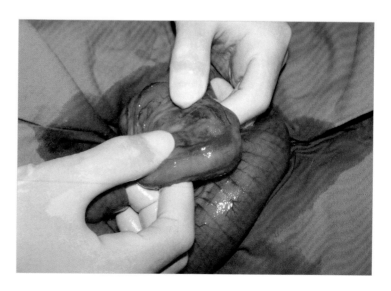

图8 一旦肠管恢复至正常位置，需要检查肠管上是否有细小的损伤，这种损伤无需手术处理

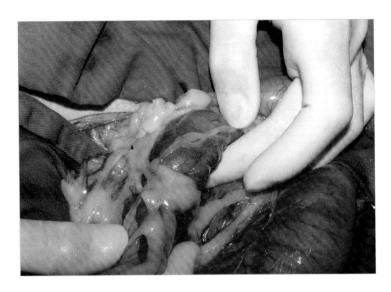

肠套叠多是由肠道刺激引起的。为避免复发，肠管应固定在腹壁（肠固定术）或其他肠段上。

图 9　此病例中，将肠管包埋于网膜中，以加速病变部位愈合

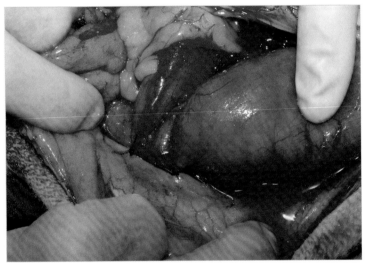

图 10　为了避免肠套叠复发，将肠管固定于腹壁

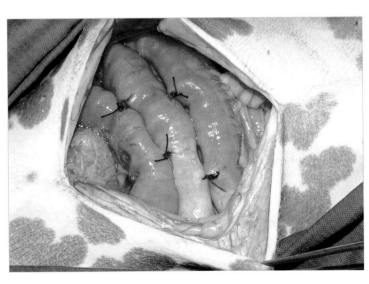

图 11　或使用可吸收缝合线将肠管与其他肠段进行缝合固定

如果不能通过手法整复解决，或者套叠肠管发生严重坏死，需要进行肠切除术（图12，图13）。

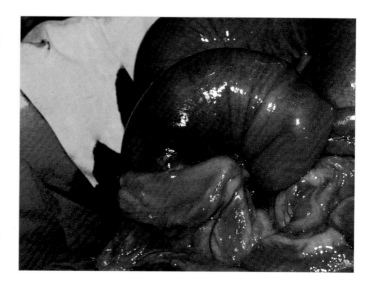

图12 此病例中，由于肠壁有明显充血和水肿，且出现了肠祥间的粘连，所以无法进行手法整复。有时可能需要大面积切除肠管，这种情况会出现短肠综合征这种术后并发症

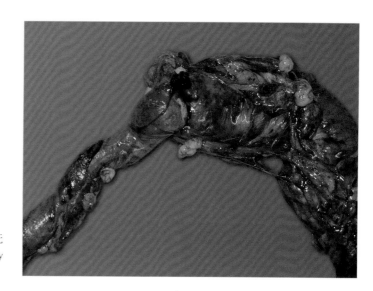

图13 此病例，除了切除病变肠管外别无选择。此病例由 Dr. Cairó（Canis Veterinary Hospital, Girona）友情提供

观看视频
肠套叠

并发症

如果诊断及时，且手术能够顺利地进行，病患的术后恢复往往很快，且没有因整复而带来的并发症。

如果必须要进行肠管切除术，则可能会有以下并发症：
- 腹膜炎。
- 肠腔狭窄或闭合。
- 如果是大面积肠管切除，则会发生短肠综合征。

结肠切除术 /病例

流行性					
技术难度					

一只 11 岁的犬因便血和排便困难到医院就诊，病程已有 2 个月，而且最近 1 周病情加重。

观看视频
巨结肠（结肠切除术）

经直肠检查发现在直肠腹侧有一圆形肿物。对病犬胸腹腔的 X 光片和腹部超声检查中，未发现转移性肿物。

肿物位于结肠末段与直肠起始段，所以决定经尾侧腹腔入路进行手术切除（图 1）。

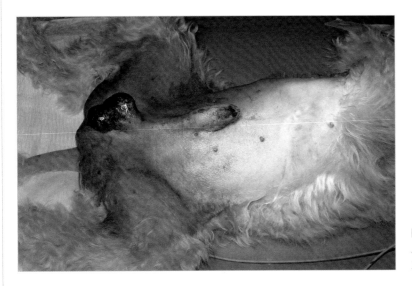

图 1　将患病动物保定于手术台上，做好脐下低位开腹手术准备工作

将膀胱沿尾侧方向拉出，可看到降结肠，将其向头侧拉出，随即可暴露出受瘤状物影响的结肠部位（图 2）。

图 2　在拉出膀胱后，可在降结肠尾侧部位看到肿瘤

139

为了避免排泄物漏出至腹腔，使用无创肠钳夹于直肠尾侧和结肠远端，再使用两把动脉钳夹在预摘除肠段的两侧（图3）。

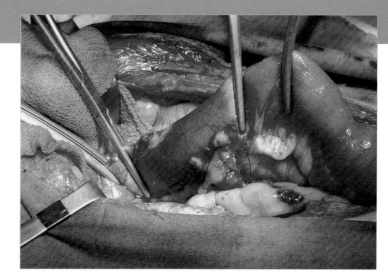

图3　钳夹住肠管，防止肠内容物漏至腹腔造成污染

肠管切除时从远端开始，第一针缝合从肠系膜位置开始。接下来，切除近端部分，再将其肠系膜边缘进行缝合固定（图4，图5）。

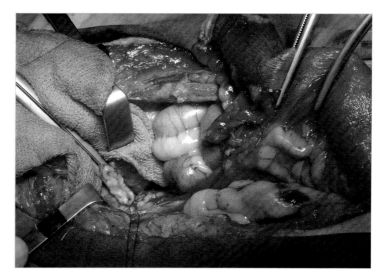

图4　直肠断面的一部分和肠系膜边缘放置第一根缝合线

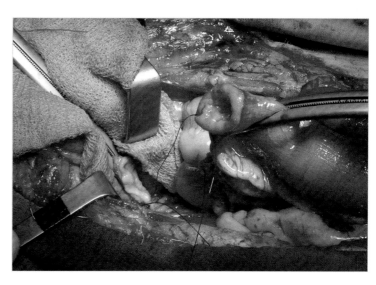

图5　切除病变肠段并在吻合端放置一根缝线。在吻合时要特别注意不能将肠系膜脂肪带入缝合部位

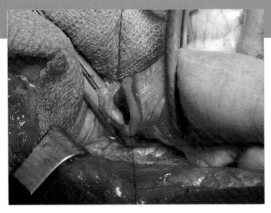

图6　使用单股可吸收缝合线对肠壁后侧部分进行全层连续缝合

使用 4/0 单股合成可吸收缝合线采取连续缝合的方法缝合肠管后侧部分，缝合应终止于肠系膜对侧肠管部（图6）。

> ✳ 连续缝合时不能将缝合线拉得太紧，太紧的缝合线会使张力增加，较大的张力会导致吻合端肠腔狭窄。

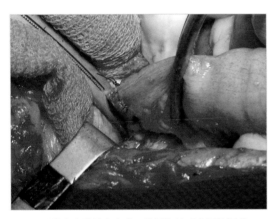

图7　以单纯连续缝合方式，首尾相连后的肠管图像

之后按照同法对肠壁前侧进行缝合，在肠系膜边缘开始第一针单纯缝合，缝合终止于肠系膜对侧（图7）。

> ✳ 所有的肠管吻合手术，均需要通过注入生理盐水的方式检查缝合处是否发生漏液。

141

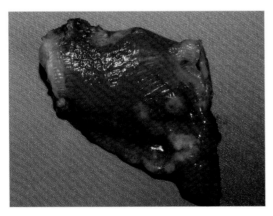

图8　切除的肠管部分，此病例中，摘除的尾侧边缘部分较其他方向要小，因为远端摘除难度较大

在所有肿瘤的摘除过程中，应同时摘除周围一定的健康组织，以降低由于转移带来的复发风险（图8）。

后续

该病例术后恢复良好，而且肠蠕动也恢复正常。尽管看上去这些情况都很不错，但在5周后该病例去医院复查时发现有排便困难及便血。动物主人婉拒进一步的检查，仅作症状观察，2周后该患病动物实施安乐死。

> 组织病理学检查确定为腺癌。

胸腔穿刺术

流行性			
技术难度			

胸腔穿刺术是从胸腔抽吸液体或气体，从而改善肺换气和胸腔的正常功能。

> 胸腔穿刺术是最容易且最快捷地从胸腔抽取液体和气体的方式。

胸腔穿刺术操作时使用 21 ～ 23G 蝴蝶针（或使用留置针），并通过三通管连接注射器（图1，图2）。

穿刺部位的选择应结合临床症状和仰卧位 X 光片的结果（图3）。

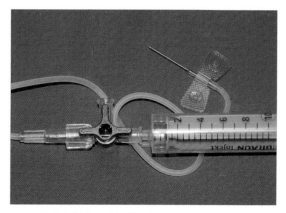

图1 胸腔穿刺术所需材料：蝴蝶针或静脉留置针、三通管和注射器。注意注射器需要正确地连接至针阀上

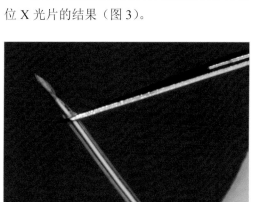

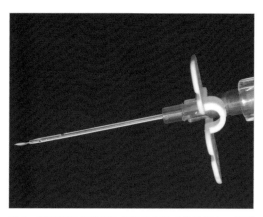

图2 静脉留置针不仅比普通针头造成的损伤小，还可以缝合至较厚的皮肤上，而且在胸腔抽吸时还可以折弯。此病例中，需要使用 11 号刀片先在皮肤上做一个小的切口

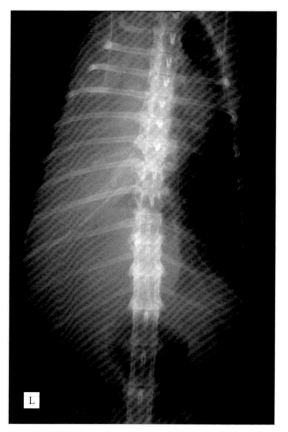

图3 胸腔背腹位 X 光片显示左半侧胸腔密度增加，有液性渗出物。需要在左侧胸腔进行穿刺术

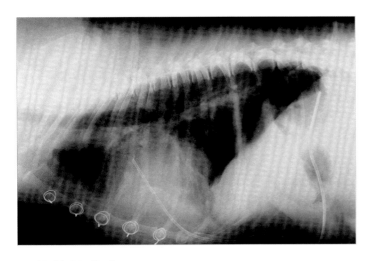

当没有气体可以抽吸出来时，或当每 24 小时抽出的液体量不足 1 ～ 2ml/kg 时，可将胸腔插管拔除（图 6）。

图 6　病患在 48 小时前进行了中线开胸术，此时没有气胸，抽吸出来的液体也不超过 2ml，所以可将胸腔插管拔除

可能的并发症

胸腔手术术后可能会发生以下并发症，术者应特别小心：

气胸

开胸术后胸膜间有空气残留是正常的，不会对机体造成严重的影响，正常情况下胸膜会在 24 ～ 48 小时内将残留空气吸收。

然而，如果在肺脏和气道手术结束后气胸持续存在，则可能会出现严重的问题。

在这些病例中，当胸膜出现感染，炎症渗出物阻塞气道时，需要进行引流，且引流管需与持续吸引系统相连接；也可尝试在自家血灌注（6ml/kg）❶ 胸膜腔的前提下，进行患区肋膜固定术。如果此法仍不能解决问题，需要重新开胸对病变部位进行处理。

血胸

在心血管或肿瘤外科手术后胸腔出现含血的内容物的情况很常见，尤其在胸腔冲洗液未被完全吸出时更容易见到。如果抽吸出的液体具有与血液相近的血细胞比容，且抽吸的液体量很大，则需要加大输液剂量，必要时需要进行输血治疗。

如果在起初的 3 ～ 4 小时内，记录到的失血量达到 2ml/h，则需要对患病动物进行二次开胸止血。

> ＊　血胸是开胸手术后严重的术后并发症。因此，在做好术中止血的同时，需采取多种预防性措施减少对胸腔血管的破坏。这些血管的损伤往往是血胸的来源。

147

乳糜胸

乳糜胸的发生多由先天性因素导致，但很多病例继发于胸导管的破裂，造成胸导管破裂的原因可能是不当的手术操作，也可能是在手术过程中造成了主动脉的损伤。

常见的治疗措施如下：
- 轻度连续引流和低脂饮食。
- 口服芸香苷，15mg/kg/8h，从而消除胸膜液体中的蛋白，便于液体的吸收。
- 使用稀释的盐酸四环素进行胸膜固定术（效果一般，且需要进行全身麻醉）。
- 手术治疗：胸导管结扎，胸膜腹膜引流。

❶ M$_{erbl}$, Y, K$_{elMer}$, e, S$_{hipov}$, A, G$_{olAni}$, Y, S$_{eGev}$, G, Y$_{udelevitch}$, S, K$_{lAinbArt}$, S. Resolution of persistent pneumothorax by use of blood pleurodesis in a dog after surgical correction of a diaphragmatic hernia. J. Am. Vet. Med. Assoc. 1 August 2010; vol. 237(3): 299-303.

心律失常

> ✳ 在胸腔手术中，尤其是心脏手术，常发生心律失常。

主要原因是电解质平衡紊乱（低血钾和低血镁），直接原因是进行心血管手术时心脏的移位及由此引发的心肌缺血。其他原因有麻醉不充分、疼痛、血容量不足、体温过低和药物，尤其是麻醉因素。

最常见的心电图变化是心室早搏和心动过速，并可能伴发血液动力学改变（图7）。

标准操作是静脉一次性注射利多卡因（2～4mg/kg），再连续静脉滴注（50～100μg/kg/min）。如果心律失常依然存在，可静脉注射胺碘酮（2～5mg/kg），如果问题依然无法解决，可静脉注射苯丙胺（3～6mg/kg）。个别病例可使用β阻断剂（如丙醇、艾司洛尔）。

如果发生严重的心动过缓（图8）（尽管有些病例由低血氧、低体温和高血钾造成，但通常是由麻醉药物或过量的迷走神经刺激引起）。

治疗措施为静脉注射阿托品（0.02～0.04mg/kg）。

如果是室性心律失常，可使用电除颤器进行治疗，如果胸腔是打开的，可直接作用于心脏，此时只需要低电压操作即可。

对于室上性心动过速，可注射地尔硫卓（0.25mg/kg，Ⅳ）。有时还需使用碳酸氢钠纠正代谢性酸中毒，使用葡萄碳酸钙或胰岛素治疗顽固性高血钾。

为了及时发现心律失常和其并发症，需要在术后24～48小时内进行心电图监测。

由肺脏再膨胀造成的水肿

慢性肺萎陷的患病动物在肺萎陷消退后，可出现肺再扩张引起的水肿。病因尚不清楚，但手术后几小时，患病动物会出现呼吸困难和呼吸急促，病情迅速恶化，不幸的是，在大多数情况下均会出现死亡。

这种情况预防和治疗均较为困难，可关闭胸腔，缓慢地从胸腔抽吸气体，从而使肺脏的再膨胀变得缓慢和平缓。

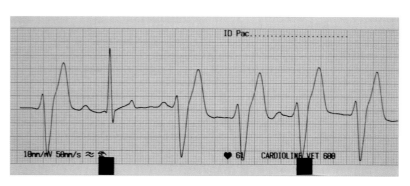

图7 由于心脏手术造成的室性早搏

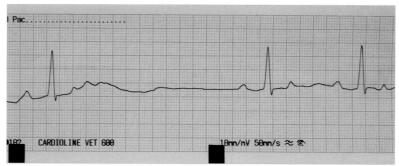

图8 由于过度刺激迷走神经而造成的心动过缓

腹腔-心包腔膈疝

流行性

腹腔 - 心包腔膈疝（PPDH）是伴侣动物最常见的一种先天性畸形疾病。横膈发育异常造成腹中线横膈膜出现缺损，所以腹腔脏器可以从腹腔移位至心包腔。横膈膜缺损大小不同，所以位移的脏器有的可以自由移动，有的会嵌闭于心包腔中（图 1）。

这种膈膜闭合缺陷可能与幼龄期发生的腹壁疝有关，由于疝的位置在脐孔头侧，往往被误认为是脐疝（图 2，图 3）。

该病还有可能与其他畸形有关，如胸骨节未闭合、漏斗胸、心血管畸形等。

被动物主人误认为是较大的脐疝——腹腔 - 心包腔膈疝。

目前尚不清楚腹腔 - 心包腔膈疝是否有遗传因素。

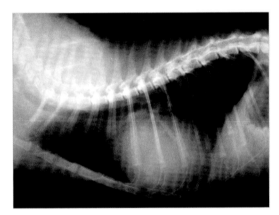

图 1　患病动物的侧位 X 光片，该病例由厌食、不愿意活动、阵发性咳嗽。X 光片可见心区影像轮廓增大

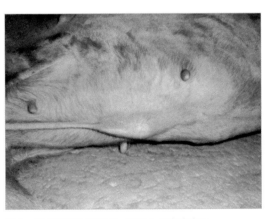

图 2　位于腹部头侧的疝：脐孔头侧发生变形

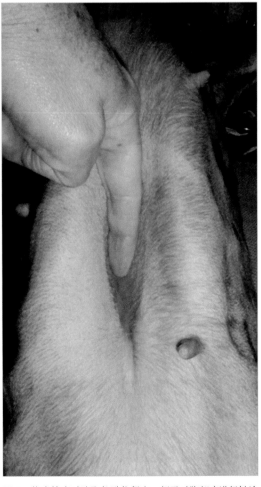

图 3　临床检查时选取仰卧位保定，便于对腹部疝进行触诊

149

腹腔 - 心包腔膈疝在出生后即发生，往往在很长时间并没有明显的临床症状。

具体症状取决于疝内容物及其功能是否受到影响：

- 呕吐。
- 厌食。
- 腹泻。
- 不愿活动。
- 咳嗽。
- 呼吸困难。
- 发育迟缓（图4）。

心脏的病变如淤血及心包填塞较少发生。如果出现，这些病变往往是由肝叶血管损伤引起的血液渗出而造成的。

> 一些患病动物在一生中都不表现出任何症状。

诊断

通过胸腔 X 片检查可见心脏轮廓变大，呈圆形或卵圆形，心脏和隔膜的轮廓在腹部区域重叠在一起（图1）。

胸部 X 线片心脏肥大的鉴别诊断应包括：

- 腹腔 - 心包腔膈疝。
- 心包积液。
- 扩张性心肌病。
- 严重的心脏瓣膜缺损。
- 其他。

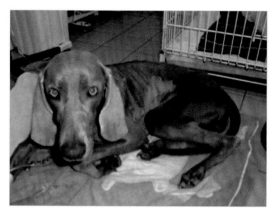

图4　7个月大的病犬被诊断为 PPDH。他表现得很不健康，从来没有达到和他的小伙伴一样的体重

为了进一步确诊，需要进行胃肠造影检查，从而可以在 X 光下观察消化道情况（图5，图6），或进行腹膜造影检查，从而观察腹膜进入胸腔的情况。有时，超声检查有助于疾病的诊断。

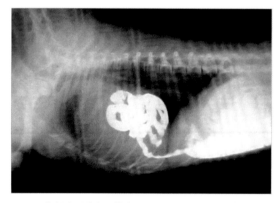

图5　通过胃肠道造影检查，可以观察到胸腔部与心脏重叠在一起的小肠

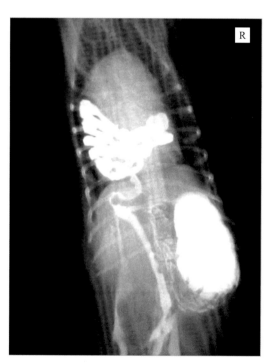

图6　同样的病犬，仰卧位造影检查，证实了心包内出现的小肠部分

手术治疗

技术难度				

PPDH 手术操作原则与之前提到的膈肌破裂相同。

> **PPDH 手术中没有打通胸膜腔，这一点很重要，因为临床症状、麻醉和手术管理均与膈肌破裂不同。**

原则上，没有必要进行辅助呼吸，因为胸膜腔并未开放。

而术中使用辅助呼吸，是为了提高氧气结合能力，并可以逐渐使肺脏膨胀。

可在脐上腹中线进行切开，平行于剑状软骨扩大切口。

观看视频
腹腔 - 心包腔膈疝

在腹中线隔膜上找到病变部位，可以看到从腹腔进入胸腔的内容物（图 7）。复位肝脏时需要格外小心，由于肝脏较为脆弱，徒手操作时容易撕裂而造成出血。

疝内容物与心包发生粘连的现象较少（图 8）。

> ✳ 将肝脏还纳回腹腔可导致大量毒素进入血液循环。

151

> ✳ 最常见的并发症是复位过程中疝内容物的损伤和出血，所以需要小心操作。

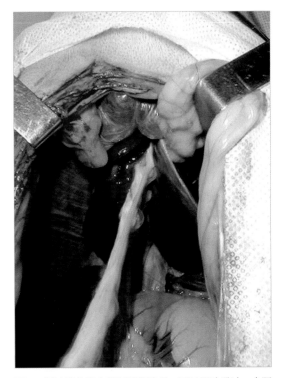

图 7 通过脐前腹中线切开腹腔后，可见肝叶通过一个隔膜破裂孔向头侧方向进入心包腔

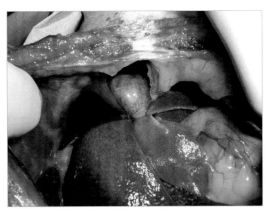

图 8 通常情况下，将疝内容物还纳回腹腔较为容易，只有方形肝叶和右侧中间肝叶及胆囊复位时较为困难

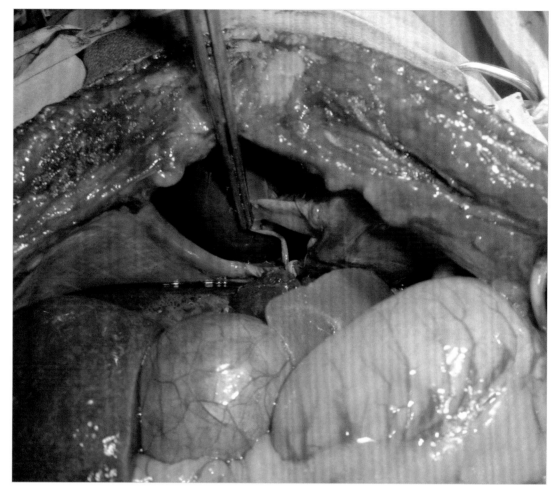

图9 此病例中，心包膜被剪开，如果将心包膜进行缝合，将会发生心包积气，出现很严重的问题。对于该病例，在手术结束前需要进行机械辅助通气

闭合疝孔时使用单股非吸收缝合线进行间断缝合，用同样的缝合方法对膈肌与心包之间的缺损进行修补。如果心包膜处于开放状态，不必将其缝合（图9～图11）。

为了更容易对PPDH进行修补，缺损部位预置的缝合线在统一打结前需要先摆放好（图10）。

对膈肌缺损部进行缝合时，不要带入网膜，以确保膈肌缺损闭合完全。

原则上不需要进行胸腔引流，除非出现了心包腔渗出或气胸。

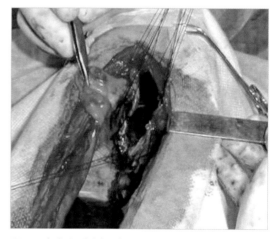

图10 在疝孔周围放置未打结的间断缝合线便于对每条缝线的检查

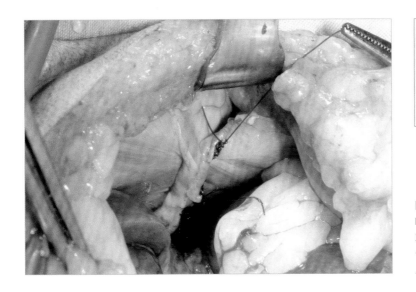

如果疝所造成的膈肌缺损部较大，可以使用外科补片或腹横肌瓣填补，以降低缝合处的张力并防止疝的复发。

图 11 对膈肌缺损部位进行缝合时，可以采取水平纽孔缝合方式。对大多数病例来说，缺损部位缝合时有足够多的组织进行支撑，从而可降低缝合处的压力

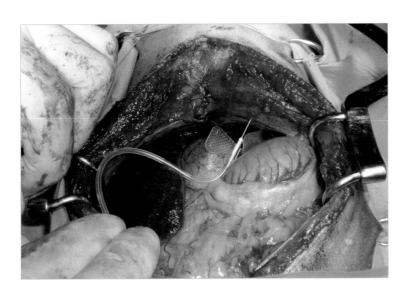

在心包膜开放的情况下，可从心包腔或胸腔直接抽吸气体，缝合时需在麻醉师对患病动物保持正压通气的同时完成最后一针缝合。或者也可经横膈施行胸腔穿刺术抽吸气体（图 12）。

153

图 12 该病例患有医源性气胸，心包膜切开后，经横膈进行胸腔穿刺术对胸腔气体进行抽吸

术后

如果没有心脏相关病变产生，术后恢复往往较快，且预后良好。

术后需要对心脏进行全面检查，以排除相关疾病。

并发症有：

■ 心包填塞——治疗时，需要从右侧第四肋间肋骨与肋软骨下方施行心包穿刺术。

■ 肺水肿——治疗措施包括输氧和利尿。

高级外科技术

耳手术：外耳道切除术

流行性	▓▓▓░░
技术难度	▓▓▓▓░

全耳道切除术

全耳道切除术（TECA）适用于慢性耳炎末期或肿瘤侵害至耳道的情况（图1，图2）。

慢性耳炎末期主要表现为：

■ 耳道被增生组织阻塞。

■ 反复发生耐药菌的感染。

■ 严重的耳软骨钙化或损伤。

■ 动物不配合，且主人没有遵照医嘱进行相关处置。

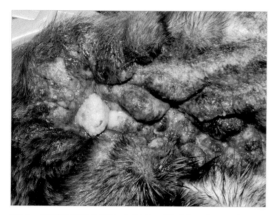

图1 耳道被增生组织完全阻塞，最后发展为不可控制的顽固性耳炎

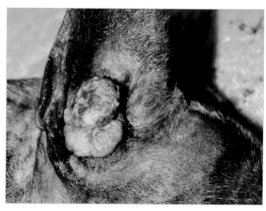

图2 耳道赘生物（皮脂腺瘤）完全阻塞耳道，因此促成了复发性耳炎的发生

> 对于耳炎末期患病动物的治疗，可选择全耳道切除术和侧耳泡切开术。

手术最重要的部分是要对面部神经进行识别并无损分离，面神经是横穿耳道尾侧与腹侧分布的（图3）。继发于面神经暂时性麻痹的临床症状很常见（泪液分泌不足、霍纳氏综合征的干鼻）（图4）。

全耳道切除术须从侧耳泡进行切开，从而便于切除感染物质，并降低术后瘘管的发生概率。

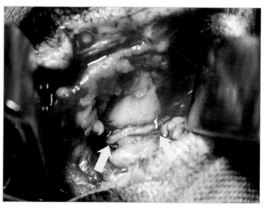

图3 面神经位于垂直耳道下方（箭头所指），如果难以分辨，可轻柔地对周边组织进行钝性分离，面神经的分离十分重要

一个操作谨慎而细致的外科医生认为术后可能会有10%的患病动物出现面神经麻痹。

观看视频
外耳道切除术

图4 由于耳道摘除后出现了感染和损伤，所以产生了霍纳氏综合征。这种并发症在猫较为常见

中耳胆脂瘤

胆脂瘤是一种较少发生的具有破坏性的中耳慢性感染后遗症。当耳鼓移位至耳泡时可形成胆脂瘤，此时易形成干性结石，上皮脱落碎片聚集在这个"囊"中，直至耳泡被填满。

胆脂瘤这个词并不恰当，因为它不是新生物，也不含脂肪或胆固醇。它只是用来做这个病的术语。

胆脂瘤是表皮样囊肿，内衬角质化的上皮组织，其中含有角蛋白碎片。其生长方式为渐进式，最终侵害包括骨组织在内的临近组织。有些胆脂瘤由于角化物质的蓄积，其生长速度较慢；有些胆脂瘤由于分泌性物质蓄积，所以生长速度较快。

胆脂瘤临近组织的炎症反应程度，取决于上皮细胞因子产物、分泌性物质及有无感染。

如果发生感染，治疗措施较为困难，因此此处血管和生物膜较少。

此类病患最常见的临床症状有：

- 慢性耳炎。
- 耳分泌物。
- 触诊耳鼓泡区域有痛感。
- 触诊颞下颌关节处有痛感，或张口困难。

神经学症状：

- 头向患侧倾斜。
- 面瘫。
- 共济失调。
- 转圈。
- 颤抖。

157

CT的推广使用可以帮助观察到耳鼓室中扩张的、侵袭性的及无血管部位的病变，这些病变区域除了耳道壁产生的溶解病变外均无法通过造影剂来增强显影。在慢性病例中，颞下颌关节的硬化和颞骨岩部松解均可通过CT来观察到。所以对于胆脂瘤来说，CT是关键的确诊技术。

唯一有效的治疗措施是外科手术，手术既可清除复层鳞状上皮细胞和角蛋白碎片，也可控制感染。

此病的复发概率为40%，通常在术后2～13个月内复发，为了使复发率降至最低，有必要开放鼓室，以便于角蛋白碎片和复层上皮的清除。

病例 / 外耳道切除

一只 8 岁雄性斗牛犬，有慢性耳炎的病史，根据兽医提供的就诊记录，有超过 1 年的局部和全身治疗史。

患病动物表现出摇头、打开口腔时不舒服，并有以下神经学症状：周围前庭综合征、痉挛和抽搐。CT 结果显示有膨胀性骨损伤，导致鼓泡体积变大，并伴有耳蜗溶解，鼓泡通道被等密度的非液性物质完全阻塞（图 1，图 2）。

如果右侧耳道确诊有胆脂瘤，可做全耳道切除术和鼓室侧切开术。

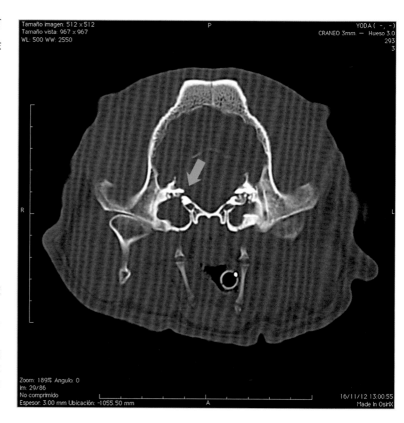

图 1　横断面 CT 扫描，右侧鼓室出现液性等密度线完全阻塞，该区域不能进行静脉造影，出现耳泡增粗，管壁变薄和溶解，右侧耳蜗消失（绿色箭头），该区域出现膨胀性损伤。阻塞耳泡的等密度线物质通过鼓膜（肉眼不可见）扩散至耳道

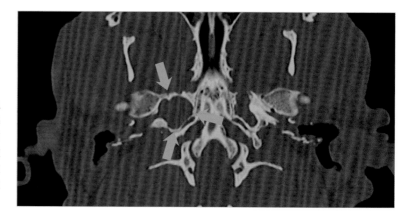

图 2　冠状面影像。右侧鼓泡被等密度物质完全阻塞，阻塞物无法通过造影显现。可将右侧鼓泡（绿色箭头）与左侧鼓泡进行比较，发现左侧同样被等密度物质阻塞，也无法通过造影法显现

术式

全耳道切除术（TECA）

沿耳道方向进行 T 型皮肤切开，牵拉开皮瓣，即可打开并暴露出外耳道（图3）。

沿耳道开口处做环形切开（图3蓝色虚线），从而打开水平耳道（图4）。

垂直耳道分离时须尽量接近软骨部，避免损伤穿过颅骨内侧区域的耳动脉和穿过颅骨腹侧区域的面神经。

> 为了便于分离和减少出血，可在耳道周围注射20毫升含 1:20 万肾上腺素的生理盐水。

> 耳道分离时越接近软骨越好，肌肉切开时可使用 CO_2 激光刀或高频电刀，以减少出血。

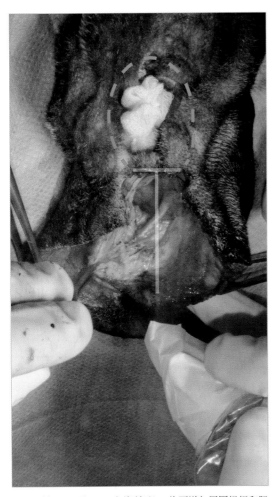

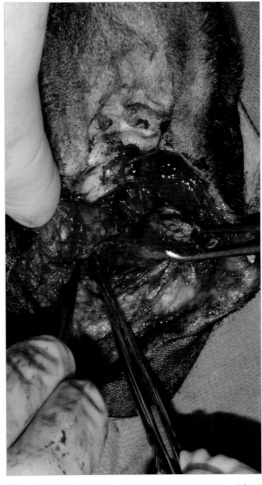

图3 做一 T 形切口（白线所示），将耳道与周围组织和肌肉进行分离。此病例中，为了减少出血和术后炎症，使用了 CO_2 激光刀进行分离，蓝色虚线为即将进行的垂直切口

图4 垂直耳道的分离。分离时越接近软骨越好，避免对耳动脉和面神经的破坏

必须经常对分离部位进行触诊，以感受颈动脉及其分支的搏动情况和检查面神经。

由于术野无法暴露耳后静脉，在靠近鼓膜大泡的颅区进行深部分离时要格外小心，避免损伤耳后静脉（图7）。

面神经容易被识别和分离，它位于垂直耳道尾侧水平位置。

如果面神经出现由肥厚性反应或耳道骨化作用而造成的阻滞，分离时需加以小心，防止其受到破坏（图3，图5，图7）。

> 慢性病例中，面神经位置与耳道十分接近，所以在分离时要格外小心。

当分离至颅骨时，用手术刀或梅奥剪将耳道从它的周边组织中分离出来，直到中耳的开口。中耳切口在颅腹方向，切口要小。分离时需注意手术剪尖端对面神经的损坏（图6）。

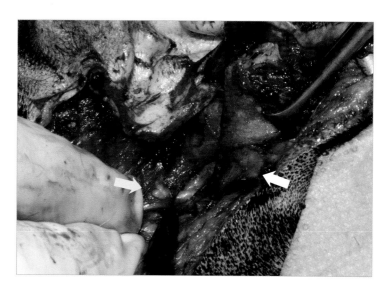

图5　面神经（黄色箭头）位于水平耳道的后腹区域（白色箭头），在水平耳道的剥离过程中应加以识别和分离

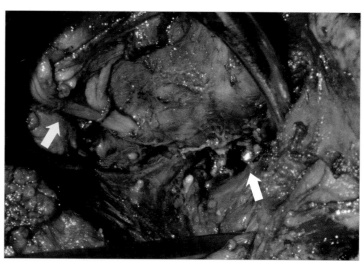

图6　图片显示的是切开耳道连接部位后，通向中耳（白色箭头）。黄色箭头指向面神经

若使用牵开器，如 Gelpi 牵开器，需要小心放置，以避免对面神经和近端血管的破坏（耳动脉、耳后静脉）。

对鼓室进行采样，做微生物培养和药敏试验。

接下来做鼓膜大疱外侧截骨和刮除术，以去除鼓膜大疱上皮组织及内容物，以防止形成慢性瘘管。

鼓室外侧截骨术

该手术在水平区域（图7，红色区域；图8）。使用咬骨钳（Cleveland 式或 Lempert 式）进行。连接至中耳开口处的头侧、背侧和尾侧的所有耳道组织均要分离，注意不要损伤面神经和尾侧耳动脉。摘除范围需足够大，以能够看清耳膜大疱，且能够对其进行完全清除为宜（图9，图10）。

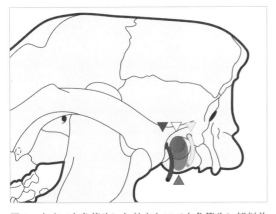

图7　大疱（灰色箭头）与鼓室入口（白色箭头）解剖关系图。面神经（黄色箭头）。耳后静脉（蓝色箭头）。红色区域为即将手术摘除的大疱部分。紫色区域为摘除手术的扩展部分

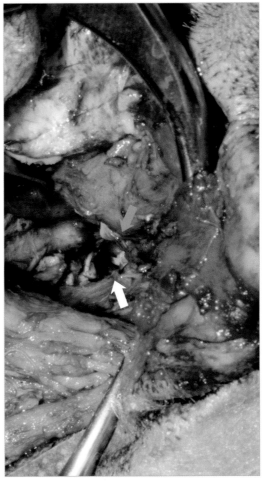

图9　大疱摘除后中耳开口处图（白色箭头）。橙色箭头为鼓岬和听骨（锤骨、扁豆骨和镫骨）

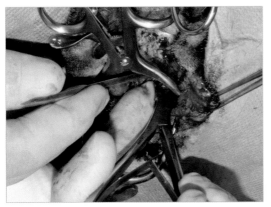

图8　使用咬骨钳将仍然附着在通向中耳开口的上部和头部区域的外耳道的组织移除

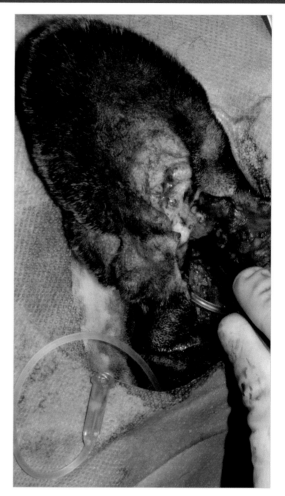

图 10 使用刮匙去除异常组织和鼓室感染的病理产物。操作过程中应避免损伤上部和背内测区域

图 11 术后在鼓室中放置引流管，便于术后进行局部治疗

> ❋ 如果大疱出现硬化和增生，会使腹侧区域的截骨手术的难度增加，操作过程中需格外小心，不要破坏外侧颈动脉及其任何动脉分支。

截骨术可通过收缩尾侧面神经，使切除范围延伸至后外侧区域（图紫色）。不要延伸至头侧区域，因为耳后静脉会从此区域穿过（图 7），除非血管受到损伤并发生出血，否则该静脉很难识别。一旦发生出血，需通过止血纱布按压 5 分钟进行止血。如果止血效果不好，可使用骨蜡封闭静脉通过的耳后孔。

使用刮匙清除鼓室内的上皮组织，背侧或背内测区域不要进行手术操作，以免破坏位于内耳入口处的听骨和鼓岬（图 10）。此病例中使用了 CO_2 激光刀去气化清除大疱的上皮组织。

> 在鼓室的清理和刮除过程中，避免对头背侧区域进行外科操作，以防止损伤内耳听小骨。

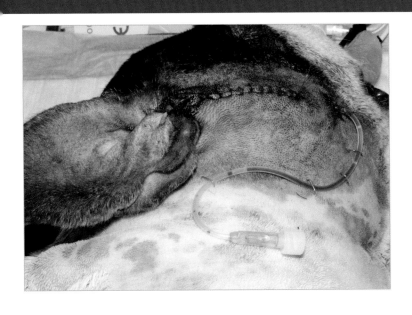

图 12　手术结束后缝合皮肤并用数个皮肤钉固定引流管以防止其在术后移位

在大疱深部区域（内侧面）不可以使用较大力量进行刮除，否则会损伤骨组织和耳动脉内侧支，从而导致出血且难以控制出血。

> 清除所有的大疱上皮组织是困难的，因为这些组织与受损骨之间形成了粘连。

使用温盐水轻柔地对鼓室进行冲洗和抽吸以去除组织碎片、微生物和骨碎片。

用 finger-trap 缝合法进行固定（图 11）。通过引流管按照 0.4ml/kg 剂量利多卡因 - 布比卡因（50：50）液体进行冲洗，从而保障镇痛效果。

> ＊ 建议在以下情况下放置引流管：
> ■ 术中明显出现污染时。
> ■ 当出血难以控制时。
> ■ 耳脓肿。
> ■ 无法按要求彻底清除耳膜大疱时。

最后，使用合成可吸收缝合线对内部组织进行闭合，减少死腔，使用非吸收缝合线缝合皮肤（图 12）。

163

术后

根据病例情况，引流管留置 5 ～ 10 天。术后治疗时应在冲洗的同时使用布比卡因进镇痛，注射 10 天非甾体类抗炎药（罗贝考昔 1mg/kg/day）和 21 天抗生素（头孢氨苄 20mg/kg/8h）。

注意事项

此病例中，症状表现为慢性过程，通过 CT 发现了骨组织的病变，手术治疗效果较满意。

沿着耳膜大疱进行 CO_2 激光气化可有效去除上皮组织，减少术后疼痛和肿胀。9 个月后，该病例恢复良好，未复发。

短头犬综合征

流行性	■ ■ ■ □
技术难度	■ ■ □ □ □

扁鼻呼吸道综合征是由多种因素导致临床上以呼吸功能障碍为特征的综合征。

包括鼻腔狭窄、气管发育不全、喉小囊外翻、咽部黏膜组织和杓状软骨水肿、软腭延伸、扁桃体增大和不同程度的喉塌陷。

扁鼻呼吸道综合征是由多种因素导致临床上以呼吸功能障碍为特征的综合征，包括鼻腔狭窄、气管发育不全、喉小囊外翻、咽部黏膜组织和杓状软骨水肿、软腭延伸、扁桃体增大和不同程度的喉塌陷。

该病的临床特点有：打哈欠、呕吐、打鼾、偶发呼吸困难，有时会发展成为喉塌陷和晕厥。

对于短头犬来说，在吸气时通向喉头的软腭尖端可能会阻塞气管入口。此类犬鼻腔相对狭窄，由于气流阻力较大，且软腭尖端会下坠，所以会加大呼吸做工，进而加剧了阻塞程度，并增加了软腭及周围喉部组织炎症和水肿的风险（图1）。

许多病例会出现气管发育不良，这会增加其呼吸的困难程度，吸气时会在角杓状软

> 动物会出现充血、发热和发绀现象。

骨突之间将上颚"吸吮"出来，当其阻塞气道时，还会引起吞咽困难。

此类病例中，当刺激增加时可发现动物出现鼾声增强，通过口角的收缩变化可看到呼吸费力，大口呼吸和腹部肌肉用力收缩造成肋间活动增加。

检查软腭时必须对动物进行镇静或麻醉，通常情况下，可以看到覆盖到会厌软骨的几毫米或几厘米的软腭部分，可以评估软腭延长部分的厚度，评估结果十分重要，当临床症状加重时，其厚度也随之增厚（图2）。

> 对动物进行全身检查十分重要，可以区分其他上呼吸道阻塞性疾病，如喉麻痹，声门、喉、气管和喉部黏膜肿胀，上呼吸道肿瘤。

按照抗炎剂量使用糖皮质激素类药物进行治疗，可以控制急性期炎症或急性呼吸障碍，但不能阻止病程发展和改变退行性变化的结果。对患有气道发育不全的犬来说，通过使用黏液稀释剂尽量多地减少气道分泌物十分重要，此类病例可使用支气管扩张剂。可以通过手术方法纠正不同的病变，具体取决于动物情况。

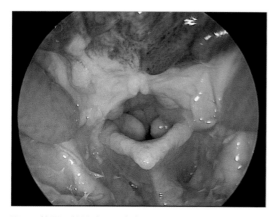

图1 软腭延长导致咽喉发生形态学变化，局部出现炎症和水肿，扁桃体体积增大，喉的功能丧失并发生塌陷

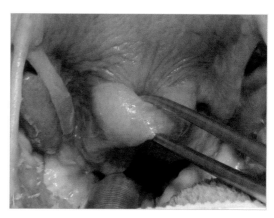

图2 评估软腭的厚度和长度，其结果与喉功能障碍有关

164

以笔者的经验来看，可以完全切除喉小囊或通过气化楔状软骨来矫正喉部，个别情况下还需要采取气管切开术。要选择适当的治疗方式，尽量减少气管切开术的使用。

扩张鼻孔

可使用 CO_2 激光刀进行楔形垂直切开以扩张鼻孔，切开适当的长度十分重要（要精确设定切开的长度），通常以 15W 脉冲模式进行操作。也可以进行 10 ～ 12W 低功率连续模式操作，具体参数要根据动物情况、切开长度和设备来决定（图3）。

图3　在鼻腔中部进行楔形切除的鼻孔成形术

保持鼻腔受损部位一定的湿润度十分重要。笔者为了避免切开过大的楔形切口，以造成较大的瘢痕，所以气化时要保证足够的深度才能达到理想的效果。尽管愈合面积和受损瘢痕和黏膜面积较大，且涉及到整个口腔，但无需缝合创口。个别病例需要进行整形，尤其是切除面积较大时，鉴于此需要提前告知动物主人。

腭成形术

可借助 CO_2 激光刀或单极电刀进行悬雍垂切除术，当使用 CO_2 激光刀时，笔者推荐使用腭成形术，其目的是减少软腭下垂部和侧柱的长度和厚度。第一步将浸有生理盐水的纱布垫衬于软腭后方，避免激光刀对其他组织的破坏（图4）。如果纱布未经浸泡，可能会被点燃。

腭成形术的操作要点是要在背侧区域进行手术，此处没有固定解剖位置的参照点，重要的是这个位置进行手术适合于所有患病动物。

必须检查和确保鼻后孔不能显露出来，否则会导致食物鼻腔液体分流出来。根据病例情况的不同，采取以上措施十分重要，由于操作时损伤性较强，要避免操作偏差，如果后鼻孔过于显露，可以导致大量液体流出并导致鼻炎的发生。一些患有咽喉部肥大、巨舌症的病犬治疗时，要根据手术医生的经验和知识做出决定，从而平衡不同的病理生理学变化。

软腭的切口从中心部开始，根据软腭厚度使用 15 ～ 25W 连续模式进行操作。尽可能使切口长度变小，利用手腕动作做出穹窿形，并可完美地识别出口腔、肌肉和鼻腔黏膜组织（图5）。

图4　浸有生理盐水的纱布垫衬于软腭后方，以防止激光对咽和气管插管的破坏

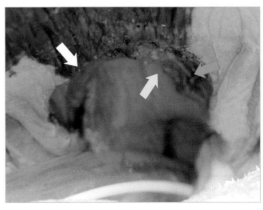

图5　通过穹窿状腭成形术，防止腭瓣阻塞喉头入口。图片显示出口腔黏膜（白色箭头）、鼻腔肌肉层（蓝色箭头）和鼻腔黏膜（黄色箭头）

切口要尽可能清晰可见，鼻腔切口要沿着边缘进行，这样有利于愈合，并在短期和长期护理中取得最佳效果。笔者建议沿着会厌边缘离开足够的距离，使用 10～20W 超脉冲模式 CO_2 激光刀气化和去除组织的手段，切口长度不超过 3cm，通过去除多余黏膜组织的方法来打开咽部。

气化腭瓣的侧柱，从而打开咽部，并使气体可以通过喉头。

按照笔者的做法，除了对少数腭进行一侧或双侧可评估接受的可靠缝合外，一般情况下不进行缝合。此病例中，建议使用快速可吸收缝合线（3/0 或 4/0），防止对患病动物造成不适，从而引起单股缝合线的"缝线效应"。使用单极电刀，选择 0.2mm 电刀头或针头，或使用刮刀进行点状切割（图 6）。

电流尽量小，从而使切口更加平滑，通常使用 10～15W，具体还要取决于和发电机和终端设备。多余的软腭组织完全切除，将鼻腔黏膜缝合至口腔黏膜，但有些术者可能不会进行缝合操作。

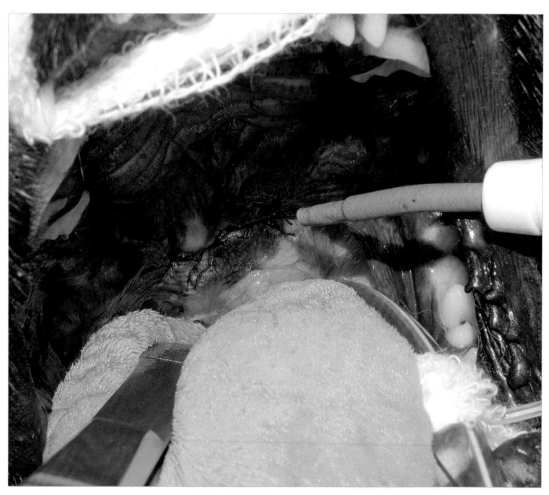

图 6　使用高频电刀进行腭成形术，使用最佳的活性电极，建议使用 0.2mm 针状刀头，从而集中电流并降低设备输出功率

喉小囊的切除

如果切除手术可以导致喉阻塞，此时必须进行喉小囊的切除。使用解剖剪和牵引钳进行切除操作。从前庭与口弦褶皱部之间的根部将扁平囊切除（图7）。

可使用 CO_2 激光刀，再以超脉冲模式将3cm 以上的区域进行气化，从而减少出血和水肿。

喉小囊的切除的术后早期，尽管出血现象较为少见，但由于增加了阻塞性水肿的可能，会导致呼吸困难出现的风险。

该部可能会继发喉塌陷，所以可使用 CO_2 激光刀气化杓状软骨楔状突。

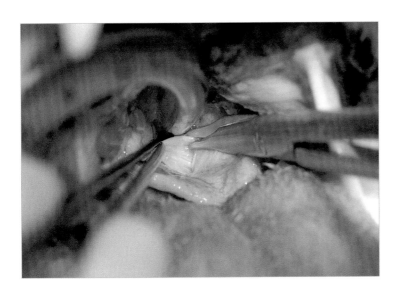

167

图7 此图显示了使用精细手术剪切除左侧喉小囊，切除后再对该部进行气化，以减少出血和术后感染

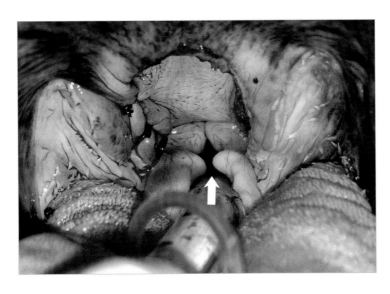

该操作使喉重新塑形，气体通过杓状软骨的空间变得更大。这是一种精细的手术技术，随着该技术的不断完善和更加精细化，在临床上能够起到很好的效果，在许多病例中气管切开术已逐渐被其取代（图8，图9）。

图8 此病例中可看到杓状软骨楔状突发生了中间位移，并阻塞了喉通道（白色箭头）

> ✱ 即便手术成功，动物的喘气仍可诱发咽喉感染和会厌水肿。

观看视频
短头犬综合征

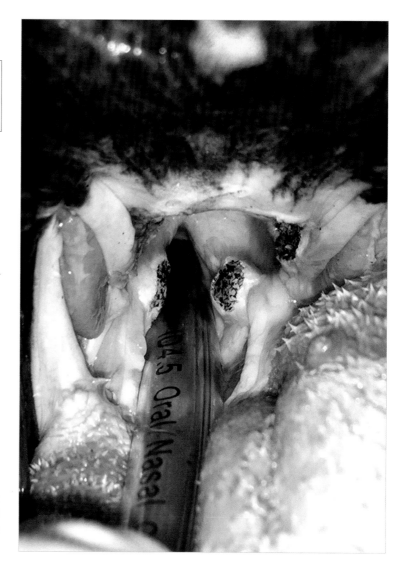

图9　解决方案是将左侧杓状软骨楔状突进行气化治疗，但是在许多病例中，也包括此病例，将双侧都进行了气化

可使用 10 ～ 15V 高频率脉冲模式间歇性操作。把握正确的角度，要能够找到杓状软骨楔状突的最尖端，按照"细胞消灭"的原则进行操作，直到杓状骨边缘"变平"，不能让突起咬合在一起阻塞喉部。

笔者对大多数病例仅在手术当天进行抗生素疗法，常常选择马波沙星药物。术后即将苏醒时，对呼吸的监护十分重要，此时由于水肿和炎症可能会诱发呼吸系统崩溃。患病动物须在安静和放松的环境中进行苏醒，不要放在笼子中，尽量保证患病动物正常的自主呼吸运动。

可能出现的呼吸困难，往往是由手术部位的炎症造成的，须尽快使用糖皮质激素类药物，避免施行气管切开术。建议禁食禁水 12 小时，12 小时后如果犬状态稳定可饮少量冷水，24 小时后可饲喂清淡食物。清淡食物饲喂时间为 10 天，以便于术部愈合和吞咽。

通常，病犬术后几天便可适应，并且可观察到不同程度的病情改善。要使动物主人了解短头综合征的对动物正常生活的影响，并要强调手术的必要性，同时应告知主人手术治疗可能只起到缓解作用。

气管塌陷

流行性	■■■
技术难度	■■■

气管塌陷是一种继发于管状软骨病变后的气管阻塞性疾病，可以阻塞与肺脏的气体交换。由于特发性病变，气管软骨失去其脆性，在呼吸时不能够维持气管的形态，在背腹侧方向形成塌陷（图1）。气管塌陷的四种级别见表1。

> 吸气时会加重颈部气管塌陷对机体的影响；而呼气时会加重胸部气管塌陷对机体的影响。

该病多发生于小型犬或玩具犬，尤其是5～9岁的约克夏犬。患有气管塌陷的病犬会出现呼吸窘迫，表现为类似鹅叫声的刺耳且干性的咳嗽，还会出现呼吸困难、发绀甚至昏厥。咳嗽、呼吸困难和胸内压增加，进一步损伤气管黏膜从而引发恶性循环：慢性的上皮损伤可诱发上皮层脱落和炎症，从而降低了黏液清除功能，引起分泌物积存；可加剧咳嗽和气管塌陷的病变。一旦此恶性循环建立起来，病情会逐渐恶化。

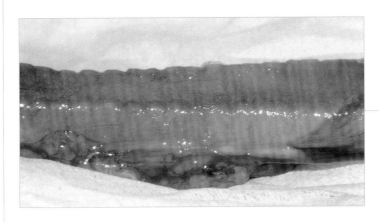

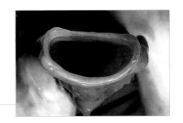

图1 气管塌陷的病例中，透明软骨已经被纤维软骨所替换，气管环失去其脆性，背腹侧方向变得扁平

表1 气管塌陷的四种级别

级别	气管直径塌陷程度	软骨形态变化	气管肌
	根据各自的解剖生理变化对气管塌陷进行分级		
I	25%	能够保持C形	轻微突出于气管腔
II	50%	呈U形且变宽	拉伸和下垂
III	57%	非常开放的U形	明显拉伸和松弛
IV	>80%	完全扁平	与腹侧气管环接触

临床症状

甚至在幼犬上都有临床症状表现，随着年龄增加症状明显：

- 喘息式的呼吸音。
- 持续咳嗽并有标志性的"鹅鸣"音。
- 呼吸困难。
- 运动不耐受。
- 张口喘气。

还需考虑到的临床特点：

- 30%的病犬会表现出喉麻痹和塌陷。
- 近50%的病犬会发生支气管塌陷。
- 通常情况下整个气管都有病变，但大多数病例中会有一个最严重的病变点。

诊断

如果症状提示有塌陷的可能，可进一步做检查进行确诊。影像学检查，如 X 光检查（吸气和呼气）、超声波检查、CT 检查和气管镜检查可用于确诊此病（图 2，图 3）。

> 支气管镜和气管镜检查是诊断气管塌陷最有效的手段，但是并不是所有的兽医院有此类设备。

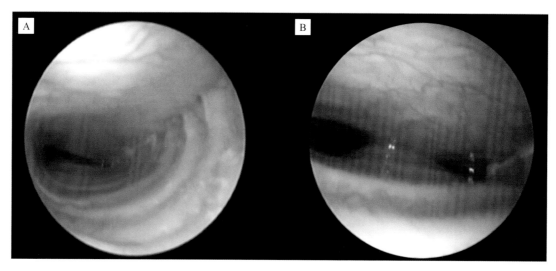

图 2　使用气管镜检查气管软化导致气管塌陷病例。（A）2 ～ 3 级；（B）4 级

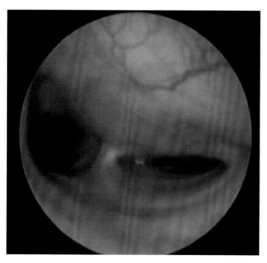

图 3　此病例中，左侧支气管软骨也发生病变（病犬俯卧姿势）

大多数兽医习惯使用传统的 X 线检查方法，如果方法得当也可以取得好的诊断结果。拍摄时需要在吸气和呼气时分别进行，并观察颈部和喉部的气管变化（图 4）。颈部尾侧投影轮廓可帮助评估气管塌陷程度（图 5，图 6）。

> ✳　侧位图由于摆位错位，以及颈部肌肉和食管与气管的重叠干扰，可出现假阳性或假阴性结果。

> 拍摄时头颈部需拉直，但不要过度伸展（会有气管狭窄的假象）和屈曲（会引起气管背侧弯曲）。

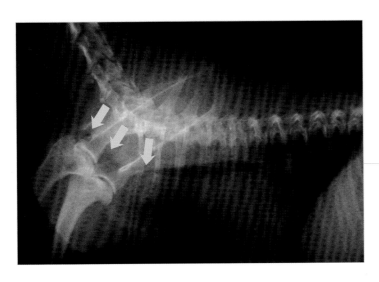
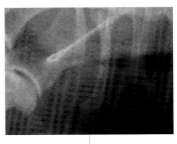

图 4　图片显示颈部尾侧气管塌陷

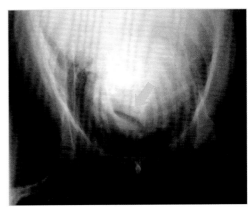

图 6　气管塌陷病例 X 线片显示，与图 5 进行比较，吸气时颈部尾侧气管轮廓出现的变化，可以观察到气管的形变（箭头）

由于并发心脏病变，喉部影像可显示出心脏肥大，需要进行心电图检查看是否有窦性心律不齐、肺心病或左心室扩张。

超声波检查是另一种有效的诊断方法，但由于气管中气体的存在，所以很难用于确诊，需要由专业人员进行操作。气管塌陷的鉴别诊断有扁桃体炎、喉麻痹、鼻腔或气管狭窄、喉小囊翻转、软腭延长、原发和异物性支气管炎和气管炎、慢性二尖瓣闭锁不全。

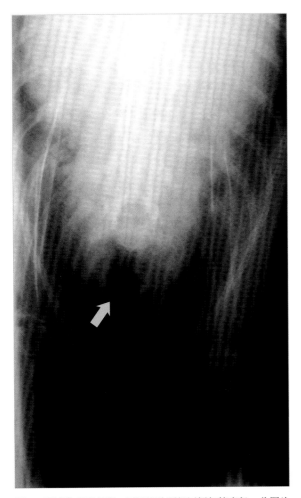

图 5　通过轮廓线观察，可以评估颈部尾侧气管直径，此图片显示正常气管（箭头所指）

治疗方法

药物治疗的目的是遏制恶性循环并防止疾病恶化。对于药物治疗无效的病犬可进行手术治疗。

> 1级或2级的气管塌陷患犬可选择药物治疗，2级以上，3级和4级的患犬可选择手术治疗。

药物治疗

首先要改善和控制影响疾病发展的外因，避免接触有害气体、烟、灰尘等刺激性因素，对一些特殊品种犬要合理饮食（高蛋白低脂肪），控制体重，减少体力活动，治疗并发症（如支气管炎和心力衰竭）。

> 药物治疗的目的是减少继发临床症状的强度和频率，当要注意该病是渐进性疾病。

1～2级患犬的治疗措施：

止咳药

■ 布托菲诺（0.5～1mg/kg/8～12h，口服），必须注意，该药有镇静作用，使用剂量需要根据动物情况调整，从而达到最佳止咳效果而非镇静作用。

■ 可待因（2～5mg/kg/6～8h，口服）。

支气管扩张剂

■ 氨茶碱（犬10mg/kg/8h，口服，肌内注射；猫5mg/kg/12h，口服）。

■ 茶碱（犬9mg/kg/6～8h，口服；猫4mg/kg/8～12h，口服）。

■ 特布他林（1.25～2.5mg/kg/8～12h，口服）。

■ 肾上腺皮质类脂醇。在由机械性损伤引起的急性气管炎病例中，咳嗽期间使用此类药物其副作用可诱发呼吸道感染。

■ 地塞米松（0.2mg/kg/12h，肌内注射，皮下注射）。

■ 强的松（0.25～1mg/kg/12～24h，口服）。

■ 镇静剂（用于神经系统疾病和紧张的病患）。

■ 乙酰丙嗪（0.05～2mg/kg/8～24h口服，肌内注射，皮下注射）。

■ 地西洋（0.2mg/kg/12h，口服）。

抗生素（用于感染病例）

■ 氨苄青霉素（22mg/kg/8h口服，肌内注射，皮下注射）。

■ 头孢唑林（20mg/kg/8h肌内注射）。

■ 恩诺沙星（5～10mg/kg/8h口服，肌内注射，皮下注射）。

■ 克林霉素（11mg/kg/12h口服，肌内注射）。

■ 给氧疗法，用于严重的呼吸困难患病动物，但仅在不能造成进一步损害情况下使用此法。

一项100例气管塌陷使用复方苯乙哌啶片（苯乙哌啶盐酸盐和硫酸阿托品）的研究表明治疗效果良好，尽管其中71%的病例药物作用机制尚未搞清，但仍是一种不错的药物选择。

> 外科医生推荐对肥胖动物使用背带，取代伊丽莎白圈、控制体重和限制活动的措施；给予自由的生活环境，从而免除刺激性物质、烟和过敏原。

> 由于软骨恶化的病理变化是渐进的，所以在长期的治疗效果观察中，药物治疗效果不佳。

手术治疗

技术难度 ▊▊▊▊▊□

建议对气管管腔缩小大于50%的病犬进行手术治疗，因为这些病例使用药物治疗效果不佳。

用于治疗此病的手术方法很多，软骨矫正切开术可使椭圆形管腔矫正为锥形管腔，如果软骨能够保持其脆性并能保持形态，这种治疗方法效果良好。采用褥式缝合法对背侧黏膜进行皱缩，此法可改变气管形态，但对小型动物来说，可减少气管直径。

1976年第一次使用了小型注射器充当了气管支架。近年来，有报道使用金属支架，从而维持气管形态。

172

由于软骨恶化的病理变化是渐进的，所以长期的药物治疗效果不佳。

手术治疗的［气管管腔外手术（图7）和气管管腔内手术（图8）］原则是对气管软骨和肌肉进行支撑，可采取传统的手术或微创手术（避免黏液纤毛清除）。

病患的后续

必须告知动物主人其宠物的病情具有渐进性，症状会逐渐变严重。手术治疗效果要根据动物情况而定。需要对动物进行定期检查，并消除加剧气管塌陷的致病风险因素和并发损伤。

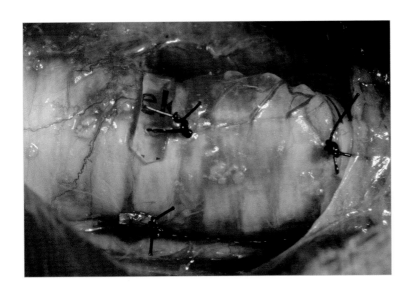

图7 气管腔外支撑架，可保持气管形态

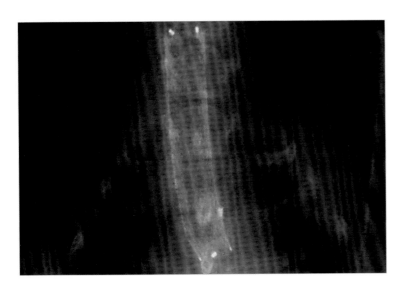

图8 支架治疗在头颈部出现的气管塌陷

气管塌陷·颈部腔外气管成型术

技术难度　▮▮▮▯▯

腔外气管成型术的手术目的是在不影响神经支配和血液供应的前提下对软骨和气管肌肉进行支撑。

术前

支架准备

用于气管成型术的环形支架可选用 2mm 或 5mm 的注射器，用手术刀或手术剪将其切成 5mm 的宽度，然后再纵向切开，使其能够包在气管外侧。用手术刀或砂纸将锋利的边缘磨圆（图 1，图 2）以避免划伤周围组织。再将支架环冲洗干净，放入灭菌包中等待灭菌（不能化学灭菌）。

患病动物准备

推荐在诱导麻醉期间进行预防性抗生素注射，例如静脉注射头孢唑林（20mg/kg），术后每 8 小时重复给药。同时可使用糖皮质激素类药物对由于支架缝合带来的气管黏膜炎症进行抗炎治疗。还应对病患在诱导麻醉和气管插管前进行给药治疗。

观看视频
腔外气管成型术

手术过程

重要的解剖学特点：
- 气管的血供和神经支配是节段性的，起源于气管两侧的血管和神经。
- 左侧喉返神经位于侧椎弓根，与气管相近。
- 右侧喉返神经位于颈动脉鞘。

患病动物仰卧保定，颈部下可垫置物体（例如卷起来的毛巾）将颈部保持过伸状态，以便于气管手术操作（图 3）。

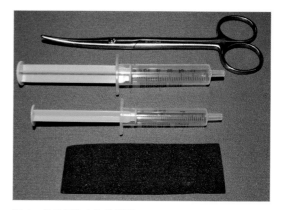

图 1　用于制作支架的材料

图 2　此图为制作支架环的过程，将支架环边缘磨圆，再清洗干净进行消毒

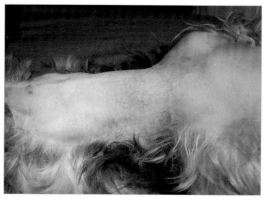

图 3　术部准备，病患仰卧保定，颈部高度伸展（颈部下方垫置卷起来的毛巾，以便于气管手术入路）

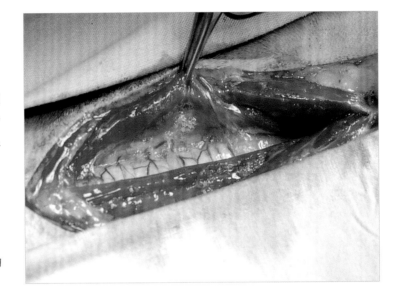

从喉部至胸骨柄切开皮肤和皮下组织，沿着中线分离胸骨舌骨肌和胸头肌，从而暴露气管（图4）。

图4 为了暴露气管，需要沿中线切开皮肤，分离胸骨舌骨肌和胸头肌

分离气管时要极其小心，要保护好分布于该区域的血管和神经。此图显示的是颈部尾侧气管的分离：气管（白色箭头）、颈动脉（绿色箭头）、颈深静脉（黄色箭头）、迷走神经干（蓝色箭头）。

为了降低左侧喉返神经的损伤风险，最好从右侧分离气管（图5）。分离气管的操作应在小段范围内进行，以减少对气管血供的影响（图6）。

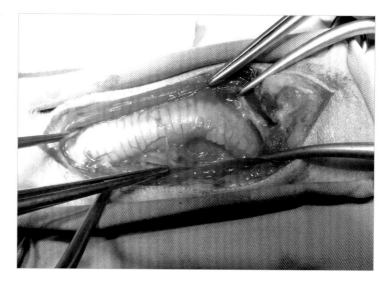

图5　气管分离最好从右侧进行，以避免对左侧喉返神经的损伤

在右侧进行分离时，要注意不要破坏周围的血供，当进行支架缝合固定时，可使血管背侧扭转至可视范围内。

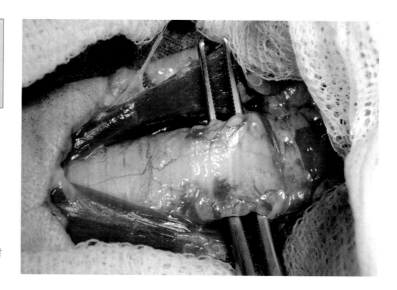

图6　气管分离要最小化，以减少对血供的影响

 解剖时应仔细、准确，以免损伤喉返神经，导致医源性喉麻痹。

要将气管肌缝合至支架上，防止阻塞气管的管腔。

可在气管左侧周围组织处沿气管下方打通一个通道，用角形钳或长弧形血管钳穿过此通道作引导（图7，图8）。

接下来使用单股合成缝合线对支架做多处单纯缝合，每针缝合要均匀分布，部分缝合要绕至气管背侧做环形固定（图8～图11）。

 术者要确保不要将气管支架缝合到气管上。

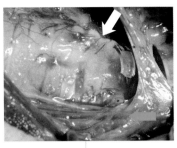

图 7　借助长血管钳将支架绕过气管，要格外小心不要损坏气管周围组织（蓝色箭头）。闭合前要检查气管支架是否松散，防止放入后出现翻转

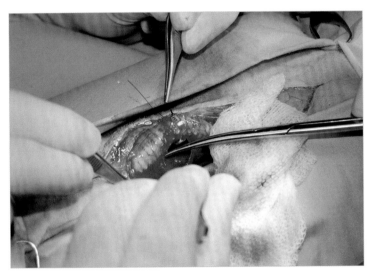

177

图 8　将气管支架缝合至气管腹侧，支架其余部分均匀贴至气管上。此图可见分离出的气管侧面及背侧面

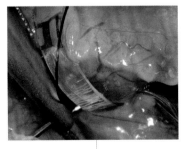

图 9　借助侧面缝合线的牵拉，将气管背侧旋转出来，并将气管肌固定在支架上。气管周围的组织结构要区分清楚：颈部迷走神经干（蓝色箭头）、颈动脉（绿色箭头）、颈深静脉（黄色箭头）

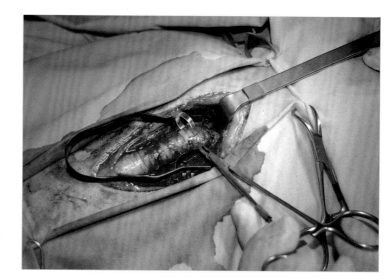

图 10　支架按照每 10～15mm 进行均匀分布，从而使气管维持其正常形态

在胸腔入口处放置 1～2 个环形支架的手术操作，可通过牵引一个已经缝合到位的气管支架带动气管向头侧移动来完成。

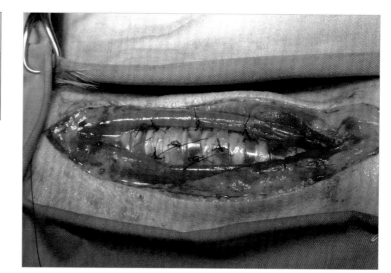

图 11　腹侧放置环形支架后的最终效果

另一种方法是将气管支架做成螺旋形（图 12）。以笔者的经验来看，此法更为复杂，更易造成局部缺血和其他并发症，所以并不推荐此法。

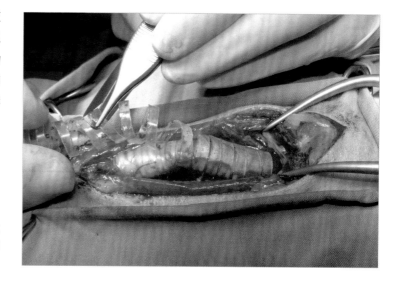

图 12　螺旋形气管支架放置效果。此种技术在气管组织周围的操作更为繁琐，并增加了术后并发症的风险

术后

■ 为了保证术后更好地恢复，可通过鼻插管对患病动物进行输氧治疗和注射糖皮质激素类药物。

■ 术后护理时需持续监护，以监测有可能出现的呼吸道并发症。

■ 药物治疗优先于手术治疗（止咳药、支气管扩张剂、抗生素），并尽量用于每一个病患。

由于术后炎症期较长，并伴有对气管组织黏膜的刺激作用，所以可能需要观察数周，看是否有因手术而出现明显的临床症状变化。

最后，使用无菌生理盐水冲洗手术区域，肌肉分离部位进行间断对接缝合，皮下组织和皮肤可根据术者的选择进行缝合（图13，图14）。

> 手术能否成功取决于外科医生的经验和技术。

> 对大多数病例来说，即便临床症状不能完全消失，病患的生活质量也可得到改善。

从长期来看，手术治疗可明显缓解临床症状。84%的病患咳嗽症状有所缓解，80%的病患呼吸困难出现缓解，55%病患变得更活跃，60%的病患呼吸道感染情况有所降低。

可能出现的手术并发症

■ 气道内细菌侵入支架部位后造成感染。

■ 气管坏死，多见于术中对气管侧面分离程度较大。

■ 由于喉返神经受损造成的喉麻痹。

术者应尽全力避免以上并发症的出现。

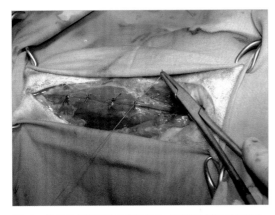

图13 胸骨舌骨肌和胸头肌使用合成可吸收材料进行缝合

> 患有气管塌陷的动物，预后与气管损伤的严重性有关，同时还与组织肥大、伴发疾病有关。小于6岁的患病动物，塌陷程度较为严重，但其预后较为良好。

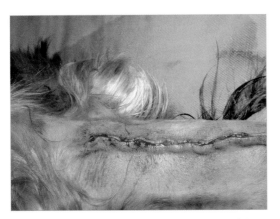

图14 根据术者经验对皮下组织和皮肤进行对接缝合

气管塌陷·腔内气管成型术

技术难度 ■■■□□

患有气管塌陷的病犬如果进行药物治疗没有效果，可以考虑进行手术治疗（图1）。手术包括：气管环的软骨切开术、背侧黏膜的皱缩术、切除手术和吻合手术，或者腔外气管支架手术。腔外气管支架手术最为常用，可以在不影响气管功能的前提下对气管进行支撑，这种手术操作有一定的局限性（多用于颈部气管塌陷的病例），同时这种手术还会造成严重的并发症，如气管坏死、感染和麻痹。

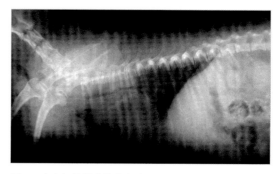

图1 患有气管塌陷的病犬患病部位已达到胸腔，经药物治疗效果不佳，可以考虑进行腔内气管成型术

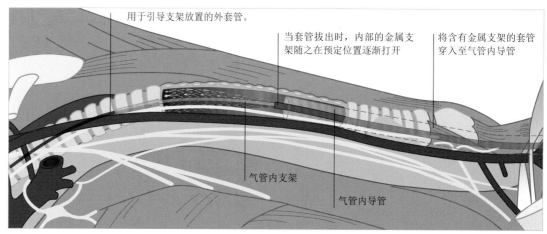

用于引导支架放置的外套管。

当套管拔出时，内部的金属支架随之在预定位置逐渐打开

将含有金属支架的套管穿入至气管内导管

气管内支架

气管内导管

图2 气管内自膨胀金属支架的放置演示图

> 为每一个病例拟定治疗方案时，都需要考虑部位、程度、塌陷长度和气管内径。

通过比较各种常见的手术治疗方案，发现气管内放置自膨胀金属支架在治疗气管塌陷时更有优势（图2，图3）。

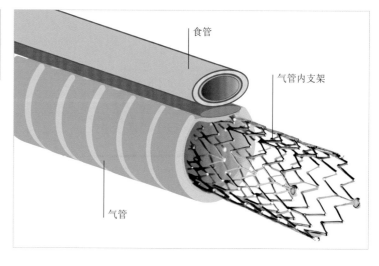

食管

气管内支架

气管

图3 放置于气管内的金属支架

快速而低损伤性的放置方法可减少手术对气管外周损伤的并发症，可立刻见效并缩短恢复时间（图4）。

气管内支架（金属支架）放置方法

在内窥镜的引导下，通过可见且低侵害的操作便于进入气管内部，放置支架的同时将损伤降至最低。

> 气管内放置支架的方法损伤小、速度快，无需对气管周围组织进行分离，可避免传统手术方法带来的并发症。

该手术方法多用于范围较大的气管塌陷或者传统手术方法效果不好的患病动物。

目前有两种金属支架：

- 固定直径金属支架，需要膨胀气囊。
- 自膨胀金属支架，可预先设定直径，再根据气管情况调整其直径大小，支架可覆盖套管也可完全暴露（图5）。

可根据X光/内窥镜测定出的气管直径大小选择特定型号的金属支架。

> 在内窥镜的帮助下，自膨胀金属支架很容易且很快可以打开。而气囊膨胀支架容易发生位移。

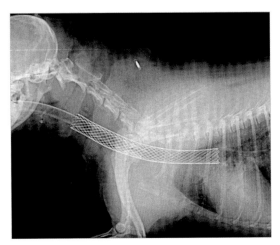

图4　放置在主要发生于颅胸部气管塌陷部位的镍钛金属支架

理想的金属支架的特点
易于在气管内推送和展开。
有足够的径向力，可以支撑开气管且不发生位移。
韧性强，防止断裂。
良好的纵向弹性。
良好的生物组织相容性，从而避免产生肉芽组织和感染，可维持其黏液纤毛清除功能。

气管内金属自膨胀支架最主要的缺点是，当其放入支气管时，可产生异体排斥反应，并在上皮细胞的作用下产生分泌物的聚集。还有可能发生其他并发症：肺炎、慢性咳嗽、上皮脱落、支架移位或损坏、由于气管上皮的异常增生造成的气管再狭窄。

文献中描述了不同类型金属支架的使用，这里主要介绍两种：不锈钢和镍钛合金。

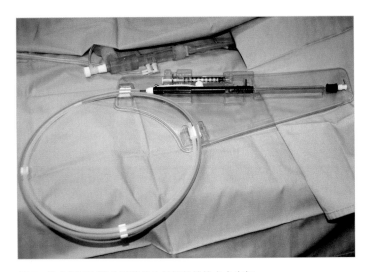

图5　准备通过气管内导管放入气管的镍钛合金支架

手术技术

手术的关键环节是选择合适直径和长度的金属支架，支架直径可通过食管内放置的标记管来测量（图6）。支架长度可在动物清醒时预先通过X光来确定；如果以上操作都无法进行，可通过支气管镜测量塌陷的起始点与终点之间的距离。

可在动物吸气时进行长度测量，由麻醉师来进行维持，以防止发生肺部病变，吸气峰值压力不超过 20cm H_2O 压力。要注意颈部气管直径要大于胸部气管直径。

> 支架的直径要大于两种方向测量的气管塌陷部直径最大值10%，应当比塌陷部大 1cm 宽度。

在内窥镜的引导下，支架的传送系统被送到正确的位置，支架随之打开（图2，图4和图6）。

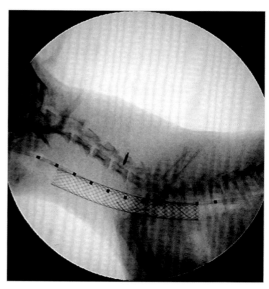

图6　为了确定支架的型号和长度，应当对正常的气管和塌陷的气管进行测量。可在食管内放置有厘米刻度标记的插管，再通过X光进行厘米数比对

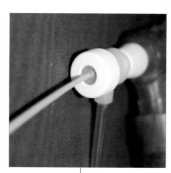

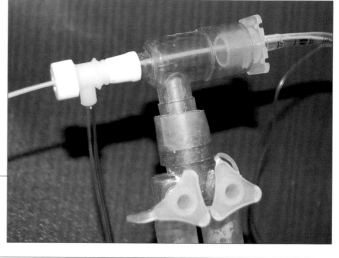

如图所示，为了将支架套管放入气管套管内，应使用 T 形三通管。

术后

可能会发生的术后并发症

短期内：

■ 咳嗽。

■ 气管出血。

■ 气管穿孔，纵隔气肿。

长期：

■ 过度的肉芽组织增生。

■ 支架变短。

■ 支架破损。

■ 渐进性气管塌陷。

观看视频
腔内气管成型术

笔者曾对两种金属支架（不锈钢和镍钛合金）对气管的影响进行过研究，下面的插图显示了研究结果：

以笔者的经验来看，带有编制网状的不锈钢支架对气管的组织反应要大于自膨胀镍钛合金。因此，采用低损伤的可视操作放置支架要比手术方法更好，并且推荐使用镍钛合金材料。

气管对两种材质自体扩张支架产生的反应比较		
	不锈钢	镍钛合金
术后 90 天 CT 结果		
	放置支架后气管管腔出现环形肉芽组织过度增生	气管官腔清晰
	支架近端出现过度增生的肉芽组织	气管官腔清晰
术后 90 天气管镜检查结果		
	分泌物滞留，支架末端出现环形增厚	完全而均匀的上皮组织再生
术后 90 天组织病理学检查结果		
	气管管壁增厚，出现组织内陷	表观上和正常组织相同

尿道狭窄

流行性

尿道狭窄是由复发性结石、手术、外部损伤、创伤（咬伤、切创等）（图1，图2），引起尿道炎进一步导致尿道纤维化而引起的。盆外狭窄可通过患部永久性尿道造口术来治疗。

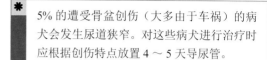

✳ 5%的遭受骨盆创伤（大多由于车祸）的病犬会发生尿道狭窄。对这些病犬进行治疗时应根据创伤特点放置4～5天导尿管。

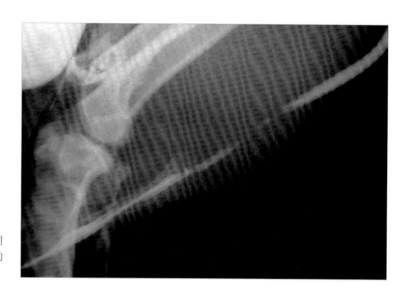

图1 本病例在阴茎骨尾侧可见明显的尿道狭窄。狭窄是由以前的尿道手术所造成的

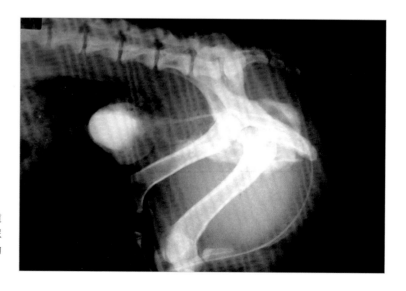

图2 由于骨盆骨折造成盆内尿道破损，该病患需进行导尿，防止尿液漏出，从而限制继发性瘢痕的形成

病例·阴囊部尿道造口

技术难度 ▮▮▮▯▯

观看视频
阴囊部尿道造口术

Jan 是一只 8 岁杂种犬，排尿障碍 2 周，早期该犬临床表现为排尿费力，且只有点状尿液排出。

X 光检查

此病例可使用膀胱推注冲洗法，将结石冲入膀胱，再通过膀胱切开术取出结石（图 1，图 2）。

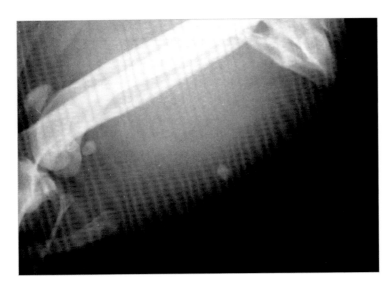

图 1　通过会阴部 X 光检查，发现结石卡在尿道中部

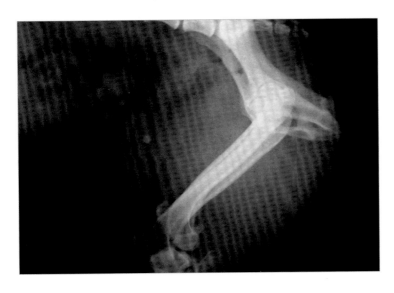

图 2　这张 X 光片显示结石出现在膀胱中，尿道中不再有结石阻塞

经过再三考虑，尿道在阴囊水平处阻塞似乎是不合逻辑的，一定是发生了狭窄。为了检查尿道，需要在会阴部进行 X 光造影检查（图 3，图 4）。

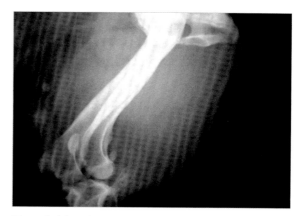

图 3　通过向尿道注入空气，可以看到扩张的膀胱、膀胱炎引起的膀胱壁增厚以及除了阴茎骨区域外整个扩张的尿道

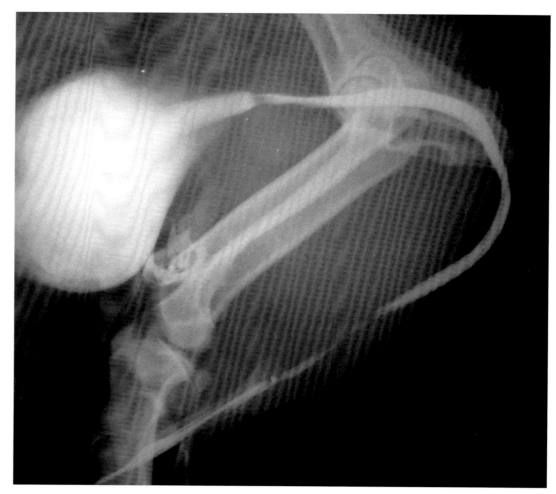

图 4　使用造影剂（水溶性），可准确判断狭窄的程度和范围

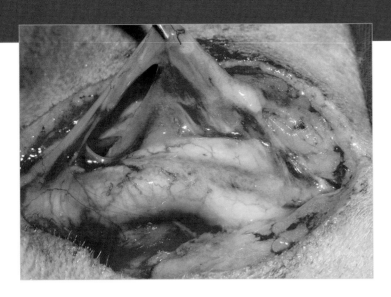

手术适应症

阴囊部尿道造口术可避免由于小结石造成的反复性阻塞，小结石和尿道狭窄造成的少尿症状可以随之消除（图5，图6）。

图5 尿道造口术的第一步，牵拉开阴茎肌肉并拉至旁边

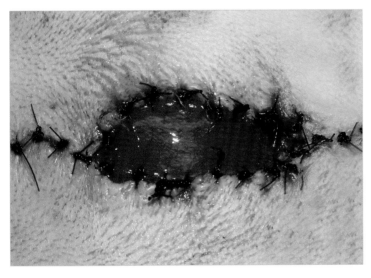

术后护理

术后治疗时要根据尿液微生物药敏试验结果使用敏感的抗生素。要密切监测创口的愈合过程，防止动物舔舐创口，避免出现继发感染和创口裂开（图7，图8）。

187

图6 沿着阴茎正中线切开尿道3～4cm，接下来使用单股缝合线将尿道黏膜直接缝合至皮肤，此病例中使用了4/0非吸收缝合材料

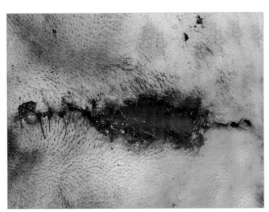

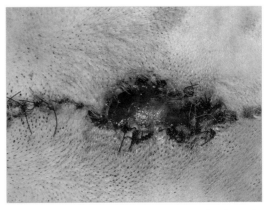

图7 尿道造口术后3天，愈合效果令人满意

图8 术后11天，拆除缝合线，Jan的治疗结束，术后2年中再无尿道阻塞情况发生

尿道黏膜脱垂

流行性 ■ □ □ □ □

尿道黏膜脱垂多发生于受到长期性刺激的幼龄动物，病犬会舔舐包皮和龟头（图1）。

图1 诊断很容易，通过外移阴茎，可见整个尿道黏膜受到严重挤压而出现脱垂

保守疗法

技术难度 ■ □ □ □ □

Billit 是一头 8 个月雄性斗牛犬，由于有不断的阴茎出血而被诊断患有此病（图2）。

2 天前当它对一发情母犬爬跨失败时问题发生了。

图2 Bullit 的阴茎不断出血，尤其是当它卧下再站起来时尤为明显

将包皮退缩回去，检查阴茎时可发现出血的原因（图3）。

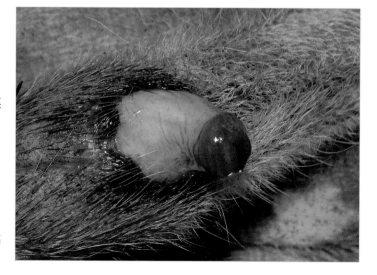

图3 暴露龟头后发现尿道黏膜在阴茎口脱出

188

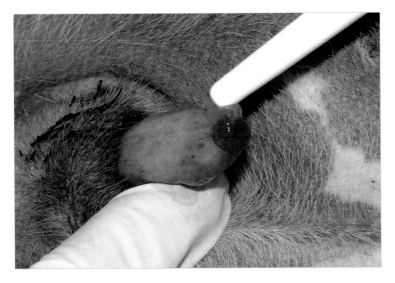

最开始进行治疗时，可在尿道中放置浅部导尿管（不插入至膀胱），缝合两针，固定2～3天（图4～图6）。

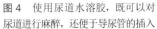

图4　使用尿道水溶胶，既可以对尿道进行麻醉，还便于导尿管的插入

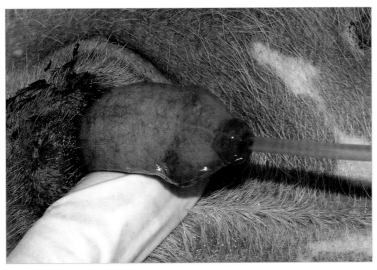

图5　轻柔地放置导尿管，使动物下次自行排尿时，尿液可顺利排出，尿道黏膜不再脱出

图6　将导尿管用两根缝线缝合在皮肤上，固定2天

接下来的步骤

• 局部使用抗生素和抗炎药5～6天。

• 足够大的伊丽莎白圈，以防止动物舔舐患部。

• 根据需要使用镇静剂和抗焦虑药物。

手术治疗

技术难度	▨ ▨ □ □ □

起初病患经保守疗法后效果较好，但是几天后尿道黏膜脱垂再次发生，推荐进行手术治疗（图7～图14）。

> ✳ 在复发或尿道有明显损伤的情况下，应对脱垂的黏膜进行手术切除。

术前

手术之间要每隔 10 分钟使用 50% 碘溶液对阴茎和包皮内部进行冲洗，直至进入手术室。

观看视频
尿道脱垂

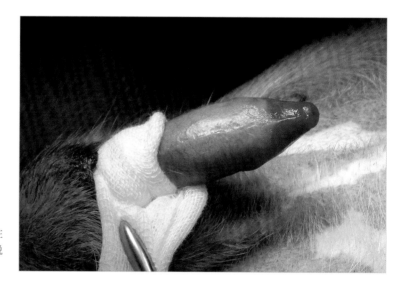

图 7　为了保持阴茎的暴露，可在阴茎基部放置纱布，防止阴茎滑脱回包皮中

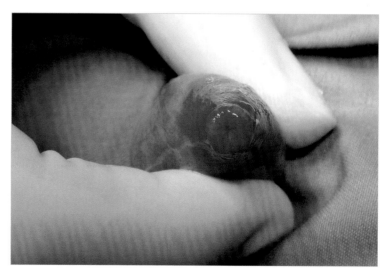

图 8　即将切除的脱出的尿道黏膜

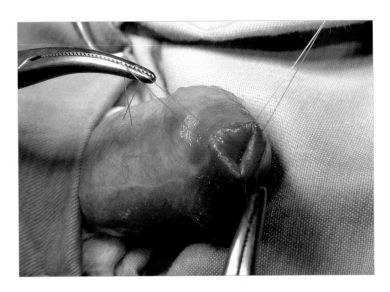

图 9　为了防止切除手术中创缘缩回，可进行牵引缝合，使尿道黏膜始终可以看到

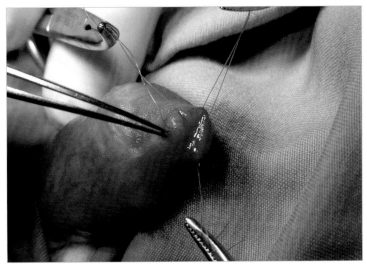

图 10　在两针牵引线之间使用手术剪切除脱出的尿道黏膜。创部会发生强烈的出血

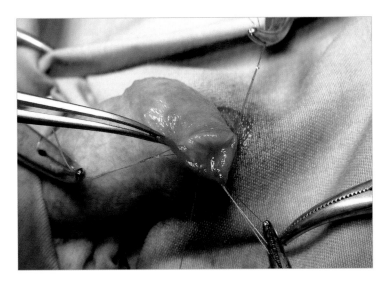

图 11　为了防止过度出血，要将尿道黏膜缝合与阴茎黏膜进行缝合

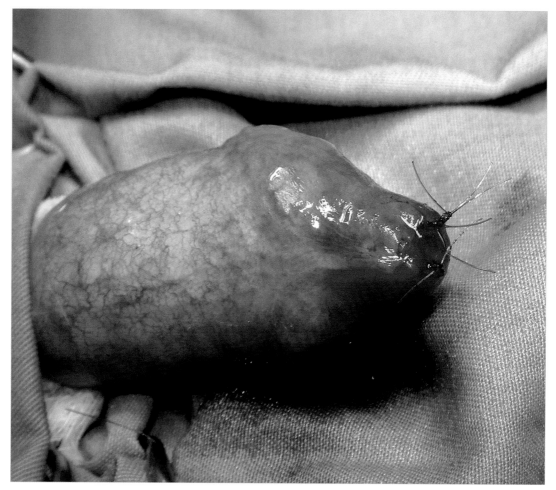

图 12　可使用 6/0 合成缝合线做两针互锁缝合

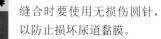
缝合时要使用无损伤圆针，以防止损坏尿道黏膜。

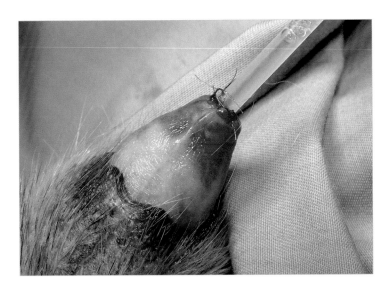

图 13　如果尿道出现炎症，需在术后前几天放置导尿管，以使尿液可以通畅地排出

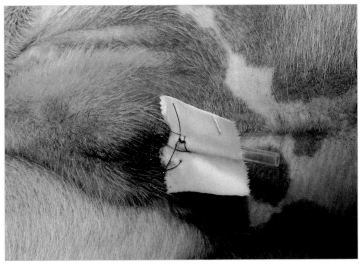

图 14　将导尿管用两根缝线固定在包皮上

术后护理

· 局部抗生素和抗炎药物治疗 5 ～ 6 天。

· 全身注射非甾体抗炎药物（NSAID）6 天。

· 使用大号伊丽莎白圈以防止患病动物舔舐患部。

· 根据患病动物行为情况使用镇静或抗焦虑药物。

术后阴茎少量出血是正常的，在接下来的几天中会逐渐消失。

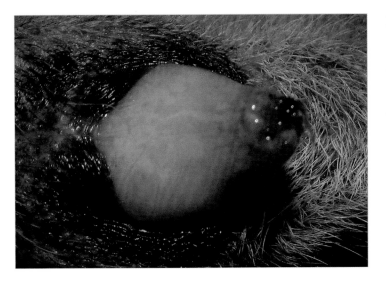

胸腔镜

| 流行性 | 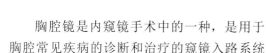 |
| 技术难度 | |

胸腔镜是内窥镜手术中的一种，是用于胸腔常见疾病的诊断和治疗的窥镜入路系统（图1）。

胸腔镜手术可让人联想到其他窥镜手术技术，如腹腔镜技术或关节镜技术，但基于胸腔结构的特点，胸腔镜手术有其特殊性。

胸腔镜检查时，无需在患部周围注入液体或气体建立工作空间。可通过气管插管向肺内注入气体，当气体进入胸腔时，有问题的一侧肺脏会出现塌陷，这样一来可以在肋骨与胸膜之间建立一个工作空间，从而免除对该区域扩张的需要。向肺脏注入气体可能会帮助或加剧肺萎陷，术者应注意避免这种情况发生。

如果膨胀压力太高，将会发生张力性气胸。临床症状表现为心输出量下降、对侧肺出现压缩。因此，除极个别情况外不推荐使用吹气法建立工作空间。如果一定要使用吹气，气流量不应超过 1L/min，气体压力不要超过 5mm 汞柱，因为高压力同样可以产生上述症状。

使用胸腔镜时，另一个需要考虑的方面是单极电热凝血的使用，如果使用单极电热凝血模式，活性电极的高频电流（510kHz）可以穿过组织到达动物下方的电极板。

电凝效果只有在活性电极下才可产生，但有可能也会产生 50 ～ 60kHz 的低频杂散电流。心肌对 30 ～ 110kHz 范围内的电流较为敏感。在此频率范围内，仅 10mA 的电流即可对心率产生影响，这种电流可由大于 30W 功率工作的电机产生。

> ✳ 单极电热模式可诱发室颤甚至心脏骤停。

> 胸腔镜手术中，推荐使用电凝、超声或激光来进行止血。

此外，胸腔镜手术中，术者需确定一个可插入套管针用于进入端口的均匀表面。在胸腔镜介入治疗时，肋骨是个问题。如果内窥镜或手术器械必须沿着垂直方向通向肋骨时，活动范围必将受到影响，所以通过的固定路径越短越好。

应当按开胸术的标准做好胸腔镜手术的术前准备，一旦胸腔镜手术遇到困难，可迅速转为传统的手术方案。

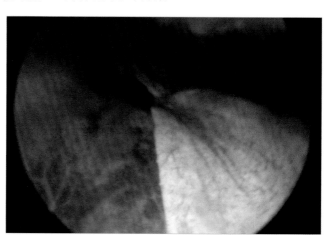

图1 此病例中，右肺尖叶有明显病灶，而左肺心叶未见此病变

即便一些动物有两个独立的胸膜腔，在纵膈膜上发现通向两侧胸膜腔的孔道也并不是罕见的事情。这也就是为什么动物可进行气管插管和间歇性正压通气的原因。尽管并非严格要求，但是推荐使用双通道气管插管，它可以对一侧支气管进行选择性插管，当手术进入胸膜腔时，可使对侧支气管道通气的肺叶部分出现塌陷。

在胸腔镜检查期间，观察到的动脉压和心输出量的改变，多数情况下是由动物的体位和手术操作引起的，而胸腔镜技术本身不会对其造成影响。通过气管插管对胸腔注入 CO_2 气体在建立操作空间的同时也可以造成心输出

> 选择性地在健侧胸腔施行气管插管，不但在清除肺大疱或肺脓肿及肺叶切除的手术过程中起到了至关重要的作用，而且可以帮助呼吸道阻塞病例建立呼吸通道。
>
> 在微创手术中，可能出现的血液动力学改变与开胸手术相同，更多地取决于外科医生的技术，而不是胸腔镜介入治疗时的进入部位或开胸伤口的大小和位置。

量下降，并使对侧肺产生压迫。由于 CO_2 对心肌的直接刺激作用，患病动物还可以出现早搏或心律不齐。胸腔镜一般不会引起血氧饱和度和呼气末二氧化碳分压的变化。

手术入路和闭合技术
建立工作空间

一旦确定好手术方案，并选择好了胸腔入口，就应将充当入口的套管插入胸腔。

套管有两种类型：

■ 胸腔镜专用套管 塑料或金属套管，有不同的直径型号（5mm、10mm、12mm）可匹配不同的仪器，套管的尖端都是钝圆的（图2）。

■ 腹腔镜套管 塑料套管，顶端配有阀门防止漏气。有不同的直径型号（5mm、10mm、12mm、15mm），有阀门可连接至 CO_2 进气管（图3）。有的套管尖端是钝圆的（非切割套管），也有尖而锋利的（切割套管），可用于分离不同的肌肉组织。这些套管可配套使用光学部件，在可视化条件下（光学套管）进入腔体。带刃的套管（锋利套管）可切断肌肉组织；不带刃的套管（钝圆套管）只有借助外力才可穿透组织。

如果胸腔镜手术操作需要送气，建议使用腹腔镜套管，这种套管可以建立一个封闭空间，不会导致送入的气体漏出。

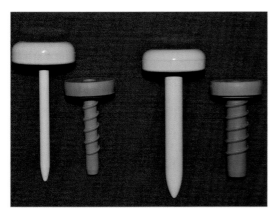

图2 胸腔镜专用套管，尖端钝圆，穿透肋间肌时不会损伤肋骨尾侧的血管

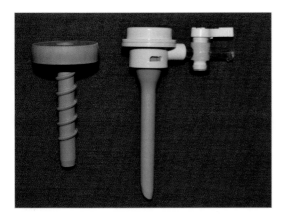

图3 腹腔镜套管，通过三通管连接至进气管以及顶端阀门，可在手术或窥镜操作时防止气体漏出

195

手术入路

（1）切一个与套管直径相匹配的小口，切口不可太大，否则当送气时会发生漏气；切口也不可太小，否则无法顺利插入套管。逐步增加对套管的插入压力，直至感觉到突然的因穿透皮肤而产生的落空感，如果暴力插入，套管失去控制时可能会对胸腔组织造成破坏。当插入套管时，要牢记肋间血管是沿着肋骨尾侧边缘分布的，所以应当沿着肋骨头侧边缘插入套管。

（2）切开皮肤后，使用蚊式止血钳分离各层组织，直至胸膜壁层。当穿透胸膜时可听到标志性的声音（图4）。

（3）再插入钝圆或不带刃的套管，不建议使用锋利套管（图5）。

（4）通过插入的光学设备观察，以确保没有组织受到损伤（图6，图7）。

（5）在胸腔可视设备的引导下，以重复的操作再插入另一个插管。

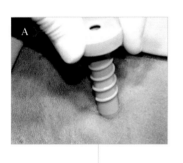

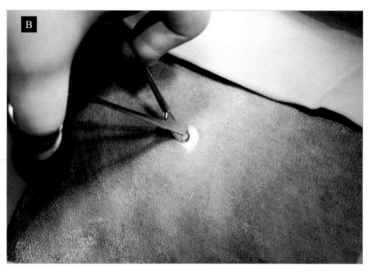

图4 （A）在皮肤上做好与插管直径相匹配的切口标记；（B）用手术刀切开皮肤后，用钝止血钳分离肋间肌，直至胸膜腔壁层

图5 插入插管及密封塞，操作时可采用顺时针旋转的方式将插管拧入胸腔，在插入时须将皮肤拉紧，以防止皮肤被拧入插管中

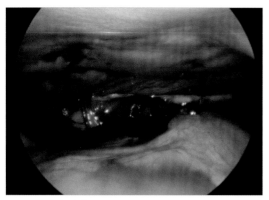

图6 检查胸腔中心区域，此图可见背侧底部有一椎血管、左右两侧膨胀不全的肺泡和中心区域的心包

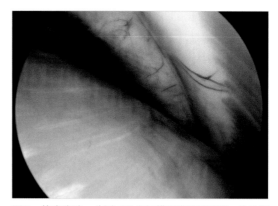

图7 检查胸腔，此图可见左侧横膈膜的圆顶部、肋骨和内部的肋间肌

可视系统

■冷光源：由卤素灯、氙灯或 LED 等灯泡冷光系统，及一套能够使冷光进入胸腔的管道系统构成。

氙灯使用寿命要短，通常为 500h，要避免反复开关。

■冷光纤：独立的束状光纤，可将冷光源系统的光束传入光学系统，"冷光"是指从光源发射头出来的光在 10cm 之内不会产生热量。但是光学系统接头及其连接冷光源系统的接头都可能会产生热量并引起燃烧。

■光学系统

■内窥镜：具有刚性且能够弯曲 30°、45°、90°甚至 120°（图8）。

对于胸腔镜手术来说，建议使用 30°。

内窥镜需要一个工作通道，直径从 2.7 ～ 10mm 不等，胸腔镜建议使用 5mm。

■视频系统：适合使用在光学系统目镜中的微型摄像头，这种摄像头装有 1 个或 3 个 CCD（电荷耦合设备），1 个 CCD 意味着单独接受所有的色彩信息，3 个 CCD 意味着接受各种颜色（红、绿、蓝）的色彩信息。最新的设备已经具备高清图像的成像能力（1080K）。

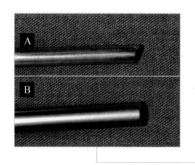
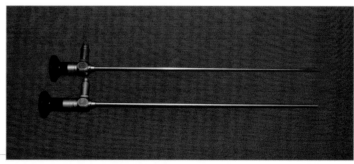

图8 硬性 5mm 的 30°内窥镜（A）或直形的内窥镜（B）

30°最适合用于胸腔手术，因为在操作时，不需要将肋骨强行推开即可观察到临近光学设备的周边组织结构。

■监视器：视频输出有模拟或数字信号两种模式，模拟信号通常以 5 ：4 的格式输出，高清数字信号则通常以 16 ：9 的格式输出。

■音频录制。

手术器械

适用于胸腔镜的手术器械和传统开胸手术一样种类繁多，但几乎所有的器械都做了一定的改造，基本器械如下（图9～图12）：

- 手术刀；
- 手术剪；
- 提取镊；
- 解剖镊；
- 止血器械；
- 缝合器。

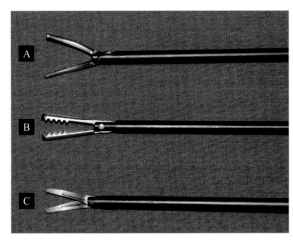

图9　用于胸廓切开术的手术器械：（A）解剖镊、（B）Babcock型提取镊、（C）双极剪

需要特别注意，双极电凝设备和组织封闭剂均使用蒸气脉冲模式（LigaSure血管闭合系统或等离子体动力学系统）。

198

图10　通过器械顶端的螺丝可折叠的扇形分离器

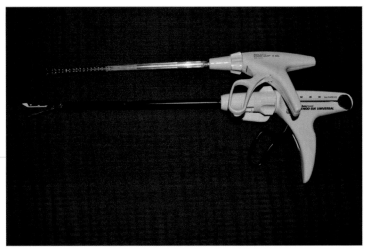

图11　上面是止血缝合器械，下面是内窥镜缝合器

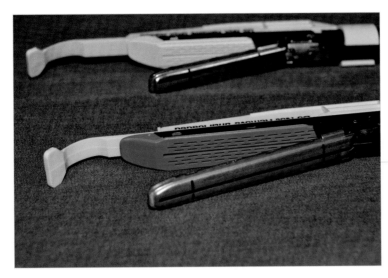
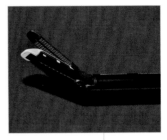

图 12 根据组织厚度，内窥镜缝合器械可发射不同类型的吻合钉，有些带有 RoticulatorTM 系统，顶端有一定的角度，可使组织抓取更容易

适应症及应用

人医的胸腔镜手术技术有很多种，尽管兽医对部分胸腔镜手术技术并未掌握，但从传统手术转换为窥镜手术并非难事，只要术者对手术区域的解剖结构有足够的了解，手术就可以通过胸腔镜来完成。

■ 胸腔手术通路：套管插入深度应控制在胸壁腹侧 2/3 与胸壁背侧 1/3 的分界线处，一旦可以将肺脏移到腹侧区域，背侧就会出现一定的操作空间，那么从肋间隙进入胸腔的过程就会变得很轻松。在这个操作空间内，可见胸血管、持续性右主动脉弓、食管、胸导管和气管（图 13，图 14）。

■ 胸腔腹侧中部通路：此病例中，手术器械通路孔设在手术区域后的一个肋间隙，而光学系统的交流端口放置在更远的一个肋间隙。这样的胸腔镜手术通路设置，既可通过心包窗口直达心脏进行手术操作，也可以观察肺组织病变，施行肺叶部分或全部摘除术，还可以进行脓肿引流及活组织穿刺；在胸膜腔中，可以施行胸膜固定术（图 15～图 17）。

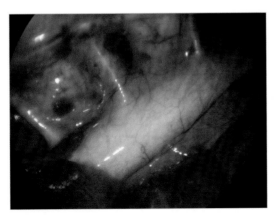

图 13 胸腔背侧的分离，要注意尾侧动脉及其腹侧分支。此图是在动物尸体上进行练习的图片

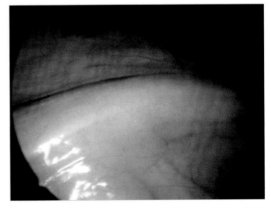

图 14 通过窥镜技术，放大一定倍数后可轻易看到组织结构。这是一张膈神经的放大图片

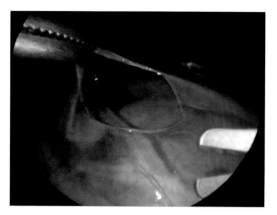

图 15　此图显示为在动物尸体进行练习的心包切除术

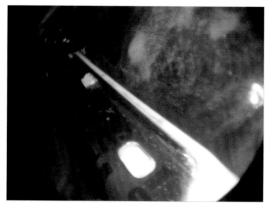

图 16　使用 Endo-GIA 缝合器进行部分肺叶切除术。此图为在动物尸体上练习完成

观看视频
胸腔镜

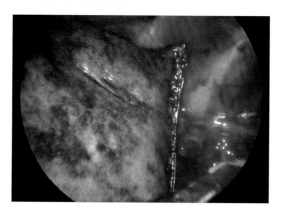

图 17　使用外科缝合器完成后的图像，进行了两针三排机械缝合，并在缝合缝隙中切除了组织。此图为在动物尸体上练习完成

200

主要并发症

大部分胸腔镜手术的并发症与传统手术相同。

胸腔镜手术特有的并发症如下。

张力性气胸，主要有两种原因：

■ 机械通气时注入气体过多。

■ 如果在自主呼吸替代机械通气时胸腔镜导管仍然保留，环境气体会在动物吸气时进入导管尾侧。此时，三通管处于关闭状态，若动物呼气，由于气体排不出去，胸内压会随着动物每次的呼气而升高。

■ 肋间血管受损：常发生于套管放置在肋骨尾侧边缘时。可产生持续出血，进而引起血胸。所以应注意，套管应放置在肋骨头侧，这样可避免出现血管损伤。

■ 肺实质的损伤或穿孔：进入胸腔时，过于粗暴的操作会导致这种情况发生。如果预先对包括胸膜在内的各层组织小心分离，这种并发症是很容易避免的。

■ 大血管的损伤或破裂：在突然粗暴地插入长套管或在血管周围进行组织分离时容易发生此类问题。如果发生此种情况，需要立即转为传统开胸手术。

■ 肺组织二次膨胀引起的肺水肿。如果对塌陷的肺组织重新充氧，会导致自由基的释放和炎性细胞浸润，进而引起急性的单侧肺水肿。鉴于此，在肺再膨胀时期，需要进行监护。

■ 食管的损伤或穿孔：当分离操作水平较低或使用电凝设备时容易发生此类问题。胸腔背侧有大量脂肪组织，术者在此区域进行操作时要加以小心。

■ 室颤和心搏停止：多发生于在心肌周围使用单极电凝设备时，要尽可能避免此类情况发生，或者改用双极电凝设备。

■ 乳糜胸：多发生在胸导管被切断时。由于术前动物禁食的原因，术中处于空腹状态，所以临床中较难见到这种情况，一旦胸导管被切断，需要立刻对其进行结扎，以防止发生乳糜胸。

开腹探查和腹腔镜手术

在微创手术中，通过小的手术切口，借助高科技微型成像系统完成手术，从而将手术创伤最小化。仅有两个空间进行操作：操作时没有触感，活动要受到严格限制，操作方式较为特别，需要进行相应的训练。这种微创手术造成的瘢痕和粘连较小，也减少了手术创伤。

腹腔镜手术中，需要考虑以下因素：

• 气腹术。
• 进入腹腔和推进技术。
• 视频技术。
• 操作器械／工具。
• 动物体位、光学系统和手术团队。

气腹术

主要是通过充气的方式在腹腔建议一个独立空间，从而保证空间可视性和操作便利性。充入的气体应是无色、不易燃、且易溶于血浆不形成栓塞。

通常会使用CO_2，尽管CO_2会与腹腔液体接触而产生碳酸刺激腹膜。但经过证实，与其他气体（如医用空气、氦气、笑气）相比，CO_2的刺激作用要小很多。

腹腔充气有两种技术：

图1 气腹针，抓持方法如图所示，这样的持针方式可防止由于进针过深而对腹部脏器造成的损伤
套管顶部细节图

• 盲插法：使用气腹针进行腹壁穿孔（图1）。这是一种直径为7mm的法国产的针，内部有一钝型针头，近端有一活塞。当针柱穿透腹壁各层组织时，由于弹簧系统的作用，探针反复抽拉，当穿过每一层时会发出声音。探针的钝头可以减少损伤腹壁内脏和血管的风险，这些风险在上文中有所讲述。一旦听到两声滴答声音，即可在针帽顶部中心位置滴一滴生理盐水，如果盐水在重力作用下可进入针腔内，则表明此时气腹针已经进入了腹腔（图2）。

检查时可通过针帽是否有负压来判断，如果液体覆盖至上方，或者根据经验出现真空感，表明没有刺入至腹腔；反之，如果液体不再覆盖至上方，且没有真空感觉，表明针头刺入正确位置。一旦针头刺入腹腔，可通过针头进行充气。

图2 （A）刺入气腹针；
（B）针帽细节，通过从顶部滴入生理盐水来判断是否刺入腹腔；
（C）与CO_2充气管道连接

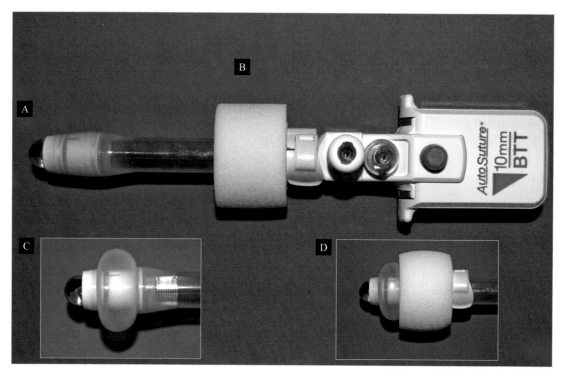

图3 用于开放技术的 Hasson 套管 （A）未膨胀的气囊；（B）用于垫衬球囊与腹壁的泡沫环；（C）球囊细节图；（D）用于垫衬的泡沫环细节图。

•开放技术：通过大约 1cm 的腹部小切口，建立腹腔通路，并引入 Hasson 套管。套管由钝的塑料材质构成，顶端有球囊，近端有带有固定装置的泡沫环。球囊一旦进入腹腔充气后就会膨胀，下推泡沫环，直至其顶住腹壁，使球囊得以固定（图3）。这样既可以防止由于插管气囊漏气所造成的腹部器官的损伤，又可以防止手术人员在 CO_2 充气时出现误吸。

套管放置正确后，对腹部进行 CO_2 充气，腹部工作气压需维持在 8～14mm 且不超过 15mm 汞柱的压力，否则在不扩大腹部空间的前提下会产生血液动力学变化。压力可通过自动充气系统来维持，这样既有利于手术人员操作，又保证了动物的安全（图4）。

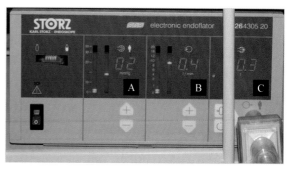

图4 自动 CO_2 吹气设备 （A）腹腔内部实时压力；（B）气体输入压力；（C）术中输入的总气体量

如果没有自动充气系统，可使用Richardson球囊，这是一种可将外周气体引入腹腔的手持设备。当使用此设备时，需要人工测量腹内压力，并要注意，腹内压不能过高，否则会影响患病动物的血液动力学和呼吸。

建立和维持气腹可产生一系列心肺变化，尽管不会危及生命，但仍然要引起注意：

• 中心静脉压升高；

• 心率加快；

• 全身血管阻力增加；

• 肺血管阻力增加；

• 心输出量增加/降低（Trendelenburg体位）；

• 如果腹压超过15mm汞柱，尾腔静脉和膈将会受到挤压。

一旦充气建立气腹效果不好，可选用几种力学方式扩张腹腔建立操作空间。包括向腹腔内穿入一根丝线，进行垂直拉拽，或通过小切口将金属钢丝圈引入腹腔，借助钢丝圈拉起整个腹壁。

引入和推进技术

引入和推进腹腔、建立气腹、接着建立工作空间进出孔道的整套技术方案有很多种。

建立气腹

• 气腹针（Veress）：由一根内带弹簧的7号法国针组成，在穿透腹部各层时会发出声音，可帮助术者识别腹部各层间的结构关系。在其中心有一个活塞，允许气体或流体通过工作通道进入腹腔。

• 钝头套管（Hasson）：套管尖部为钝头，前端装有球囊和泡沫环。通过一个1cm的微创口将套管引入腹腔，之后对球囊进行充气，压紧泡沫环达到密封效果并防止漏气。

• 充气装置：一种给腹腔充气的气泵装置，可不断维持腹腔压力，记录充气量。除了充气功能之外，此装置还可以对气体进行加温，以减少冷空气对腹腔脏器的刺激作用。

切开－充气－工作通道建立：
套管鞘系统：

• 传统套管（5-10-12mm）（塑料/金属）：这些套管有光滑的鞘，远端有阀门，可防止漏气，通过引入系统将直径更小的器械穿入，通过活塞进行充气。套管有钝头和尖头（图5），其功能是穿透肌肉和筋膜组织，建立一个可调节的孔道防止漏气。

203

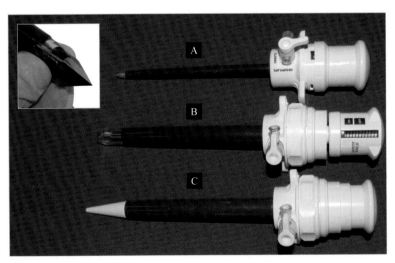

图5 （A）尖头套管，5mm；（B）尖头套管，10mm；（C）钝头套管，10mm
（图中可看到套管的刃和可伸缩的保护套）

套管尖端有"保护套"进行保护，一旦到达目的位置，保护套不能再回缩时，尖端在肌肉壁的压力下可回缩（图6）。

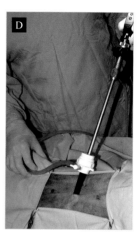

（A）正确的抓持套管姿势。沿着气腹针，一个手指充当刹车作用，防止套管突然刺入损伤内脏组织

（B）插入套管。当插入套管时，须持续控制力量，防止突然用力造成保护套退回原来的位置，否则需要退回术部以外，重新装配保护套

（C）在连接至充气装置之前的套管保护套

（D）按照初始方向插入可视系统。当操作摄像装置时要注意其位置。用于监视的摄像头顶部的把手要始终保持其垂直位置

图6　插入锋利的套管针

•可视套管：由中空管道组成，顶端是透明的，可使可视设备以0°角插入套管套筒，者装置中有保护鞘，可在腹壁穿孔时分离各层组织。这样可在直接观察下进入腹腔，有两种可视套管：一种是无损套管，尽管需要术者施加更大的力量，但可在分离组织时不切开组织，从而使愈合过程加快；另一种是切割套管，含有刃状结构，可以切透各层组织直达腹腔（图7）。

图7　带刃的可视套管（A）中空管材（封闭），尖端是透明的，带刃；（B）12mm套管，封闭管；（C）刚性管，长度10mm，0°插入封闭管

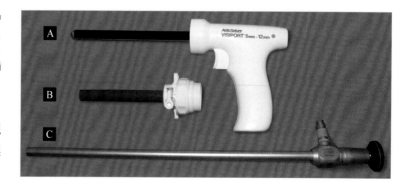

为了更好地看清组织结构，可视系统将焦点集中在套管刃上。

器械与工具

可视系统（图8）

- 冷光源：由卤素灯泡（或氙灯）、冷光系统和一个可使冷光进入冷光纤的系统共同构成。
- 冷光纤：用于传输冷光的独立光纤，与冷光源系统相连接。
- 可视系统。
- 内窥镜：硬镜或可弯曲镜，以 0°或 30°与工作通道相连接。10mm 的内窥镜用于中等

到大型动物，5mm 的内窥镜用于小型动物。

- 视频系统：与可视设备目镜相连接的微型摄像头，配有 1 或 3 个 CCD，区别在于 1 个 CCD 接受所有色彩，3CCD 可接受三种颜色（红、绿、蓝）。
- 监视器：根据摄像头输出型号，有模拟或数字两种信号模式。
- 记录器。

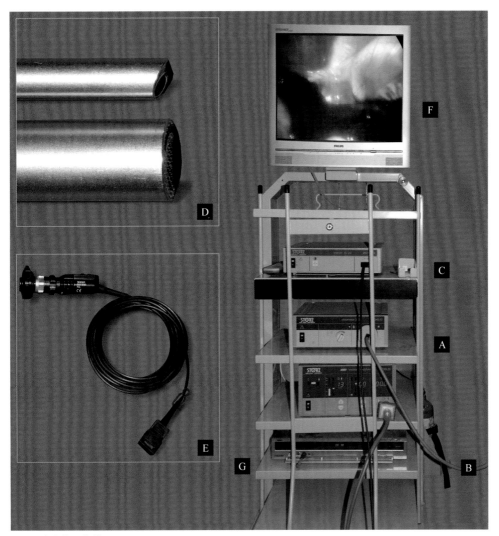

图8 内窥镜工作塔

（A）冷光源；（B）冷光纤；（C）内窥镜摄像头接收器；（D）刚性内窥镜有两种尖，0°和 30°；（E）内窥镜摄像头；（F）监视器；（G）记录器

器械（图9）

用于内窥镜的器械和传统手术器械有很多不同，但基础器械如下：

- 解剖镊
- 手术剪
- 钳夹器
- 止血器械
- 缝合器

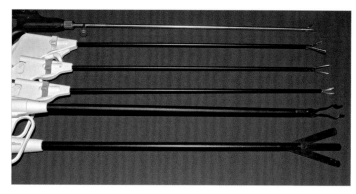

图9　内窥镜手术器械　由上至下分别为，持针器、抓持镊、弯解剖镊、手术剪、Babcock 镊、分离器

并发症

气腹症

- **皮下气肿**：由于导管插入不正确、意外脱出及重新插入造成。内窥镜术后气体被吸收，除了术中的技术问题外，这种并发症不会造成大的问题。
- **气性栓塞**：偶然发生，多见于血管壁损伤或穿孔后大量 CO_2 气体进入血液，由于腹内压升高，代偿呼吸不足，心输出量和血管外周阻力升高，进一步导致气性栓塞形成。气性栓塞通常发生于吹气期间，吹气结束后随即发生，并伴发肺水肿。兽医可通过血气中突然升高的 CO_2 指标来判断。若血气中 CO_2 指标升高，应立即停止吹气，并将气体导出，调节酸碱平衡紊乱直至动物恢复正常，要对肺水肿的情况进行持续监测。虽然肺水肿这种并发症很少见（每100000个中有15个），但是要注意这是一种非常严重的并发症，可导致神经麻痹、心功能衰竭甚至死亡。

观看视频
腹腔镜手术

吹气和构建通路时造成的并发症

- **部分血管受损**：套管插入，可能会伤及穿过腹壁的血管。需要特别注意的是，插入导管时，要尽可能在可视条件下进行。即便使用可视套管，也无法观察到套管插入时是否造成了血管损伤，所以应尽可能沿着中线插入。退出时，应首先拔除套管，再退出可视系统，从而保证通路中没有血管损伤。一旦发生出血，可通过按压法或切开结扎法进行止血。
- **非典型吹气**：当进行 CO_2 吹气时，要保证气体在腹腔分布的均匀性，否则要立即停止吹气，因为此时气体可能被注入其他组织（肠管、膀胱等）。
- **腹腔脏器受损**：当针头和套管刺入时，可能会损伤到消化道、脾脏或其他脏器。鉴于此，一旦在充气状态下插入套管，需要对脏器进行全面检查。建议这种检查重复操作（顺时针或逆时针），同时尽可能做全身检查。
- **大血管受损**：在插入套管时，内脏受损时可能会伴发大血管损伤，一旦发生此类问题，要立即转为传统手术方法，并进行止血操作。

适应症

- 腹腔探查（图 10～图 14）
- 胃固定术、胃切开术、幽门切开术、幽门成型术
- 肝活组织检查、胆囊切除术
- 食管裂孔疝

图 10　腹腔内部图片，在后面可以看到膈肌（腱的中心和胸骨部分）、左侧的胃和右侧的肝

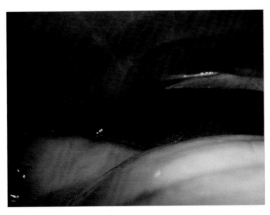

图 11　腹腔内右侧图片，在后面下方可看到膈，膈的上方左侧是胃、右侧是肝

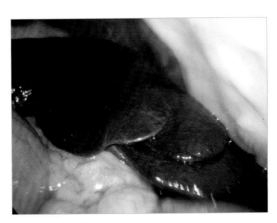

图 12　腹腔左侧

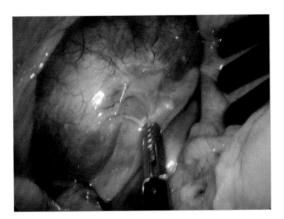

图 13　左侧肾脏

图 14　腔静脉孔细节，在图片下方可看到肝脏

门静脉分流术

使用频率				
技术难度				

手术的目的是逐步关闭门静脉分支，使血液从门静脉重新流向肝脏。

为了达到手术目标，可以使用渐缩环（图1）、玻璃纸条（图2）或丝线（图3），对门静脉分流进行结扎。

> 应渐进性关闭门静脉分流，以防止出现致命的门静脉高压。

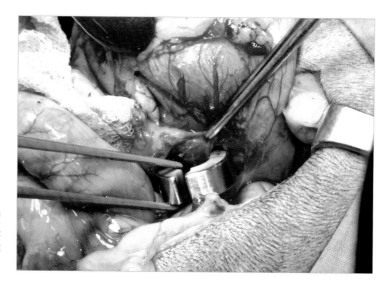

图1 由于内部吸湿材料的膨胀，渐缩环将逐渐关闭血管。这张图片显示了一个分流血管被渐缩环所环绕。环的开口将被一个小棒或"钥匙"关闭

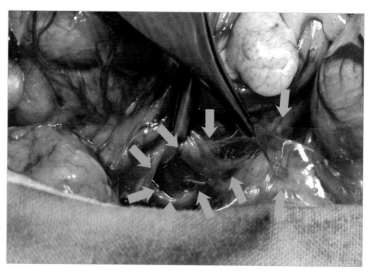

图2 在分流血管周围放置玻璃纸条会产生异物反应，这会使血管逐渐闭合。这张图片显示了一个放置在门静脉分流血管周围处的玻璃纸带（蓝色箭头）

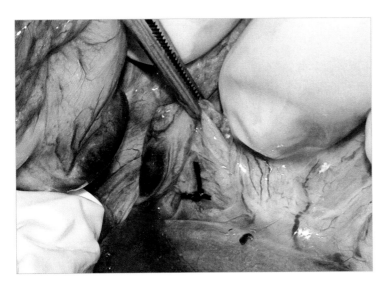

图3 用丝线对血管进行不完全结扎。除了可以部分关闭血管外，它还会引起管壁纤维化，从而导致血管完全关闭。这样的病例需要测量内脏区静脉压以预防门静脉高压的情况出现

术前，术者应对血管解剖位置有深入的了解，包括门静脉和尾腔静脉，以及它们与肝脏的联系。

> 肝性脑病患者应在手术前予以治疗。

* 对这些动物应避免使用在肝脏中代谢的麻醉药物或者能够与血清蛋白结合的药物，如吩噻嗪和安定。

渐缩环

渐缩环有不同的直径规格，可根据其放置的位置进行选择使用。5.0mm 是最常用的规格。

于腹中线开腹后，将结肠移到腹部右侧，暴露出尾端腔静脉、左肾静脉和左膈腹静脉。如果发现左侧膈腹静脉有另一条头侧静脉，这可能是门静脉分流（图4）。

* 过度分离血管和周围组织可能会使渐缩环沿血管运动，从而导致血管腔突然狭窄、门静脉高压和死亡。

209

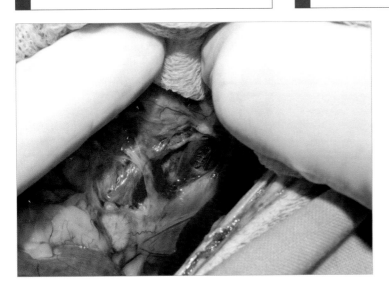

图4 左肾和膈腹静脉头侧分流静脉的定位和分离。这可能是门静脉分流

渐缩环在解剖器的帮助下环绕血管（图5）。因为血管很粗，不容易直接套入渐缩环，可先将分流血管进行暂时结扎，再将渐缩环套到分流血管位置，移除结扎，最后使用持针器将环闭合（图6）。渐缩环的重量不能太大，否则

> 避免使用大直径而且较重的渐缩环，因为它们可能会沿着血管移动并造成血管扭曲，导致门静脉高压。

会压迫血管阻碍血流，导致门脉高压。

尽管术中高血压在血管分流的病例中很罕见，在关闭腹腔之前，兽医也应该检查肠祥有无充血迹象。

> 术后2周，超声检查证实渐缩环是完全闭合的。

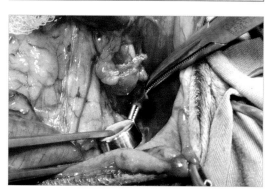

图5 仔细分离异常的血管并将渐缩环放置在肝门静脉分流血管周围。有时把渐缩环套在血管上是很困难的，我们需要更多的耐心。另一种选择是，通过暂时结扎血管中断血流使血管变细再套上渐缩环

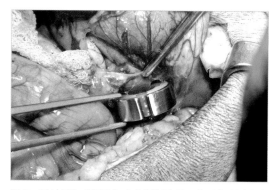

图6 通过插入"钥匙"来关闭渐缩环，从而使它固定在血管周围。这里显示的渐缩环和插入的"钥匙"是金属材质的

玻璃纸胶带

放置在门静脉分流血管周围的玻璃纸胶带可引起肉芽组织增生，从而使分流血管在3～4周逐渐闭合。

这种材料既便宜又容易买到。胶带（10～16mm宽）切成15cm长的条状，放在袋子里消毒。

> 玻璃纸胶带可以单层使用，也可以来回折叠成更厚的多层使用。

与所有病例一样，先找到先天性畸形的分支血管并将其分离出来（图7）。然后使用手术器械将纸胶带置于血管周围。用一个或两个血管钉固定玻璃纸胶带（图8）。

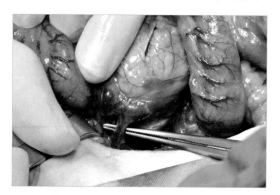

图7 门静脉分流血管的分离，在这个病例的手术操作是从患病动物腹部右侧进行的

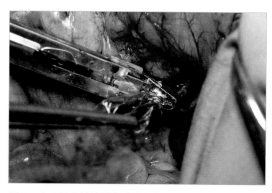

图8 玻璃纸条被放置在分流血管周围，用1或2个金属血管钉固定在适当的位置。注意，固定好的玻璃纸胶带不能造成血管堵塞

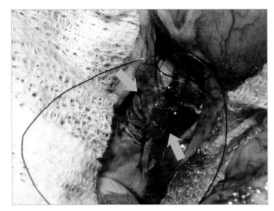

图9 在这个病例中，在分流血管的周围放置了两条玻璃纸胶带（蓝色箭头），以及一根不打结的缝线。在必要时，缝线可用来完全封闭分流血管

结扎分流血管

可以使用非吸收材料如丝线对分流血管施行不完全结扎，施行了分流血管结扎的动物需要密切监测，以及时发现可能出现的门静脉高压。找到并分离分流血管，用 2/0 丝线进行不完全结扎（图10）。

> ✳ 在结扎前，应使用静脉导管插入空肠静脉测量基础门静脉压。

在拉紧结扎线阻断分流血管时，门静脉血压理论上应立即升高。若没有升高，应使用导管在空肠静脉进行肠系膜门静脉造影术确定血流状况。

该方法对直径 3～4 毫米的血管效果良好。对于较大的血管，玻璃纸胶带对分流血管的阻塞可能是局部的，需要进行第二次手术。

在一些病例中，由于玻璃纸胶带引起的结缔组织增生性反应不会导致血管完全闭塞，所以应在血管周围预置未结扎的缝合线。如果在 5～6 周后，血液仍可流经分流血管，则要对患病动物进行二次手术，用预置的缝合线将分流血管进行完全结扎（图9）。

确认结扎线被置在分流血管周围后，在渐进性拉近结扎线的同时测量门静脉血压。门静脉血压不应超过 20～25cmH$_2$O，这样分流血管只处于部分关闭的状态，可防止门静脉高压的出现（图11，图12）。

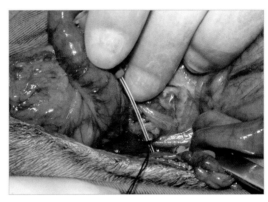

图11 为了避免结扎过程中血管完全闭塞，可使用静脉导管垫衬结扎

211

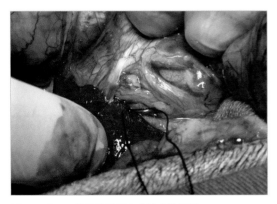

图10 将 2-0 的丝线放置在分流血管周围

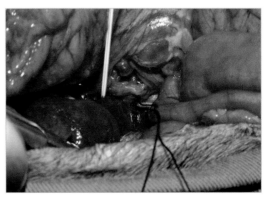

图12 将血管和静脉导管一同结扎，打好结后将导管取下。结扎的不完全闭合可预防门静脉高压

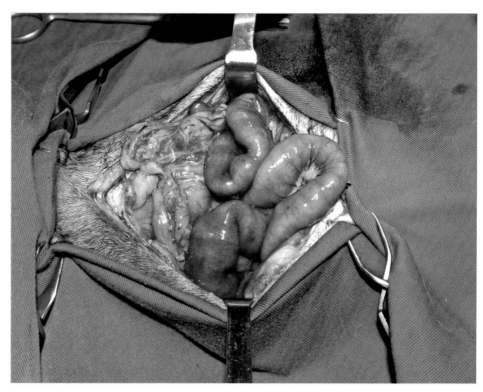

图 13 正常的肠袢颜色，没有门静脉高压的指标色彩变化

212

术后，要检查肠袢有无静脉充血的变化（图 13）。

> 完全结扎分流血管常常会导致门静脉高压，这是致命的。

> 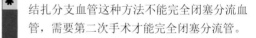 结扎分支血管这种方法不能完全闭塞分流血管，需要第二次手术才能完全闭塞分流管。

其他阻塞方法

其他方法，如线圈或液压封闭器，已用于一些先天性缺陷的血管闭合。

线圈由可形成血栓的材料制成，在 X 线介入下放置在分流血管内。这种微创技术并非没有并发症的风险，如线圈移位或血管突然闭塞。

液压封闭器是放置在分流血管周围的环。渐进性闭塞作用是通过向封闭系统位于皮下的蓄水部件中注入生理盐水而获得的。

门脉高压

术后并发症

若结扎线结或渐缩环发生移动可能会导致分流血管突然闭塞，从而引起门静脉高压危及动物生命。这是由于肝门静脉发育不全，无法接收阻断前经分流血管分流的所有血液，导致门静脉压力升高。

门静脉高压会导致肠袢、胰腺和脾脏静脉的淤血。淤血会导致血栓形成，继而出现腹水和脏器衰竭，危及动物生命。

病例1·肝外分流术·玻璃纸带捆扎法（右侧入路）

Pincho 是一只约克夏犬，它比同窝的犬体型小很多，偶发性呕吐。主人最担心的是它吃完东西后出现转圈或者用头撞墙的奇怪行为（图1）。

图1　Pincho 手术当天

血液检查结果与门静脉血管异常的指标相符（表1），腹部超声检查证实了血液检查的判断（图2）。

为了稳定患病动物病情，术前可做如下治疗：

每天一个肝脏病处方罐头（品牌：希尔斯）。

奥美拉唑 1mg/kg，每日一次。

甲硝唑 7.5mg/kg，每日两次。

乳果糖 0.5ml/kg PO，每日两次。

治疗10天后，在消化系统功能恢复正常，且无肝性脑病引起的其他危重情况发生的前提下，可计划实施手术治疗。

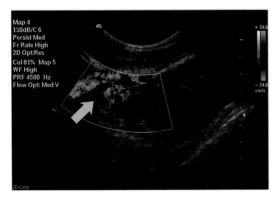

图2　腹部超声证实有血管分流（黄色箭头）。彩色多普勒显示由于分流血管处供血过多，腔静脉血流紊乱

表1　血液学检查结果		
血 检		
	结果	正常范围
白细胞	$10.84×10^9$ 个/L	5.50～19.50
淋巴细胞	$1.34×10^9$ 个/L	0.40～6.80
单核细胞	$1.48×10^9$ 个/L	0.15～1.70
中性粒细胞	$7.65×10^9$ 个/L	2.50～12.50
嗜酸性粒细胞	$0.31×10^9$ 个/L	0.10～0.79
嗜碱性粒细胞	$0.06×10^9$ 个/L	0.00～0.10
红细胞比容	0.346%	0.30～0.45
红细胞	$5.60×10^{12}$ 个/L	5.00～10.00
血红蛋白	108g/L	90～151
血小板	$230×10^9$ 个/L	175～600
血液生化		
	结果	正常范围
总蛋白	45g/L	54～82
白蛋白	22g/L	22～44
球蛋白	15g/L	15～57
碱性磷酸酶	3.807μkat/L	0.17～1.53
谷丙转氨酶（丙氨酸转移酶）	2.150μkat/L	0.33～1.67
总胆红素	<1.71μmol/L	1.71～10.26
葡萄糖	5.5mmol/L	3.88～8.32
尿素氮	1.428mmol/L	3.57～10.71
肌酐	17.68μmol/L	26.52～185.64
氨（餐前）	66.331μmol/L	0～58.113
氨（餐后）	250.062μmol/L	0～58.113
钙	2.2mmol/L	2.0～2.95
磷	1.905mmol/L	1.09～2.74
钠	137mmol/L	142～164
钾	4.7mmol/L	3.7～5.8

手术

技术难度

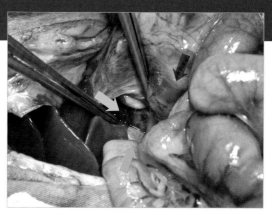

全身麻醉后脐上切口开腹后，将十二指肠和肠袢移至患病动物腹腔左侧，暴露腔静脉。

切开肠系膜，定位并分离异常分流血管。通常发现其位于右侧肾静脉的头侧（图3）。

图3　这张图显示了与这种疾病相关的三条血管：门静脉（灰色箭头）、腔静脉（蓝色箭头）和腔静脉分流静脉（黄色箭头）

分离肝脏腔静脉分流血管（图4），用玻璃纸胶带把它包起来（图5）。

214

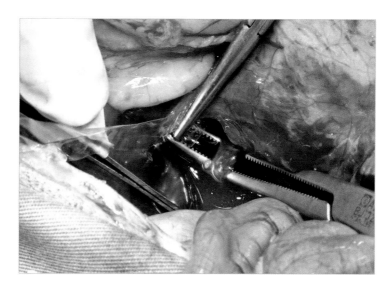

图4　无创分离分流血管后，用玻璃纸胶带将其包裹

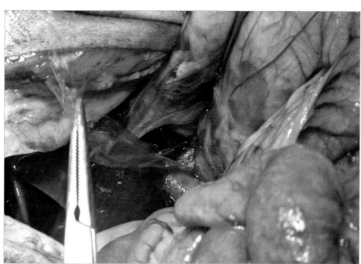

图5　玻璃纸胶带围绕在分流血管周围

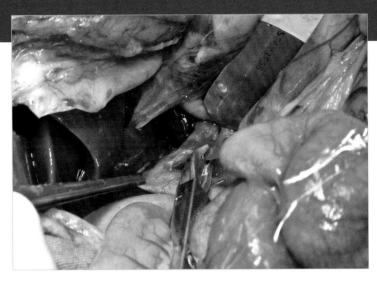

根据分流血管的直径用 1～2 个合适的血管钉将玻璃纸胶带固定在血管周围，以达到收缩血管的目的（图6，图7）。

图 6　在分流血管周围的玻璃纸带背侧放置钛血管钉

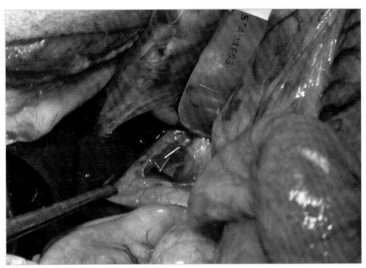

图 7　这张图片显示了用血管钉固定在分流血管周围的玻璃纸胶带，并且已对其末端进行了修剪

术后随访

Pincho 术后恢复良好（图8），术后持续药物治疗 3 周，特殊饮食 1 个半月。

两个月后，Pincho 再次出现呕吐。超声检查显示，虽然肝门静脉血流状况得以改善，但分流血管并没有完全闭合。建议进行二次手术，永久阻断分流血管，主人并未同意，病犬目前正在接受保守治疗。

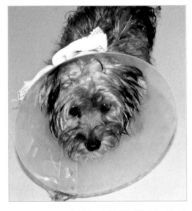

图 8　Pincho 的神经症状得以根治，并且再未出现肝性脑病的其他相应症状

观看视频
门静脉分流术：
玻璃纸带捆扎

病例2·肝外分流·Ameroid 收缩器（左侧入路）

Niko 是一只 8 岁的西班牙水犬。因消瘦、多饮和经常性呕吐而就诊。这些症状的鉴别诊断包括门静脉分流。

血检只显示白细胞数轻度升高：18.06×10^9 个 /L（5.50 ～ 19.50）。碱性磷酸酶升高：5.611μkat/L（0.17 ～ 1.53）。BUN 显著降低：1.071mmol/L（3.57 ～ 10.71）。

腹部超声检查证实内脏区与腔静脉之间存在血管分流。

建议对患病动物实施手术治疗。

手术

| 技术难度 | ■ | ■ | ■ | | |

腹中线开腹后，拉动十二指肠将胃肠道包块移至腹腔右侧（图1）。肝门静脉分流通常位于膈腹静脉头侧。因此，兽医应集中注意力仔细分离这个区域的血管（图2 ～图4）。

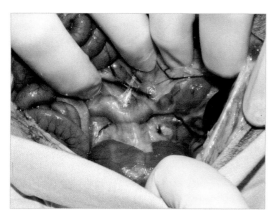

图 1　通过将胃肠道包块向右移动，暴露出左侧肾区及肾与肝之间的空间

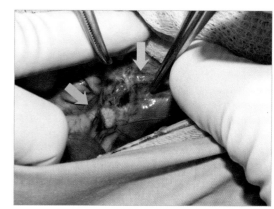

图 2　在左前区确定膈腹静脉的位置（蓝色箭头），而畸形分流血管就在膈腹静脉头侧（黄色箭头）

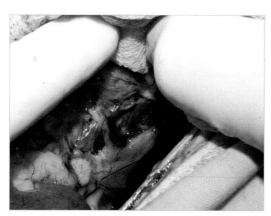

图 3　在十二指肠系膜上做一小切口，可暴露出肠系膜与后腔静脉交界处的异常分流血管

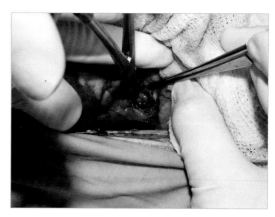

图 4　分流血管的分离要非常小心，应沿着静脉纵向进行，以防止对其造成损伤

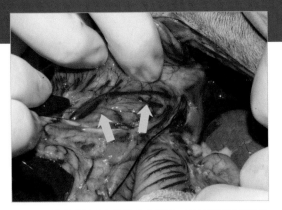

图5 沿着分流静脉血管的分布路线，可以看到分流静脉中的血液最终流向胃大弯（黄色箭头）

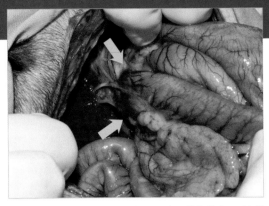

图6 分流血管起始于十二指肠近端（黄色箭头），这是胃十二指肠腔静脉的分流血管

图7 使用镊子，将渐缩环穿过血管

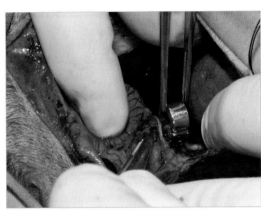

图8 用"钥匙"锁住渐缩环

腹部检查发现分流血管起源于胃十二指肠静脉（图5，图6）。回到腹腔左侧，在靠近腔静脉的分流血管周围放置一个5毫米的渐缩环（图7，图8）。

术后回访

Niko顺利地从麻醉中恢复过来，并在第二天送回主人身边。后期超声复查显示渐缩环已逐渐闭合，术后两周施行二次手术最终关闭分流血管。如前所述，药物和饮食治疗一直维持到肝门循环完全恢复。

＊ 渐缩环应放置在能够限制其移动的地方。如果过度剥离分流血管或渐缩环的放置部位不能对其进行限制，渐缩环一旦出现移动，便会导致血管扭曲，进一步会引发门静脉高压。

观看视频
门静脉分流术：渐缩环的放置

肝脏手术：肝叶切除

发病率				
技术难度				

肝切除

部分肝切除术适用于肿瘤、脓肿、破裂或肝扭转等疾病。

肝脏肿瘤

犬最常见的原发性肝肿瘤是肝细胞癌。它可呈弥漫性（影响整个肝脏）、结节性（几个结节分布在一个或多个肝叶），或最常见的肿块性。肿块性主要表现为较大的单一肿瘤，转移率较其他两种形式低。

患有肝肿瘤的动物可能无症状或表现出如呕吐、厌食、体重减轻、腹胀、嗜睡、消化不良、多尿等一般的临床症状，有的患病动物会有虚弱、神志不清或震颤等神经系统的症状。如果患病动物出现凝血功能障碍或血小板减少症（<20000 个 /μl），应在术中输全血或血浆来改善术中止血的问题。

> 术前和术后必须进行凝血试验以确定凝血酶原时间（PT）和部分活化凝血活酶时间（APTT）。

手术可摘除 80% 的肝脏，因为摘除的肝脏可以在六周内再生。

即使肝脏肿瘤体积巨大，也推荐使用外科手术进行摘除，而且往往会获得非常好的手术效果。

> 对患有大面积肝细胞癌的犬实施切除手术会显著增加患犬的预期寿命。

> 肝部分切除术的腹部术部范围通常很大，在切开前腹部时必须非常小心，避免切开膈肌导致气胸。

在肝脏手术，特别是肝肿瘤切除术中，必须小心处理肝叶，以防止肝脏被膜破裂（图1）。

在肝门的剥离过程中，应小心操作，以防止对相关动脉和门静脉分支造成的损伤。手术时软组织出血无法控制，必须采用肝蒂阻断法。外科医生用拇指和食指在网膜孔的肝十二指肠韧带处压迫肝动脉和门静脉。

> 患有肝病的动物在手术过程中可能会大量出血。必须在术前评估动物的凝血情况并采取措施控制术中出血。

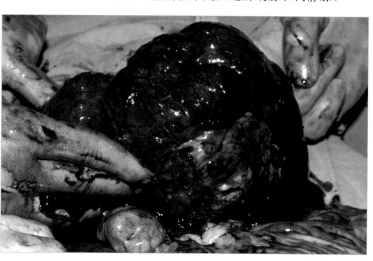

图 1　在处理被肿瘤侵袭的肝叶时必须非常小心，以防止肿瘤实质的破裂和随即可能出现的大量出血

218

病例·肝叶切除

本病例为一只 9 岁雄性可卡犬，肝癌细胞已侵袭整个左侧肝叶。

肝叶切除术可通过切开和结扎，或借助外科吻合器来完成。

即使十分小心地处理，肝脏肿瘤实质也有破裂的风险，一旦出现因破裂导致的出血，可以用局部止血剂按压，或对受损组织部位采取电凝来控制出血（图 1）。

清除所有受累肝叶上的粘连，以便完整切除肝脏肿瘤（图 2）。

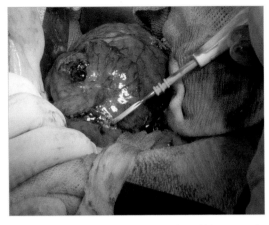

图 1　肝损伤电凝止血的临床应用。在这种情况下，可加大功率来增加止血效果

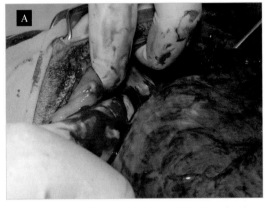

图 2　肿瘤的包膜通常与腹部的组织脏器发生粘连，如隔膜或肠段。这些粘连必须在分离被肿瘤侵袭的肝叶前来定位和剥离

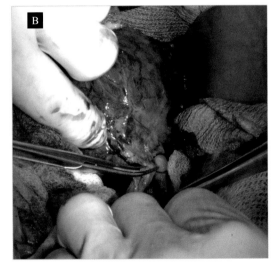

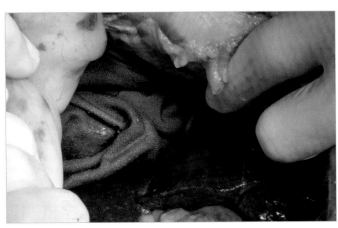

对深胸犬施行这样的手术比较困难。为了降低手术难度和更好地暴露术野，需要在肝脏和横膈膜之间垫衬潮湿的外科拭子。这样会使肝脏更接近腹部切口，便于对受损肝叶实施切除（图 3，图 4）。

图 3　为了暴露肝门，可将肝脏移到离外科医生较近的位置，可通过在肝脏和隔膜之间垫衬浸过盐水的拭子的方法来完成

219

图4　将肝脏向外侧移动，这样更容易识别和分离与肝脏关联的不同组织结构：十二指肠（白色箭头）、胆总管（黄色箭头）、动脉分支（绿色箭头）、门静脉分支（蓝色箭头）

　　虽然在肝门处将与肝脏相关联的组织结构进行大面积结扎后切除肝脏的方法已经有文献报道，但我们还是建议医生对进出肝叶的每个结构分别进行分离、结扎和切除（图5～图10）。

> 预防性止血在肝切除手术的所有阶段都是必不可少的。

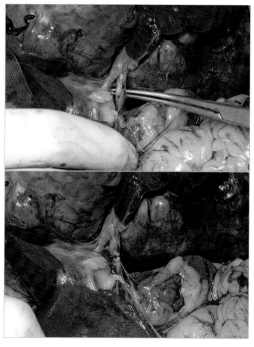

图5　用合成可吸收缝线对供给肿瘤所属肝叶的肝动脉分支进行识别、分离和结扎

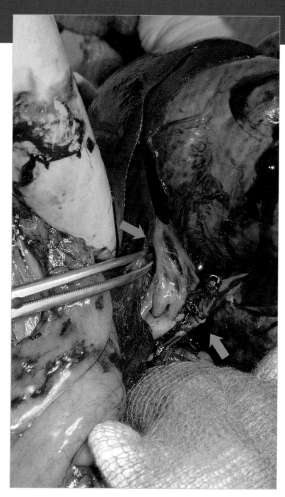

图6　这张图片显示的是肝左侧门静脉分支的解剖位置（蓝色箭头）。就像动脉结扎一样（绿色箭头）对其进行双重结扎

图7　结扎胆管（黄色箭头），结扎并切开动脉（绿色箭头）和门静脉（蓝色箭头）分支

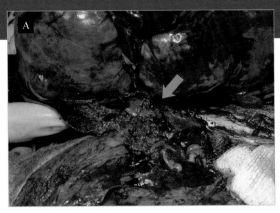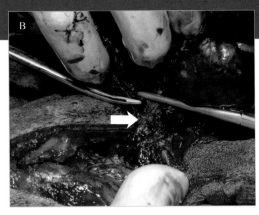

图 8 钝性分离肿瘤叶和肝脏其余部分连接处的肝实质，暴露出为肿瘤供血的肝静脉分支血管（蓝色箭头），然后将分离出的静脉和剩余的连接处的肝实质一并进行结扎（白色箭头）

图 9 肿瘤切除后，必须检查肝门处的止血情况

221

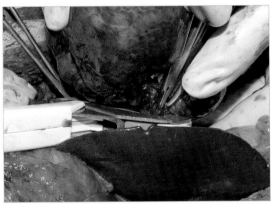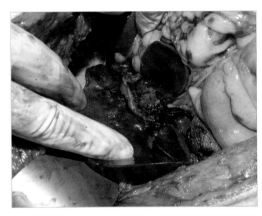

图 10 肝实质和静脉可以使用手术吻合器进行预防性止血。本病例中使用了一台 TA 90 吻合器。在切开静脉和肝脏实质时，必须检查该区域是否有出血。如果观察到出血，必须使用双极或局部止血剂对出血加以控制

观看视频
肝叶切除术

患有肝细胞癌的动物，在手术后生活质量有了显著提高，主人经常说他们的狗在术后变得活泼了。

壁内输尿管异位·输尿管膀胱吻合术

发病率 ▮▮▮□□□

在尿失禁的病例中，尤其是年轻的动物，输尿管异位这个病因不能被忽视。鉴别诊断时，需要通过排泄性尿路造影来排除（图1～图3）。

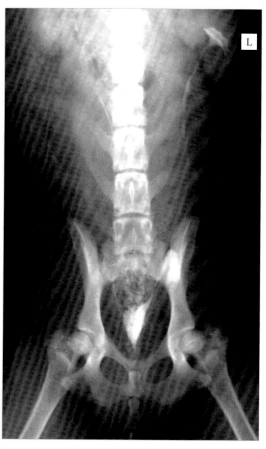

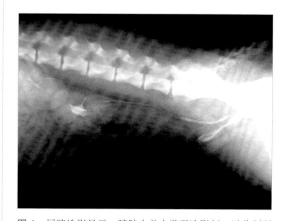

图1　尿路造影显示，膀胱中并未发现造影剂。以此判断输尿管没有终止于膀胱

图2　正常情况下造影剂可直接通过尿道排出体外，若患病动物有间歇性尿失禁的临床表现，则会有部分造影剂流回膀胱的现象出现

尿路造影很难区分壁内和壁外输尿管异位。这项技术只会揭示输尿管位置的异常和可能对泌尿系统产生的影响。

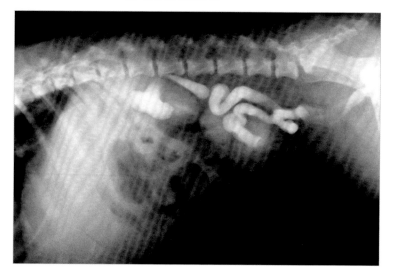

图3　这是另一个病例，输尿管未终止于膀胱。尿潴留导致输尿管和肾盂扩张、积水

膀胱输尿管吻合术

技术难度 ███ ░░

手术技术

　　脐孔致耻骨前缘沿腹中线开腹，暴露膀胱并将其隔离固定（图4）。在膀胱顶部置入牵引缝合线，通过牵引缝线向尾侧牵拉暴露出膀胱背侧和基底部。然后确定输尿管的膀胱远端通路及其在膀胱中的插入点（图5～图7）。

> ＊ 输尿管的分离应小心操作，因为它们周边的脂肪组织中包含了血供。如果该组织受损，可能会使膀胱出现缺血和坏死，最终导致手术失败。

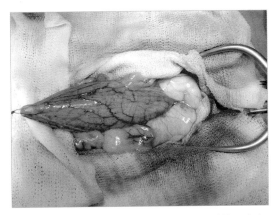

图4　为了清楚地观察到术野内组织的解剖结构（膀胱、输尿管和尿道），可使用gelpitype组织牵开器，并在膀胱顶端放置牵引缝线

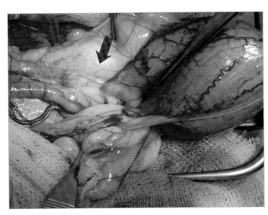

图5　暴露膀胱的背侧可观察到输尿管的走向及其插入膀胱的位置。图片左侧正中可见左侧输尿管的远端通路（灰色箭头）

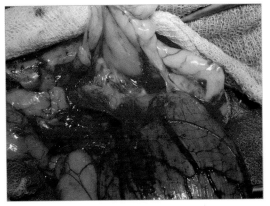

图6　仔细分离左侧输尿管远端部分，发现它最终进入膀胱壁。这是一个壁内异位输尿管

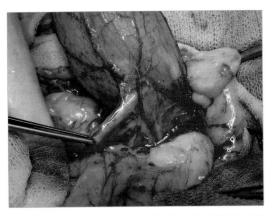

图7　右侧也是一个壁内异位的输尿管。输尿管虽然在正确的位置进入了膀胱，但它是闭合的

接下来，将膀胱恢复到其解剖位置，切开膀胱壁暴露出三角区（位于输尿管口和尿道基底部之间的区域）（图8，图9）。

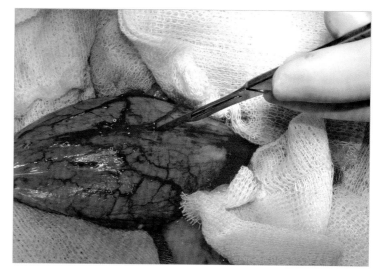

图 8 膀胱切开术是在膀胱基底部腹侧区进行的，切开时要注意不要损伤膀胱主要血管

224

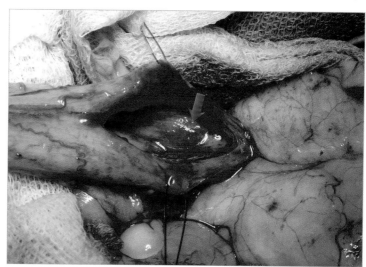

图 9 使用 4/0 的单股缝合线放置在切口两侧，通过向两侧牵引缝线使膀胱切口保持开放，如图所示。在这个切口区域内，输尿管口应该是可见的，但在此病例中并没有看到。箭头所示为正常情况下左侧输尿管开口的区域

为了便于确定输尿管开口的位置，可将尿道用 Penrose 引流管系住或进行人工压迫（图10），尿道外通道被阻断后，尿液在输尿管中积聚。输尿管扩张有助于确定输尿管造口的位置。用精细手术刀切开膀胱黏膜，直达扩张的输尿管（图10）。

 定期用温无菌盐水冲洗组织。

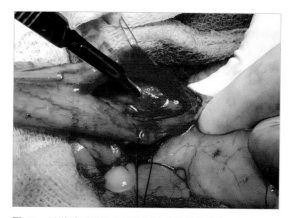

图 10 尿道受到压迫会导致尿液在输尿管蓄积，这有助于确定通向输尿管的膀胱黏膜切口位置

然后用 5/0 单股合成可吸收缝线，以简单的间断结节缝合方式将输尿管黏膜缝合到膀胱黏膜上（图 11，图 12）。

所有用于尿道的缝合线都应该是单股（以避免产生毛细管效应，加剧漏尿和细菌污染的风险）且可吸收的（以防止形成尿结石和异物组织反应，它们可导致缝合部位过度纤维化和脓肿的产生）。

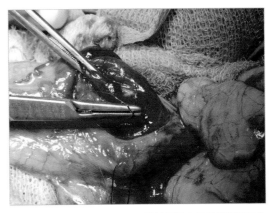

图 11　在打开左侧输尿管后，将输尿管和膀胱黏膜用细的单股可吸收缝线进行间断结节缝合

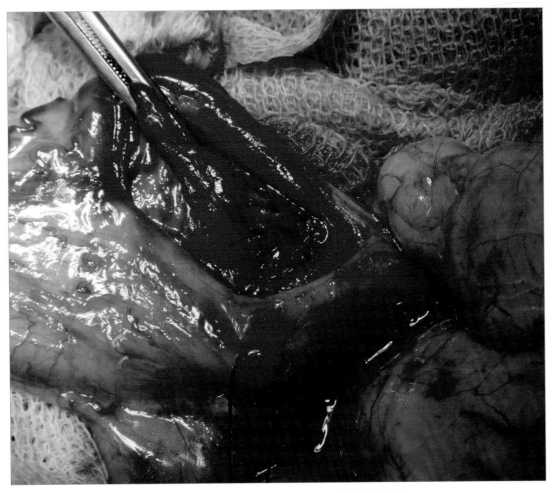

图 12　输尿管造口术的术后效果。采用 5/0 单股合成可吸收材料，做 5 个间断结节缝合

在膀胱黏膜施行双侧输尿管造口术，通过输尿管在膀胱的造口将一根短而硬的导尿管插入输尿管。这样可以触诊到输尿管的外段（图13）。

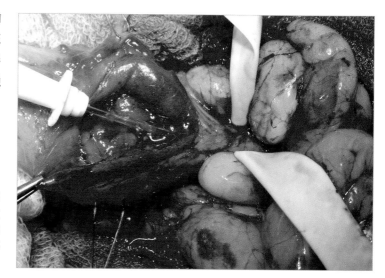

图13　下一步，应将输尿管异位部分缝合，以避免尿液进入腹部。通过输尿管在膀胱的造口插入猫用导尿管，以确定导尿管能够沿着尿道的路径顺利插入

在输尿管外段周围用4/0合成不可吸收缝合线进行缝合，防止尿液从膀胱流到输尿管异位部分。为了确定缝合的合适位置，并确保缝合深度不涉及尿道，缝合前可使用一个大号的厚管壁导尿管插入尿道做定位（图14）。

图14　在盲置用于封闭与尿道平行延伸的输尿管外段的缝合线时，应避免缝合涉及尿道，必须同时在输尿管和尿道中分别插入导管。借助输尿管插管的引导，在输尿管远端放置一根缝线。在拉紧绳结之前，将插管取出

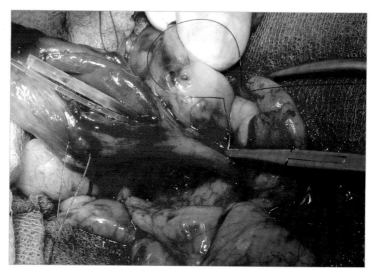

❋　为了便于识别平行于尿道的输尿管，应在两条管道中都放置导管。

结扎异位的输尿管部分后，膀胱的切口分两层关闭（图15～图17）。

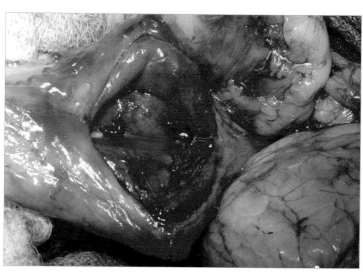

图15　导尿管需在膀胱内留置24小时

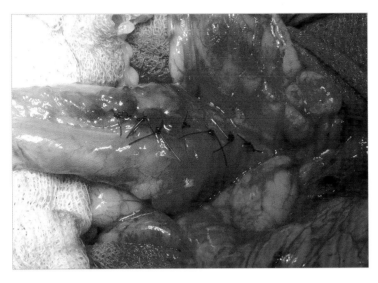

✳ 膀胱可用大网膜包裹以促进愈合，减少与邻近器官粘连的风险。

图 16　膀胱切口使用单股可吸收缝线以标准方式关闭

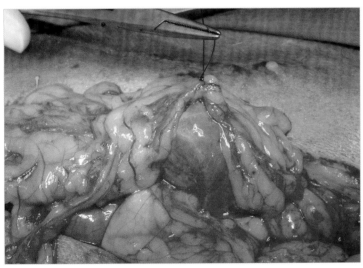

227

图 17　在腹部中空器官的手术中，中空器官通常被网膜所覆盖

术后留置导尿管 24 小时，以避免膀胱过度膨胀，导致缝合线裂开。

观看视频
输尿管膀胱吻合术

　　24 小时后拔除导尿管，进行抗生素治疗（基于微生物培养和药物敏感性实验的基础上）持续两周。

　　患病动物的尿失禁症状将在术后几天内得以改善。尽管如此，仍有一小部分病例会出现漏尿，主要原因是膀胱颈神经肌肉麻痹或膀胱愈合不全。若出现这种情况，可使用苯丙醇胺来治疗。

病例·壁内输尿管异位

Sara 是一只六个月大的母斗牛犬。

主人在它很小的时候就一直注意到它有小便失禁的情况。此前，它曾因复发性尿路感染接受过多种抗生素的治疗。Sara 在散步时小便正常，但它的会阴区总会被尿液弄湿（图 1）。

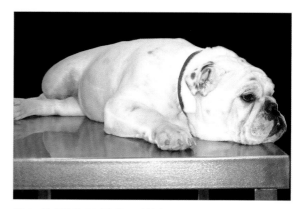

图 1　这是狗狗在医院第一天的表现

体检和血液检查没有发现任何异常。会阴检查显示尿淋沥，外阴湿润（图 2）。

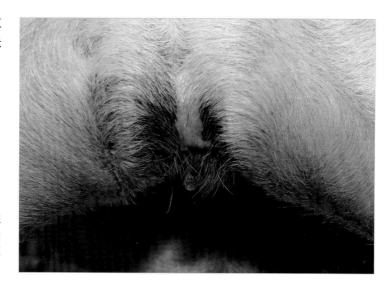

图 2　这张图片显示了患病动物的尿失禁。会阴区被尿液染成黄色。由于气味难闻，主人不得不对这个区域进行定期清理

晚上，当犬躺着或者睡觉的时候这种症状会更加严重（图 3）。

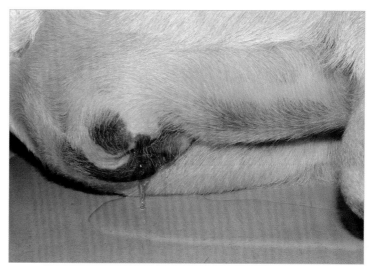

图 3　躺下时由于腹部对膀胱的压挤，尿失禁的情况会更加严重。注意当狗狗躺在医院候诊室时因尿失禁而流出大量尿液

228

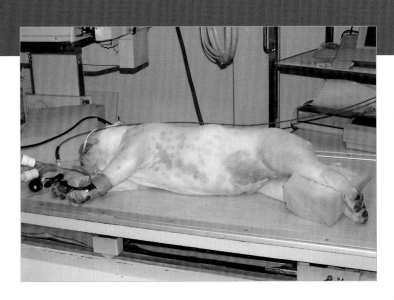

为证实输尿管异位的诊断，需在全身麻醉后施行排泄性尿路造影术（图4～图7）。

图4 在全身吸入麻醉下进行排泄性尿路造影，以观察输尿管和尿道的置入情况

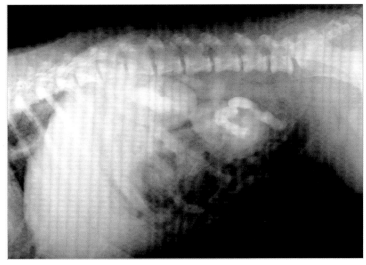

图5 通过不同时间点拍摄的一系列X光片来观察造影剂在尿路系统的消除情况

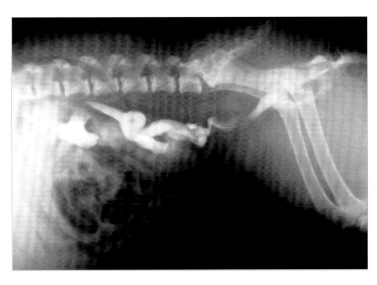

图6 尿潴留会导致中度输尿管扩张和肾盂扩张。造影剂不会在膀胱内积聚，而是通过逆行流入阴道

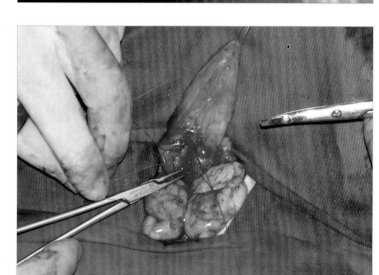

图7 为了更好地观察该区域的结构，可对膀胱做空气造影（阴性造影）。这样可清晰地观察到输尿管终止于尿道。由于尿液反流，可观察到阴道内充满了阳性造影剂

进行脐下剖腹探查。在确认输尿管异位于骶管内后，在膀胱三角区打开膀胱暴露输尿管开口处（图8）。

图8 在膀胱三角区打开输尿管到膀胱的入口后，用5/0单丝可吸收缝线将输尿管黏膜缝合至膀胱黏膜上完成输尿管造口术

术后，使用阿莫西林/克拉维酸（参照尿路微生物培养和药敏实验结果），按15mg/kg/12h，持续治疗2周。

术后回访

从术后第一天开始，Sara尿失禁的情况得以逐渐改善，7天后完全消失（图9）。在对它持续4年的术后观察中，尿失禁的症状再未出现。

图9 手术后7天，即使在腹内压升高的情况下，患病动物也未出现尿失禁

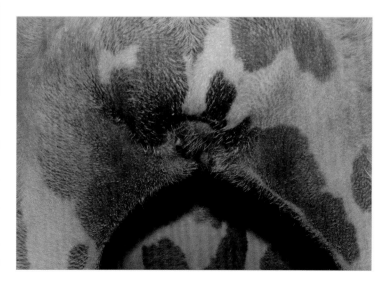

230

壁外输尿管异位 · 新型输尿管膀胱吻合术

技术难度 ■■■■□

手术技术

脐下至耻骨前缘开腹，确定膀胱和输尿管的位置（图1）。

观看视频
新型输尿管膀胱吻合术

> ✳ 为了便于对膀胱的手术操作，可在膀胱顶预置单股丝线进行牵引。

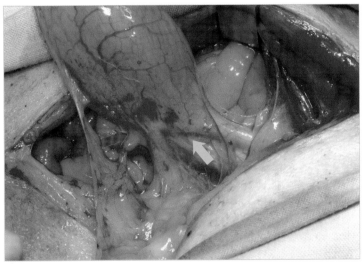

图1 右侧输尿管似乎以正确的解剖位置进入膀胱（灰色箭头），但仔细观察发现，它与膀胱平行，并最终进入尿道（橙色箭头）

一旦找到输尿管，可在其远端1/3处进行分离，这样可使输尿管移动，便于观察输尿管的插入点（图2）。

> ✳ 分离输尿管时应小心谨慎，以免损伤输尿管周围脂肪组织，因为脂肪组织中含有进入输尿管的血管。

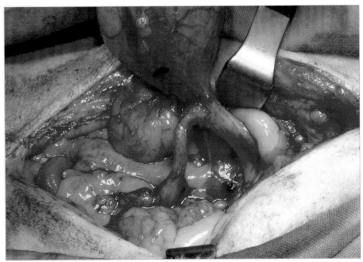

图2 对右侧输尿管的远端分离可确定其终止于尿道近端

然后在输尿管最远端放置两个结扎线（近端结扎线需保持较长时间），并在两者之间切断输尿管（图3，图4）。

图3 远端结扎尽可能靠近输尿管的插入点，以避免异位输尿管部分充满尿液。近端结扎的一端需保留

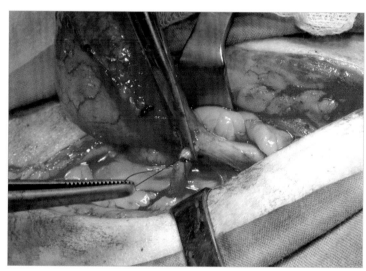

图4 在两根结扎线之间切断输尿管

如果双侧输尿管均发生了异位，则需对另一侧输尿管施行同样的手术（图5）。

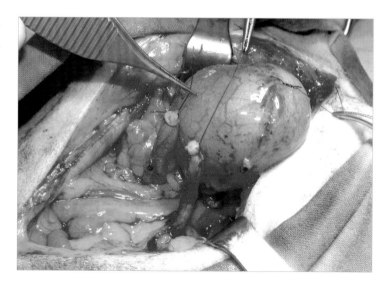

图5 被植入膀胱之前被切断和结扎的异位输尿管。左侧输尿管较右侧的扩张严重

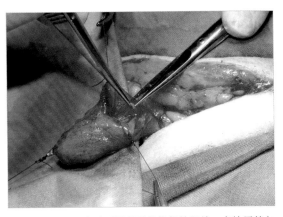

在手术的下一阶段，膀胱穿刺排空，并在膀胱尾侧基底部切开膀胱。在切口边缘放置两根牵引缝合线，保证切口是持续开放的。在膀胱三角区，左右输尿管与膀胱交界处的膀胱黏膜上切下两块小的圆形组织（图6，图7）。

> ✱ 应在血管较少的区域切开膀胱

图6　膀胱切开术用两根牵引缝线保持开放。在输尿管与膀胱交界的位置，切除膀胱黏膜的小块组织，打开输尿管与膀胱间的通道

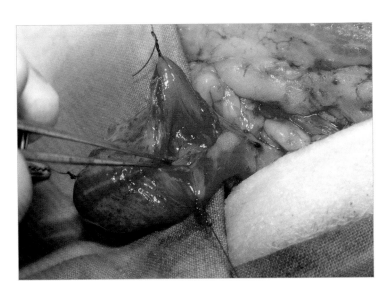

图7　左侧输尿管与膀胱连接处的膀胱黏膜上切除小块组织后的外观

通过膀胱黏膜上的缺损，在膀胱壁上用细的止血钳沿着头侧做一个斜的通道（图8）。

图8　对准膀胱顶端，通过膀胱黏膜的缺损用止血钳斜向穿透膀胱壁

通过穿透膀胱壁的止血钳钳夹同侧输尿管结扎的预留缝合线端（图9），将输尿管在无张力的情况下拉入膀胱（图10），然后在靠近结扎部的附近切开输尿管。

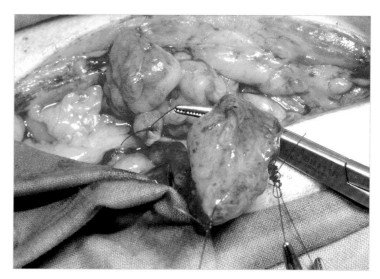

图9　通过膀胱壁斜向穿出通道后，用止血钳钳夹住预留在输尿管上的缝合线端

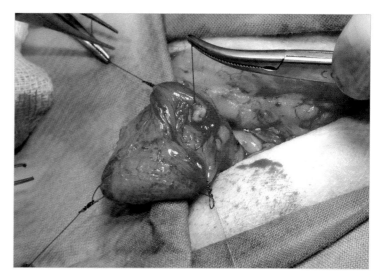

图10　将输尿管拉入膀胱，然后将结扎后的输尿管远端切除

吻合术采用简单的间断缝合，用带有圆针的5/0或6/0单股合成可吸收缝线将输尿管与膀胱黏膜做间断结节缝合（图11）。

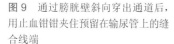　施行吻合术时不要形成输尿管和膀胱两层黏膜间的空腔，以防止尿液回流到肾脏。

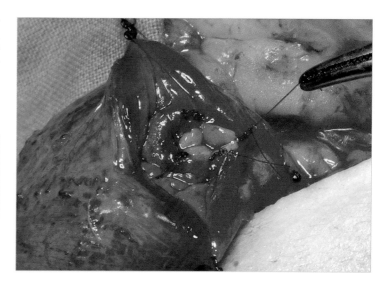

图11　输尿管膀胱吻合术用6/0单丝合成可吸收缝线做间断结节缝合

在另一侧重复同样的操作将输尿管插入膀胱。如果输尿管不扩张且直径较小，则可在其管壁上作纵向切口扩大吻合口（图12）。然后按照前面介绍的方法进行输尿管吻合（图13）。

> 若输尿管因尿潴留而扩张，其管腔较宽，这样易于缝合。如果在输尿管没有积水且直径较小的情况下，建议通过斜切或做一个短的纵向切口来扩大输尿管远端待缝合的部位。

输尿管用相同的缝合材料用两根缝线连接在膀胱壁外，以减少因输尿管逆行而导致吻合口裂开的风险（图14）。

关闭膀胱，并覆盖网膜，以防止可能的尿漏或与其他腹部器官的粘连（图15）。

在关闭剖腹手术的伤口之前，腹腔要用温的无菌盐水冲洗，以去除手术过程中可能污染腹膜的任何尿液。

在手术后的24～36小时，导尿管要放在膀胱内，以避免膀胱过度膨胀。

术后至少2周提供抗生素保护层。

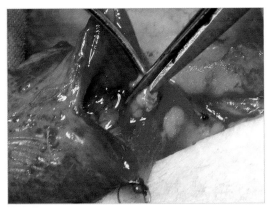

图12 为便于对输尿管和膀胱间进行缝合，可在输尿管壁上做一个短的纵向切口来扩大输尿管直径

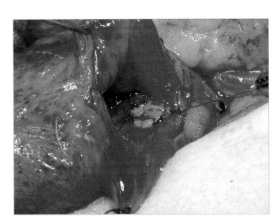

图13 右侧输尿管与膀胱交界处缝合后的最终外观。需要5～6根6/0单股可吸收缝线做间断结节缝合

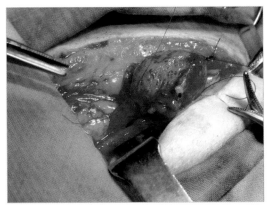

图14 输尿管应附着在膀胱壁上，这样可以防止输尿管逆行滑脱和吻合口的裂开

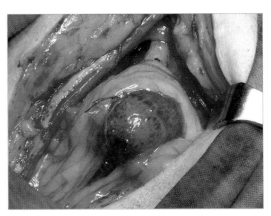

图15 用3/0单股合成可吸收缝线闭合膀胱切口，然后用大网膜包裹膀胱，以防止形成尿瘘和发生腹部粘连

病例·壁外输尿管异位

Pinchi 是一只一岁大的雌性比熊犬，从小一直有尿失禁的症状，除了会漏出少量尿液外，它还会在外出散步时随意排尿（图1，图2）。

兽医怀疑 Pinchi 出现的问题可能与输尿管异位有关，并建议它去医院做一些必要的检查。

尿路超声检查显示，双侧输尿管均未终止于膀胱；其中一条通向尿道近端，而另一条则通向超声无法识别的尿道远端；左肾和输尿管因尿潴留而扩张。排泄性尿路造影的结果证实了超声的判断，并且定位到了输尿管在尿道远端的插入点（图3～图7）。

图1 Pinchi 从出生到现在一直有漏尿的情况

图2 由于不断地滴尿，所以会阴区总是湿的

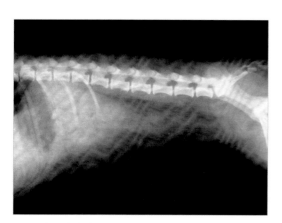

图3 在 X 光片中定位腹部器官，并确认没有粪便或气体造成的干扰

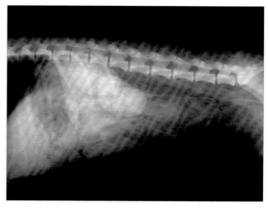

图4 静脉注射造影剂碘海醇后立即进行 X 光检查。肾脏在显影剂的作用下其结构轮廓可以清晰显现

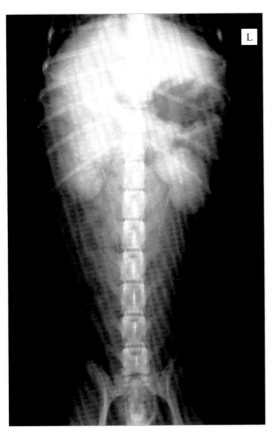

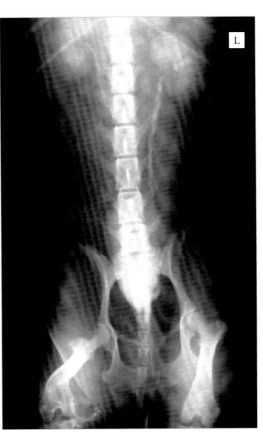

图 5　肾脏形态正常且输尿管终止于盆腔

图 6　在盆腔内仔细观察，可发现双侧输尿管绕过膀胱三角区并插入尿道

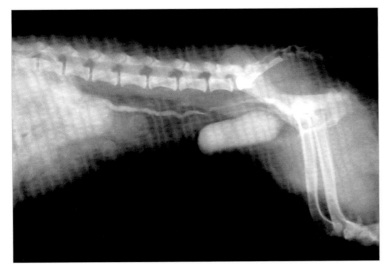

这些检查结果表明，导致尿失禁的原因是双边输尿管异位，且根据输尿管末端影像的特点来判断，壁外输尿管异位的可能性较大。

图 7　图中清楚地显示了右侧输尿管的插入点在尿道近端，而左侧输尿管的插入点在尿道远端。左侧输尿管也因为积水而出现了中等程度的扩张

手术技术

从脐下腹中线开腹，然后仔细地分离远端输尿管，注意保护富含血管的输尿管周围脂肪组织。分离后，尿道内输尿管的插入点清晰可见（图8）。

确定输尿管异位为双侧壁外，然后采用手术方法将输尿管置入膀胱三角区（图9，图10）。

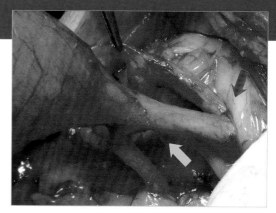

图8 右侧输尿管的插入点在尿道近端（橙色箭头），而左侧的插入点在远端（灰色箭头）

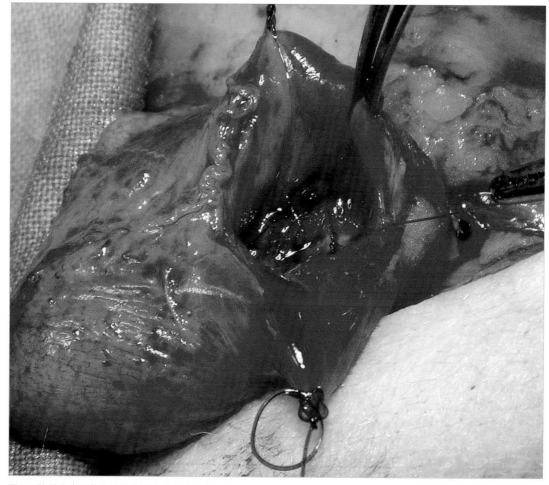

图9 按前文介绍的方法将输尿管通过膀胱壁相应的斜通道导入膀胱后，用6/0单丝合成可吸收缝线在输尿管和膀胱黏膜间进行间断结节缝合

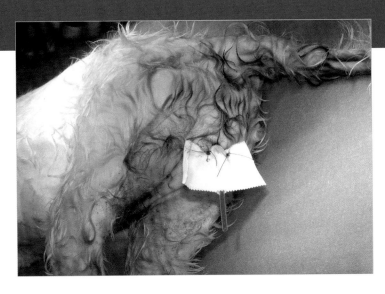

图 10　术后 24 小时，留置导尿管以避免膀胱过度膨胀

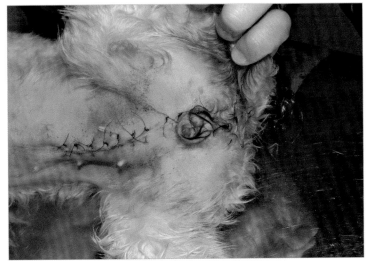

图 11　术后没有出现漏尿，所以会阴区是干燥的

随访

术后 3 天，患病动物未出现尿失禁症状，会阴区干燥（图 11）。然而，宠主注意到在狗躺下的时候还是有漏尿。

通过膀胱穿刺术获得的样本进行尿液培养和药敏试验，并据此制定后续的治疗方案。总体来讲，愈合进展较为顺利，尿失禁的状况得以明显改善，但没有完全消失。腹部超声检查发现左侧输尿管明显扩张，有明显的积水。医生建议将输尿管重新置入膀胱或摘除受影响的肾脏，但宠主拒绝再做任何手术。

在所有异位输尿管病例中，应提醒宠主，尽管手术是成功的，但由于尿路的其他异常，如膀胱膨胀性不足或膀胱括约肌张力不足，仍可能出现一定程度的尿失禁。

食管裂孔疝

发病率

食管裂孔疝是一种先天性食管裂孔疾病，它会导致腹部食管部分和胃进入胸腔。

一旦腹部食管和胃进入胸腔，就会引起食管下括约肌的张力下降，从而导致食管反流、食管炎和继发性巨食管症等病症出现（图1，图2）。

任何品种的犬均会出现食管裂孔疝，根据笔者的经验，沙皮犬、英国斗牛犬和法国斗牛犬更为多见，而猫少见。

1岁以内的患病动物会有明显的临床症状。最常见的症状是反胃，也包括一些其他症状：

- 呕吐。
- 吞咽困难。
- 厌食。
- 流涎。
- 呼吸系统症状。
- 体重下降、生长阻滞等。

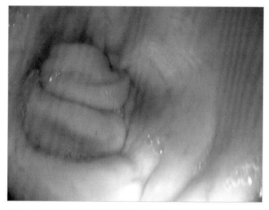

图1　食管裂孔的内窥镜图像。注意不常见的食管裂孔宽度、食管黏膜皱褶和胃反流引起的食管炎。本例为胃食管套叠

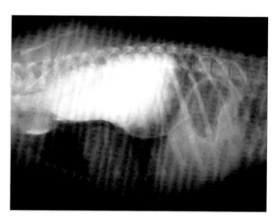

图2　食管裂孔疝导致的巨食管症。巨食管也可能是原发性的，诊断时需谨慎

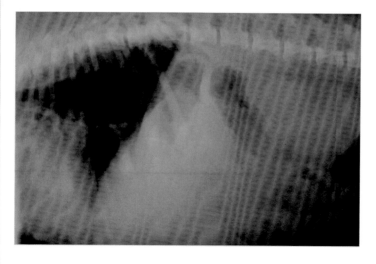

诊断

由于大多数裂孔疝是滑动的，所以仅通过X光平片无法对裂孔疝做出准确判断。在X光片上虽然看不到腹部脏器的位置变化，但食管远端的扩张并蓄积空气可能是这种疾病的迹象（图3）。

图3　裂孔疝病畜的X光平片。注意食管远端靠近膈膜处的扩张和腔内积聚的空气

240

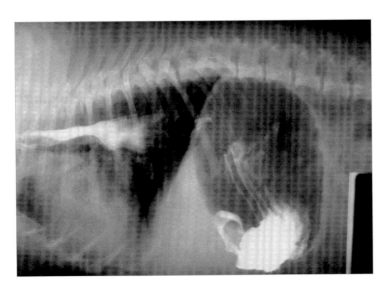

造影剂有助于更好地显示由疝引起的原有解剖位置的改变（图4～图6）。

图4　通过水溶性造影剂造影，可见食管远端的扩张，以及在食管括约肌尾端内存在的胃黏膜皱褶

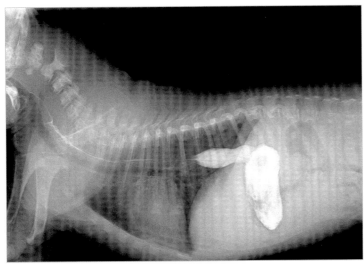

图5　1只5个月大的斗牛犬裂孔疝的图片。注意膈肌前食管的扩张、食管裂孔的宽度和裂孔内胃黏膜皱褶的存在

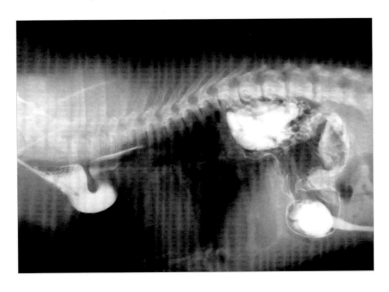

图6　这个病畜因为有一个大的裂孔疝，导致胃的一部分通过裂孔进入胸腔

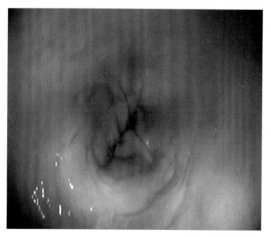

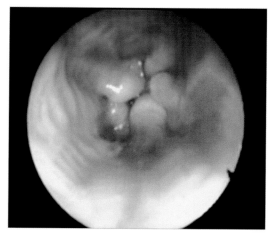

食管胃镜（图7～图9）是最可靠的检查方式，因为它可以直接观察到：

- 胃反流引起的食管炎。
- 食管尾端括约肌的宽度。

- 在食管腔内的胃黏膜皱褶。
- 从胃内逆行观察时，贲门不能紧贴内窥镜。

图7　食管裂孔疝的食管镜检查。显示由胃反流、食管侧方移位和由于食管下括约肌张力变差而引起的食管炎

图8　在猫食管裂孔疝的病例中，食管腔内可见胃黏膜皱褶，在食管远端也有食管炎的表现

远端食管炎并不常见。

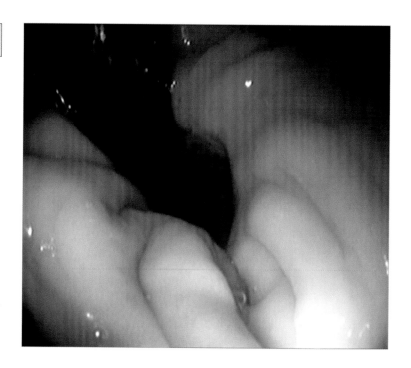

图9　食管镜在胃内逆行观察贲门时，若贲门口不能紧贴食管镜，表明动物患有裂孔疝

治疗

治疗的目的是

■ 改善反流症状。

■ 恢复食管下括约肌的功能。

■ 防止由食管炎引起的吸入性肺炎及溃疡和瘢痕组织等引起的并发症。

所有病例都应先进行药物治疗，若效果不佳，可采取手术治疗。

药物治疗应基于：

■ 低脂肪饮食提高远端食管括约肌张力。

■ 抑制胃酸分泌（奥美拉唑，1 ～ 1.5mg/kg/24h）。

■ 胃黏膜保护剂（硫糖铝，0.5 ～ 1g/8h）。

■ 缩短胃排空的时间（甲硝唑，0.2 ～ 0.5mg/kg/8h）。

■ 有吸入性肺炎的病例应使用广谱抗生素。

> 检查肺部，若发现吸入性肺炎，应当马上进行治疗，并且这样的治疗应在手术前持续进行。

如果临床症状在药物治疗一个月后仍然存在，或者频繁复发，应采取手术治疗。

技术难度				

通常，在手术治疗这种疾病时会使用多种外科技术的组合。需要考虑的手术方案包括食管裂孔缩小和折叠、食管固定术、左侧胃底固定术，以及在严重食管炎的情况下，在胃内放置饲管以避免食物通过食管。

> 人医中应用的抗反流技术在动物体上效果并不好。

手术方法

脐上腹中线切口沿头侧延伸至剑突左侧。将左侧肝叶向中间位置移动，即可暴露出食管裂孔（图10）。

> 为了能够使肝脏的左外侧和中间肝叶向右侧移动，可以将肝被膜头侧与膈肌间的三角韧带切断。

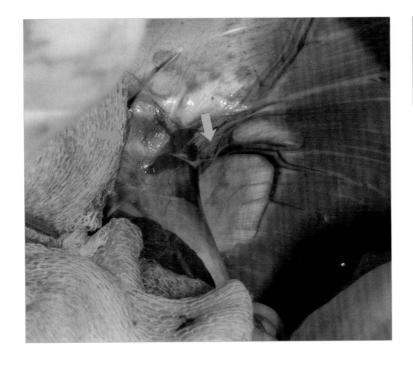

图10 将肝叶向右移位动并用盐水浸湿的纱布块进行固定和保护，这样可以观察到食管裂孔的位置（绿色箭头）。蓝色箭头指示处为膈肌与肝脏间的血管

插入口径为 6 ～ 12mm 的胃管，以定位腹腔内的食管部分和胃（图 11）。

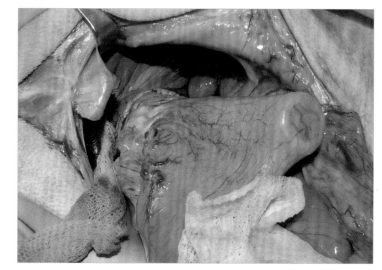

图 11　插入大口径的胃管有助于识别食管和贲门的正确的位置。这只法国斗牛犬使用了一根 10mm 的管子

减少食管裂孔的皱褶

向动物体的尾侧牵拉胃，分离并切开膈肌与食管间的韧带。

为了协助胃的操作并避免对胃区的血管和神经造成损伤，在切开膈食管韧带前可在腹部食管的周围放置血管带或 Penrose 引流管（图 12）。

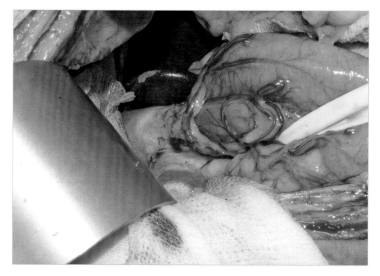

图 12　Penrose 引流管放置在腹部食管的周围。这是一张膈食管韧带切开前的图片

接下来，在食管裂孔的腹侧（接近术者的位置）弧形切开连接食管和膈肌的韧带（切口大于 180°）；这会导致胸腔的开放，所以此时应开始间歇性正压通气（图 12，图 13）。

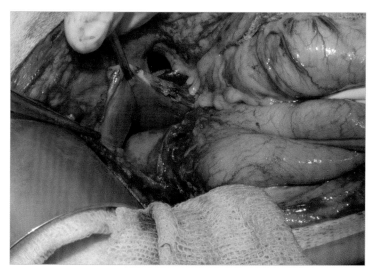

图 13　在食管裂孔腹侧切开膈食管韧带，使食管回到正确的位置，并将食管裂孔缩小到正常大小。注意这个病例的食管裂孔很大

✳ 这个阶段的操作要特别小心，以免造成食管的供给血管或迷走神经干的损伤。

通过胃的拉动，会使大约 2 ~ 3cm 的胸腔食管进入腹腔。这会增加食管远端的外部压力，从而降低胃食管反流的发生概率。

将胃拉向尾侧，食管放置在脊柱旁，折叠并缩小食管裂孔。

应特别注意，操作过程中不能造成食管背侧和腹侧的迷走神经干损伤。

用带有圆针的单丝可吸收缝线在食管裂孔的周围做水平褥式缝合来缩小裂孔。注意不要损伤膈血管、腔静脉或迷走神经干（图14）。

经缝合，缩小后的食管裂孔直径：猫和小型犬应在10mm 左右；中型和大型犬应在 10 ~ 15mm。

缩小胃管与周围组织的间隙，避免食管裂孔过度狭窄。

图14 用 3/0 单股可吸收缝线（蓝色箭头）做两个水平褥式缝合，以闭合食管裂孔的腹侧（绿色箭头）。应特别注意不要损伤沿食管（黄色箭头）运行的迷走神经和周边的腔静脉（白色箭头）

食管固定术

食管固定术是指，用简单的间断结节缝合方式将食管与食管裂孔相连。注意缝合不能涉及黏膜层（图15，图16）。

图15 通过几个简单的间断结节缝合将食管与食管裂孔连接在一起。缝线不能穿破黏膜，以免发生感染

图16 食管裂孔修补手术在膈肌区域的最终效果。注意胸段食管长度的缩减，手术后部分胸段食管会被拉入腹腔（约8mm）

胃固定术

在胃造口后的胃固定术中，胃被固定在左侧腹壁上。这种技术会阻碍食管与胃连接处头侧的运动，即压迫了食管裂孔和其通往胸腔的通道。

用手术刀做两个切口：一个在胃壁血管较少的区域，另一个在腹壁。接下来，用可吸收的单股缝线以连续缝合的方式将两个切口缝合在一起，使两个部位之间形成牢固而持久的粘连（图17～图19）。

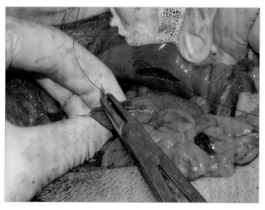

图17 加强的胃固定术
两个切口：一个在左侧腹壁，另一个在胃壁血管较少的区域

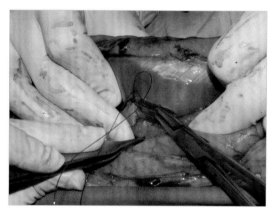

图18 用可吸收缝合线以连续缝合的方式缝合两个切口，这是一张正在进行两个切口边缘缝合的图片

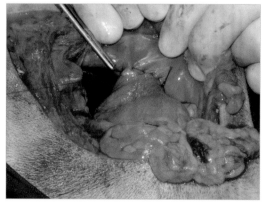

图19 加强胃固定术的最终外观。这项技术可以阻止胃向前滑动，从而减轻食管裂孔的压力

胃固定术也可以在饲管周围进行，饲管用于给严重食管炎的患畜提供食物和饮水。

完成手术

在食管裂孔缩小术、食管固定术和胸腔穿刺术的手术实施过程中，都要保证持续性的正压通气（肺通气不应超过 $10～20cm\ H_2O$）。冲洗腹腔，检查缝合线有无渗漏（图20）。腹部按标准方式闭合。

观看视频
食管裂孔疝

图20 术区灌注微温的生理盐水，在患病动物吸气时检查是否有气泡产生，以此来反应膈肌的缝合情况

术后

术后要对患病动物进行实时监测，以及时发现由气胸引起的呼吸困难；对出现呼吸困难的病例都应进行评估，以确定是否要对患病动物施行胸腔穿刺术来改善呼吸状态。

食管炎的药物治疗（抗酸剂、H_2 受体阻滞剂、甲氧氯普胺）应至少持续 4 周，吸入性肺炎的治疗也应至少持续 4 周。

> 有些患病动物在术后可能仍有反流的情况，这是由于食管炎还没有完全治愈。

应保证低脂肪含量的半流质饮食，且少量多餐地饲喂；在食管扩张的情况下，饲喂时应将食碗抬高。

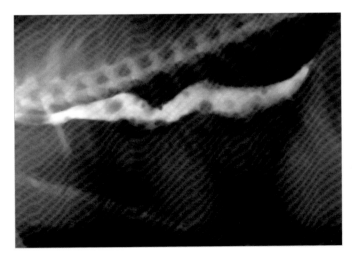

图21 食管裂孔狭窄引起的继发性食管扩张。这是一个由手术所导致的食管裂孔过度收缩而引发的医源性并发症

并发症

食管狭窄是最常见的并发症，会导致患病动物出现吞咽困难和反流。这可能是由治疗不当的食管炎引起的继发性狭窄；也可能是由于缝线穿透了食管壁全层，导致食管裂孔过度缩小或出现局部感染（图21）。为了避免这些并发症，建议使用大口径胃管标记食管，且注意在缝合时不要穿透黏膜层。

> 在没有正确暴露食管裂孔和缝合不小心的情况下，并发症就会出现；这会导致食管裂孔疝的复发或出现继发性食管狭窄。

预后

对药物治疗反应良好的患病动物，预后良好，不需要手术干预。然而，持续表现临床症状却不进行手术治疗的患病动物可能由于胃反流和严重的食管狭窄而发展为食管炎。

采用前文所介绍的技术和预防措施进行手术干预的患病动物预后良好。

247

巨食管

患病率				
技术难度				

总论

在吞咽的时候，孤束核中的神经元会产生一种神经冲动，关闭声门，放松食管上部的肌肉，并激活"原发性"蠕动收缩，帮助食物沿着食管推进。由于食物的存在而引起的食管膨胀会产生一波"继发性"蠕动收缩，以确保食物向胃 - 食管括约肌过渡。

胃 - 食管和心脏括约肌是一种功能性括约肌，并非解剖学意义上的括约肌。这种高压括约肌的主要作用是防止胃食管反流，起到对食管黏膜的保护作用。

括约肌主要受迷走神经支配，但它的收缩力会受多种因素，如胃泌素、胃的 pH 值、食物的种类（收缩力因脂肪而降低，因蛋白质而增加）或多种麻醉剂的影响。

食管扩张可能继发于食管狭窄，食管狭窄可导致食物潴留和狭窄段头侧的阻塞，通常只会影响部分食管。但也可能导致食管全长的肌肉功能紊乱，而引起整个食管的扩张。这也是本章所要讨论的主要内容。

巨食管是指明显的食管扩张，肌肉收缩不足，无法将食物沿食管向下推送。

各种类型的巨食管，食物、液体和空气都会在食管内蓄积，这会加重食管的被动扩张。食物的滞留会导致营养物质的发酵，从而引起食管壁的炎症（食管炎），而食管炎的出现反过来也会进一步加剧食管扩张和局部血液循环障碍（缺血）。长此以往，食管的慢性扩张和炎症形成了一个恶性循环。

位于食管黏膜下层和肌层间的神经丛，由于受到压迫而出现进行性去神经支配。受影响食管的进行性变化主要表现为：早期食管的蠕动收缩幅度减小，逐渐发展为对食物吞咽产生的刺激无运动反应或只有轻微反应，最终出现食管的完全"瘫痪"。

临床症状

> 患病动物难以咽下食物，且经常出现反流。

巨食管最主要的临床症状是反流。

患病动物通常营养不良，如果患有先天性疾病，甚至会出现恶病质。如果没有严重的呼吸道感染，它们的食欲通常很旺盛，经常会吃反流出来的食物（图1）。

其他常见症状包括，由吸入性肺炎而引发的发热、精神沉郁、咳嗽和黏脓性的鼻液。60% 的患病动物会伴发吸入性肺炎（图2）。

图1 患病动物通常会表现为体重下降、脱水和生长迟缓，在出现呼吸道感染时还会有精神萎靡或严重抑郁的临床表现

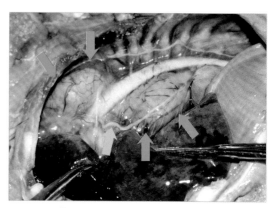

图2 吸入性肺炎在巨食管动物中很常见。
这张尸检图片显示了食管的大面积扩张（蓝色箭头）、迷走神经的位置（黄色箭头）及肺实质弥散分布的炎灶

有的病例也会表现为颈胸部扩张和积水音的出现；积水音是与呼吸同步的，这是空气和液体在扩张的食管中蓄积的结果。

返流不是呕吐。

诊断

在详细的病史收集、全面的临床检查，及明确反流而非呕吐的基础上做出巨食管的初步诊断。最终要通过 X 光片确诊。

普通胸片显示空气和食物滞留在食管内，食管扩张并造成邻近组织结构移位（图3）。通过造影可明确食管扩张的程度及波及的范围（图4）。

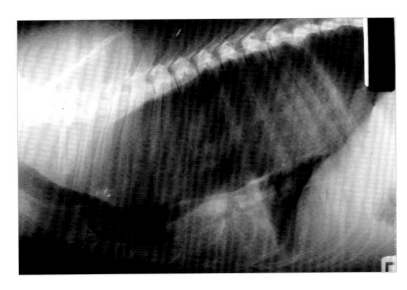

图3　成年狗的巨食管。除了明显的食管扩张外，通过 X 光片还可以看到气管和心脏的腹侧移位及严重的支气管肺炎

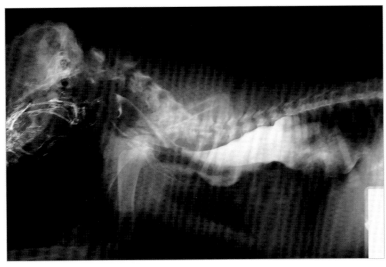

图4　使用不透明的造影剂，可以将食管的结构轮廓及扩张程度清晰地呈现出来。这是一只患有先天性巨食管的幼犬

好的造影 X 光片，造影剂应弥散分布于整个食管，这可通过饲喂钡餐后提起动物前腿来实现。这样可避免任何误诊和漏诊的出现（图 5）。

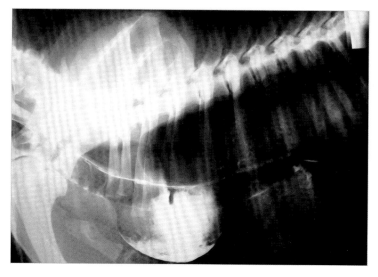

图 5　如果在贲门前食管有明显的扩张，造影剂将会停留在该区域；这种情况下影像学检查结果会与持续性右主动脉弓引起的食管扩张非常相似

先天性巨食管

先天性巨食管症的病因尚不清楚。犬的食管在受到吞咽刺激后收缩幅度减小或完全没有收缩，这意味着食管出现了麻痹或运动功能的完全丧失，而此时胃食管括约肌的收缩力是正常的。

食管的运动功能障碍可能是由于中枢神经系统中的食管运动功能控制中心——孤束核和疑核尚未发育成熟所致。一些患有先天性巨食管的幼犬在出生后 6 个月的食管功能自主恢复正常，这一事实支持了这种假设。但也有人推测其原因可能是食管壁肌层的神经丛未发育或发生了退化。

> 先天性巨食管的病因尚不清楚。

药物和饮食治疗

一些随年龄增长会自行好转的患病动物可采用这种治疗方法做辅助治疗。

饮食疗法包括给狗喂食半流质食物，分为六到八餐，喂食后保持直立姿势至少 15 ～ 20 分钟（图 6）。拟副交感神经药物（如苯甲酚或新斯的明）可增加食管的收缩幅度，并可改善部分临床症状。

若出现吸入性肺炎，可用广谱抗生素进行治疗。

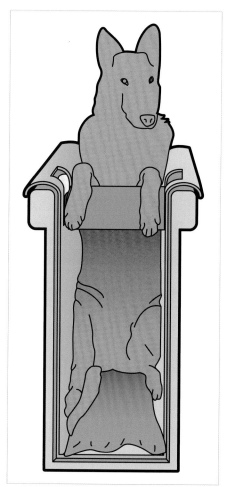

图 6　（A）患病动物应保持直立的姿态进食。在食物通过食管时，Bailey 椅能够很好地将患病动物固定在直立姿态

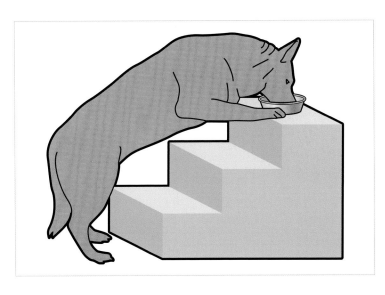

观看视频

先天性食管扩张（食管 - 贲门成型术）

图 6 （B）用抬高的饲盆喂狗，将有助于食管的清空

手术治疗

改良的 Heller 食管肌肉切开术，用于治疗人贲门失弛缓症。由于持续的胃食管反流和消化性食管炎在术后很常见，所以采用此方法治疗动物的巨食管症效果并不好。

托雷斯所描述的食管 - 膈 - 贲门成型术，是这种疾病的最佳治疗方法。

获得性巨食管症

没有任何食管病史的成年动物获得性巨食管症的病因尚不清楚，幼犬也是如此。在严重的机械性损伤（交通事故、头部外伤等）后，症状可能会突然出现。

它也可能继发于多种全身性疾病（表 1）。犬类多见于重症肌无力。其特征是位于神经肌肉终板上的乙酰胆碱受体明显受损，导致肌肉丧失收缩功能。

251

	巨食管的主要并发症是吸入性肺炎。

典型的临床症状为巨食管，约 75% 的患病动物伴有支气管炎或慢性肺炎。

治疗

在这些患病动物中，应首先查清问题的根源。接下来应该按照前面描述的饮食建议处理食管疾病，并控制呼吸系统疾病。

表 1　有巨食管症状的全身性疾病	
重症肌无力	
免疫失调	系统性红斑狼疮 多发性肌炎 多发性神经炎
退行性神经病变	
激素紊乱	肾上腺皮质机能减退 甲状腺机能减退
营养失衡	硫胺素缺乏
慢性重金属中毒	铅 铊
中枢神经系统疾病	颅脑损伤 犬瘟热 颈椎不稳 颈部多发性神经根炎

病例·巨食管

流行性		■	■	■		
技术难度		■	■			

Pepito 是一只雄性 4 个月大的德国牧羊犬。刚出生时 Pepito 是同窝中最大的一只，但现在远没有同窝其他犬的体型大，主人近几个星期发现它频繁"呕吐"，所以带它来医院就诊（图 1）。

病史调查：主述，Pepito 断奶后吃固体食物时，有像反刍动物一样反刍的表现，通常它会将"呕吐物"再次吃下。饲喂液体食物时没有这种表现。

临床观察：Pepito 走走停停，低下头，开始反呕。有时它也会反呕"白色泡沫"。

> 临床病史调查有助于区分呕吐和反流。

临床检查，未发现明显异常。尿和粪便的检查均正常，血液检查唯一的变化是，白细胞 22×10^9 个 /L（5.5 ～ 16.9）和嗜中性粒细胞 16.2×10^9 个 /L（3.0 ～ 12.0）升高。

影响学检查显示食管广泛扩张，肺部中间区域可见中度支气管肺炎（图 2 ～ 图 4）。

图 1　Pepito 的临诊表现

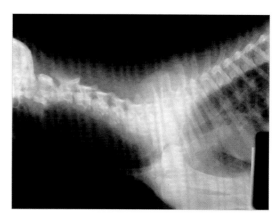

图 2　注意食管扩张和气管的腹侧移位

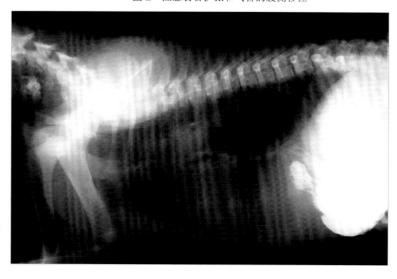

图 3　通过钡餐造影可以发现整个食管的扩张。注意造影剂在胃部沉积

252

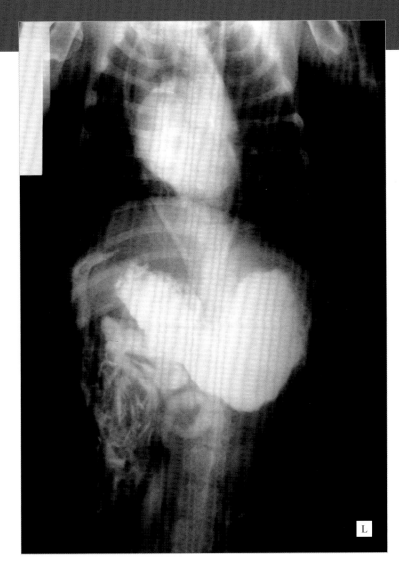

253

图4　仰卧位 X 光片可以看到食管向脊柱两侧扩张。通过这张 X 光片也可以观察到手术将涉及的胃 - 食管交界处

　　治愈肺部感染后，按照上一章节介绍的食管 - 膈 - 贲门成型术进行手术治疗（图 5 ～图 11）。

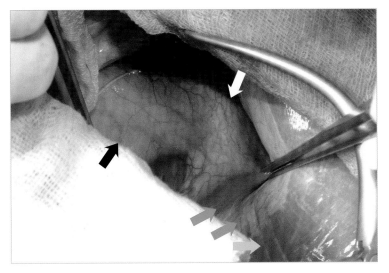

图5　左侧第八肋间隙开胸后食管裂孔的图像。扩张的食管（黑色箭头），膈食管韧带（白色箭头），食管裂孔的肌肉部分（蓝色箭头），膈肌的腱部（绿色箭头）。膈肌的外周肌肉部分（黄色箭头）

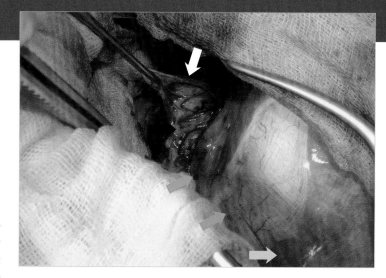

图 6　断膈食管韧带（白色箭头）可使食管移动，胃及其供血血管清晰可见（黑色箭头）。食管裂孔的肌肉部分（蓝色箭头）和膈肌腱部的大部分（绿色箭头）将被切除。膈肌的外周肌肉部分（黄色箭头）

254

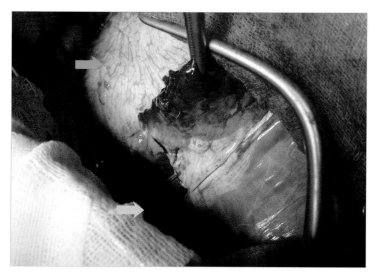

图 7　在横膈膜的腹侧和背侧（黄色箭头）边缘做两个径向切口，以扩大食管裂孔，此时，胃将会从扩大的食管裂孔中暴露出来（蓝色箭头）。接下来，切除裂孔左侧的肌肉和膈肌腱部半圆形的区域。用双极钳凝固出血血管

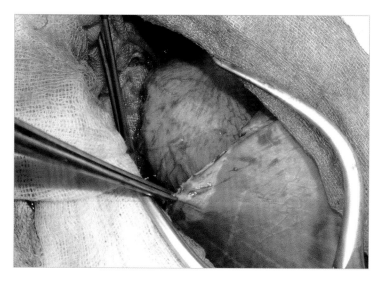

图 8　膈肌切除后的最终外观。本病例中，由于胃胀气导致食管无法暴露。为了解决这个问题，麻醉师给动物插入了胃管，通过胃管排出了胃内的气体

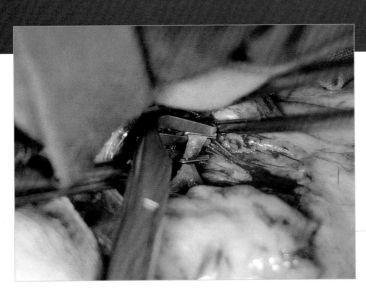

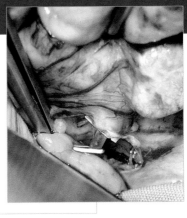

图4　使用图片中的血管夹夹住膈腹静脉，起到预防性止血的作用

用双极切开腺体周围的小血管并将其电凝止血（图5）。

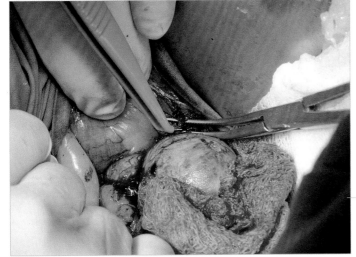

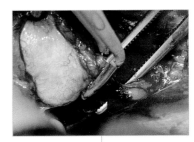

259

图5　肾上腺周围有大量的血管。肾上腺摘除前应使用双极对其进行电凝止血

切除肿瘤，在腹部器官复位和闭合伤口之前，必须确认病变切除部位的止血情况（图6）。

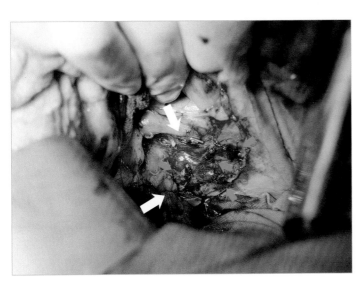

图6　在手术完成前，必须检查切除部位的止血情况。这张图片显示了用于结扎膈腹静脉的血管夹（白色箭头）和多个凝固的动脉血管断端（蓝色箭头）

有些病例，可在腔静脉内发现肿瘤栓子（图7）。这时，可阻断腔静脉，施行静脉切开术去除栓子。

出血、栓塞、腹膜炎、肾功能衰竭、感染和胰腺炎等多种并发症均可能导致患病动物在术中或术后出现突然死亡。因此，手术技术必须是完美的；必须避免栓塞的形成。

这些病例，建议用不可吸收的缝线关闭腹腔。

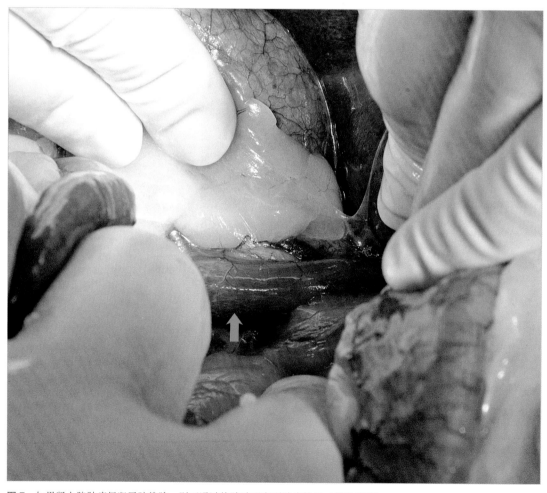

图7　如果肾上腺肿瘤侵犯了腔静脉，则可通过静脉壁观察到肿瘤栓子（箭头所指）

嗜铬细胞瘤

流行性	
技术难度	

观看视频

嗜铬细胞瘤：肾上腺切除术

嗜铬细胞瘤是一种可以影响肾上腺髓质功能的肿瘤；它可产生血管活性物质儿茶酚胺，这些儿茶酚胺可能会导致患病动物的高血压、淤血、心肌病、充血性心力衰竭、虚脱和猝死。

该病例为 1 只 9 岁的拳狮犬，主要临床症状表现为咳嗽、喘气、虚弱、厌食和呼吸困难。动脉压为 190mmHg。

> 这些患病动物应在麻醉期间实施密切的生命体征监测，以及时发现并纠正任何可能出现的血液动力学变化。

腹部 B 超显示左侧肾上腺有肿瘤；具有强弱不均的混合回声模式（也可能存在于其他肾上腺皮质肿瘤中）。嗜铬细胞瘤是高度血管化的肿瘤。

血常规和生化检查结果完全正常。受肿瘤的影响，患犬已经出现心律失常和高血压，随时有猝死的危险，所以医生建议对肿瘤实施摘除。在手术前需要对患犬所表现出的心动过速和心律失常进行药物治疗予以纠正。

> 嗜铬细胞瘤的病例，在麻醉时很容易出现心率或血压大幅度波动。

术前

为了控制心血管疾病，患者开始服用苯氧苄胺，剂量为 0.3mg/kg/12h；其目的是降低血压并使其处于控制之下。再用丙泊酚（0.05 ～ 0.1mg/kg）控制心动过速。

> ✱ 嗜铬细胞瘤的患病动物不能使用抗胆碱药、氯胺酮和甲苯噻嗪。

> 高血压可能导致术中大量出血。

在腹中线做一个长的切口打开腹腔，最大限度地暴露出左肾窝及腹部其他脏器（图 1）。

然后，在肿瘤上方切开腹膜，仔细分离周边组织（图 2）。

261

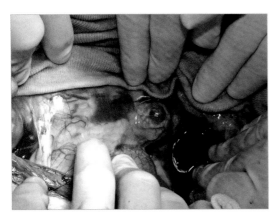

图 1　沿腹中线做一个长的切口，将肠袢推向腹腔的右侧，并用无菌生理盐水浸泡过的外科垫巾进行隔离保护。这样即可将左侧肾区完全暴露在术野中

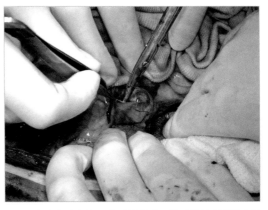

图 2　在肾上腺上切开并剥离被膜，从而暴露出被肿瘤侵袭的腺体及周围的血管

在切除嗜铬细胞瘤的手术中，最好先将膈腹静脉结扎，以防止在处理肾上腺时释放的儿茶酚胺进入血液循环系统。

肾上腺周围血供丰富，分离过程中会出现大面积的小动脉出血；在分离膈腹静脉之前，可用双极电凝止血的方法对这些小出血灶加以控制（图 3）。

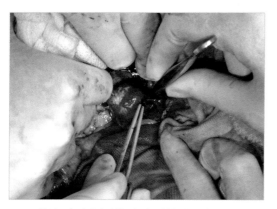

图 3 使用双极电凝控制肾上腺周围的小动脉出血

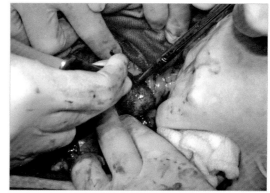

图 4 分离肾上腺和下腔静脉之间的膈腹静脉

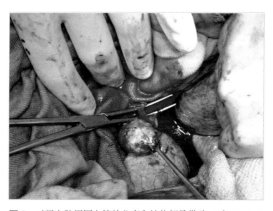

图 5 对肾上腺周围血管的分离和结扎都是借助一对 Overholt 解剖钳来完成的

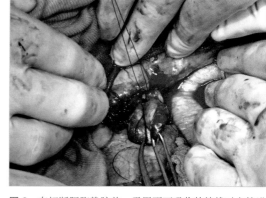

图 6 在切断膈腹静脉前，需用不可吸收的缝线对血管进行双重结扎

然后，在剥离和切除肿瘤前将膈腹静脉分离、结扎、切断（图 4～图 9）。

* 谨慎的止血是预防术后出血的重要措施。

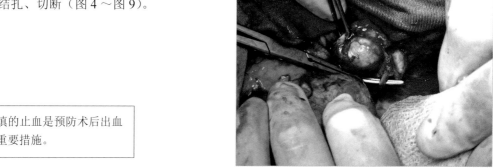

图 7 接着对膈腹静脉输入段进行分离、结扎和切断（膈腹静脉起源于腹壁流经腺体）

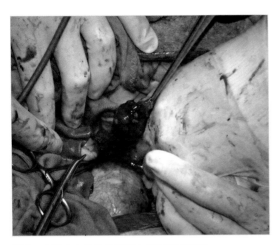

图 8　电凝止血并结扎周围血管后移除肿瘤

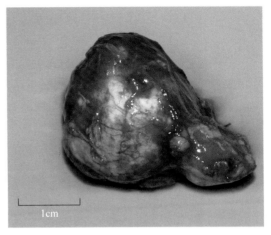

图 9　肿瘤的大小。经组织病理学证实，移除的肿瘤为嗜铬细胞瘤

　　手术结束后，在关闭腹腔前，再次检查术部止血情况（图 10）。

　　这个病例的肿瘤剥离是从肾上腺周围富含小动脉的区域开始的，由于这个区域空间不够，所以在处理膈腹静脉前必须将肾上腺移动。

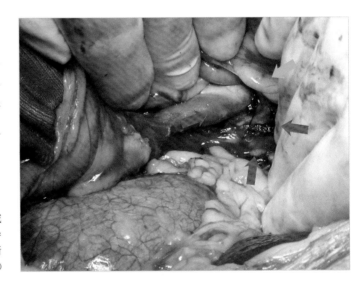

图 10　在手术结束时，应仔细检查该区域是否有出血。即使是轻微的出血，也会导致术后并发症的出现。静脉结扎（蓝色箭头）和电凝后的肾上腺小动脉（灰色箭头）

术后

　　患病动物术后恢复良好，未出现心功能异常或高血压，也无术后肾上腺皮质机能减退的迹象。术前开始的抗生素治疗持续了 5 天。

　　心血管内科的兽医承担了患病动物的随访工作，它在手术后 16 个月病情仍然很稳定。

> 嗜铬细胞瘤是肾上腺髓质肿瘤，可分泌大量的儿茶酚胺和其他血管活性肽，导致心血管、呼吸或神经系统的机能发生变化。

心脏填塞·心包切开术

技术难度 ■ ■ □ □

综述

积液或出血使心包压力升高，导致心脏填塞。患病动物表现为，心输出量下降和右心的充血性心力衰竭（心脏顺应性降低、舒张期充盈减少、输出量减少）。心脏的代偿反应表现为心率加快。然而过快的心率可能会加剧心输出量的下降，从而触发心律失常并导致冠状动脉血流量的降低。

心脏填塞的主要原因是：

- 心脏肿瘤。
- 右心房血管肉瘤。
- 特发性心包积液。

临床症状

患病动物的临床症状主要由心功能不全引起。

主要临床症状表现为：

- 心动过速。
- 心音低沉。
- 动脉搏动减弱。
- 颈静脉搏动增强。
- 毛细血管再充盈时间减少。
- 肝脏肿大。
- 腹水（蛋白质含量中等以上）。

诊断

诊断基于临床体征和胸片，胸片呈现出一个大而圆的心脏轮廓（图1）。

心脏超声证实了心包积液的诊断，心包穿刺对解除心包压力有很大帮助（图2）。

采用细针抽吸心包积液有助于确定心包填塞的病因。浆液性积液提示病因可能是肿瘤或炎症；出血性积液则提示右心房血管肉瘤或特发性心包出血。

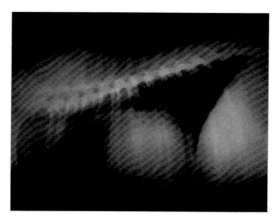

图1　5岁拳狮犬特发性心包积液的侧位X光片

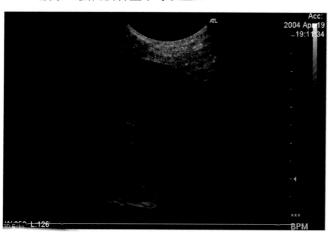

图2　右心房血管肉瘤患病动物出现的心包积液

外科手术 · 心包减压

心包穿刺术

技术难度 ▮▮□□□

心包穿刺可使用注射器或引流管，在胸腔右侧第四和第五肋间隙借助超声引导直接经皮施行（图3）。清除心包内容物会迅速改善心率、动脉搏动和外周灌注。

> 紧急情况下，可在右侧胸腔施行盲性心包抽吸。

心包切除术

技术难度 ▮▮▮□□

心包切除术是为了清除心包内积聚的液体或血液，防止动物出现右心的充血性心力衰竭和心输出量降低。

目前，心包的部分切除术是将膈神经下的心包切除。这项技术可以通过传统的开胸手术或胸腔镜来完成。

开放的心包切除术

侧开胸术可从右侧第五肋间隙开胸以暴露右心房，或者从左侧第五肋间隙开胸暴露出心脏基底部（图4）。

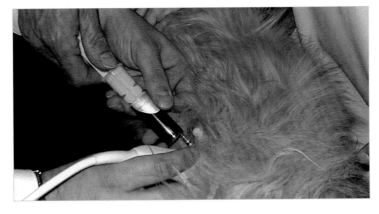

图3 在超声引导下抽吸右心房血管肉瘤患病动物充满血的心包

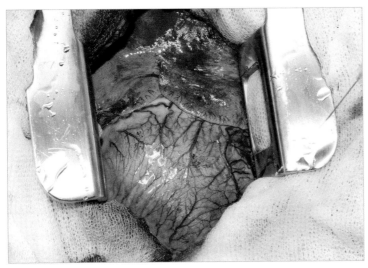

图4 左侧第五肋间隙开胸后的术野准备

265

心包扩张并增厚。在膈神经的腹侧作一个小切口，通过这个切口将心包内容物抽吸出来（图5，图6）。

图5 从膈神经腹侧切开心包（箭头所指）。切开时所造成的出血可由双极电凝加以控制

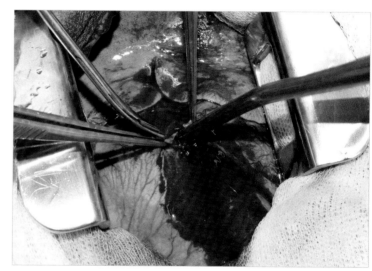

图6 一旦切开心包，就应马上将心包内容物抽吸

心包切开前，麻醉师应该警惕，因为切开心包可能会导致血流动力学的改变。

然后用电刀或双极和剪刀向头侧和尾侧扩大切口（图7，图8）。

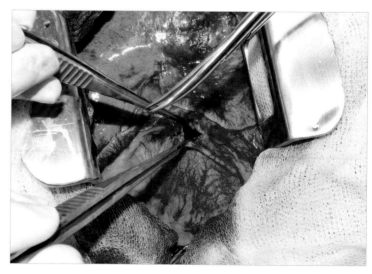

图7 在膈神经腹侧切开心包，并将切口沿着头侧和尾侧的方向扩大

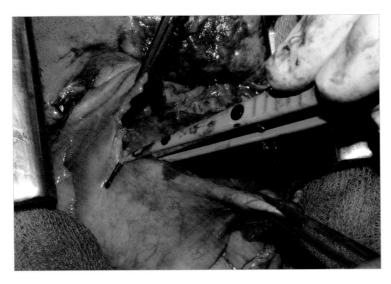

图8 在切开心包血管前采用双极电凝进行预防性止血。
注意这个患病动物所出现的心包增厚

> ✳ 若使用单极电烙止血，需避免单极的尖端触碰到心肌；可使用木制压舌板将心包与心肌进行隔离。

另一侧心包的切开是在助手的协助下完成的。助手需将心脏轻轻地提起。在此过程中，注意不要损伤另一侧的膈神经，并注意可能出现的心脏和血液动力学改变。

> 一旦患病动物的心脏监测指标出现变化，手术医生应中断手术操作，直到患病动物稳定下来。

观看视频
心包切开术

通过提起心包、肺叶和胸腺，可切除 60% ~ 70% 的心包表面（图9 ~ 图11）。

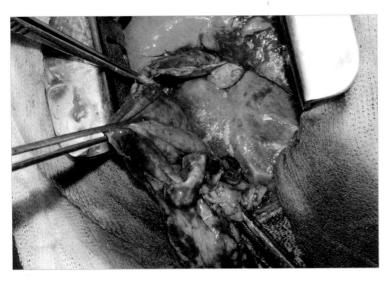

图9 在尾侧切开心包，并将切口向左和向右延伸，随后向头侧牵引并取出切开的心包部分

在这个过程中，可能会将隐藏在纵隔脂肪中的血管切断。因此，良好的预防性止血至关重要。

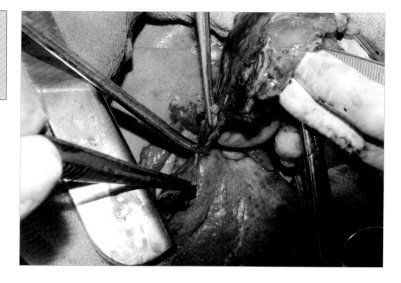

图 10　心包切除后的外观

对无法找到出血源的小面积出血，可用纱布或棉签进行压迫止血。

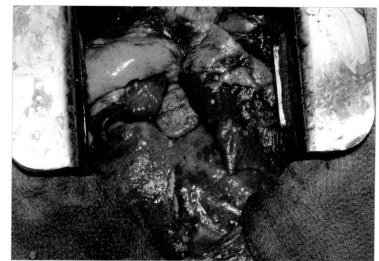

图 11　手术结束。这种心包切除术可切除超过 60% 的心包

用微温的生理盐水冲洗胸腔后，用吸引器将胸腔清洗液吸净（图 12）。

放置胸腔引流管，按常规方式关胸。患病动物在术后经常会出现胸腔积液，所以胸腔引流管需在术后留置 3 ～ 4 天以便将含血的胸腔积液全部放出。

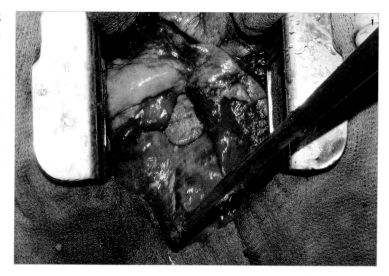

图 12　用吸引器将胸腔清洗液吸出。低含血量的吸出液反映了胸腔纵膈的止血效果

动脉导管未闭（PDA）

技术难度

动脉导管未闭（PDA）是一种非常常见的先天性心脏畸形（占所有先天性心脏缺陷疾病的 25% ~ 30%）；这是胚胎期连接降主动脉和肺主动脉的动脉导管未能闭合的结果（图 1）。

在胎儿发育过程中，动脉导管将肺主动脉与降主动脉连接，从而将流向肺（未膨胀）的血液转移到主动脉（从右至左流动）和脐动脉，在胎盘中进行氧合。出生后，肺扩张，血管阻力下降，血管内的血流方向相反（从左到右流动）；导管壁收缩，在出生后 72 小时内完全闭合。

> **导管闭合的机理是什么？**
>
> 动脉导管通过收缩管壁周围的平滑肌来关闭，以应对突然增加的氧张力。
>
> **为什么有时无法关闭？**
>
> 因为肌纤维的数量比正常情况下少，且以弹性纤维为主。

如果导管不能闭合，主动脉与肺动脉之间的左右分流将持续存在，这会导致心脏容量过载并出现典型且持续性的"器质性"心内杂音。

临床症状

雌性的发病率高于雄性。

临床症状与动脉导管的直径、流经导管的血液量及导管未闭的时间有关。临床症状包括：

- 与同窝的其他动物相比发育迟缓。
- 运动不耐受。
- 咳嗽。
- 贫血。
- 体重下降。

> 大多数 PDA 患病动物在 12 个月前会出现严重的心力衰竭。

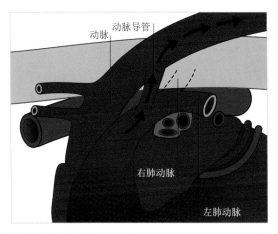

图 1 胚胎发育时连接主肺动脉和主动脉的胚胎动脉导管示意图

这也可能是在常规体检或评估成年狗身上偶然发现的。在这些动物中，PDA 很小，血流动力学变化不是很明显。

PDA 的病理

PDA 会导致左侧心脏的体积超负荷，长此以往会导致改变和损伤，如：

- 左心室进行性扩张和肥大。
- 二尖瓣增厚，继发反流。
- 左心充血性心力衰竭。
- 肺水肿。
- 由于过度扩张而引起的持续性房颤。
- 主动脉或肺动脉的扩张和管壁变薄。

随着时间的推移，由于左心衰，通过 PDA 的血液流向变为从右向左流动（反向流动）。当肺动脉中的无氧血与主动脉中的含氧血混合时，就会出现发绀。

器质性杂音可能消失，变成舒张期杂音，如果主动脉和肺动脉的血压达到平衡，则可能无法用听诊的方法进行心脏检查。

269

大多数未经治疗的 PDA 患病动物会在出生后的 1 年内死于进行性心力衰竭。

诊断

　　胸片显示左心房和心室体积增大，肺部血管扩张，主动脉腹背侧隆起（图 2，图 3）。

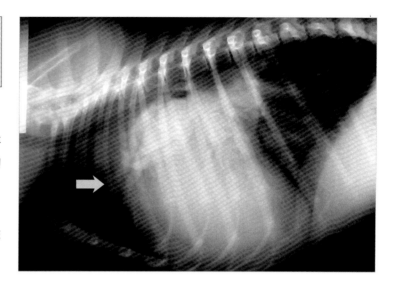

图 2　胸腔侧位 X 光片。可见心脏和支气管旁的动脉分支（箭头）扩张，肺门水肿

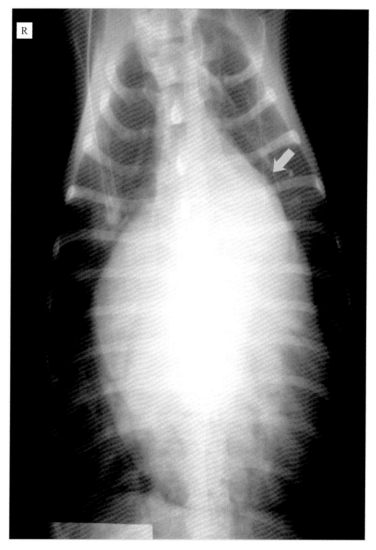

图 3　仰卧位 X 光片，可见主动脉的扩张和膨出（箭头）

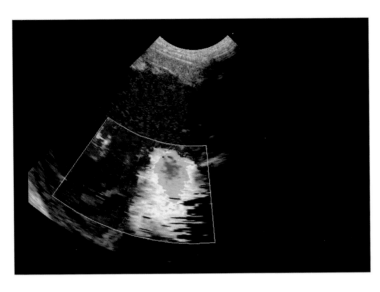

超声心动图显示左心室扩张肥厚，肺动脉扩张，主动脉射血速度加快，多普勒超声显示肺动脉血流紊乱（图4）。

图4　彩色多普勒超声可见肺动脉内流向紊乱的血流

心电图上，前导联Ⅱ可能显示高R波（>2.5mV）或宽P波，但这些变化并不是在每个病例中都可以见到。

治疗

一般而言，需在确诊后使用常规或微创手术尽快关闭未闭合的动脉导管。

若PDA患病动物动脉导管中的血流方向是从右到左的（逆流）。这种情况下，不能够关闭PDA，否则将导致严重的肺动脉高压。

> 术后平均存活时间为14年。如果患病动物没有接受手术治疗，存活时间将缩短至9年。

出现充血性心力衰竭的患病动物，在手术前应使用利尿剂（速尿2～4mg/kg/6h）、地高辛（0.005～0.0011mg/kg/12h）和血管扩张剂（依那普利0.1～0.3mg/kg/12h）控制病情。

✳ 应避免过度利尿或血管扩张，因为这会导致低血压的出现。

手术选择

微创手术：

- 胸腔镜介入和钛夹闭合PDA。
- 影像引导下的微创手术，也称为介入放射学（图5），首先将PDA置管，然后放置自扩张封堵器（Amplatzer）。

271

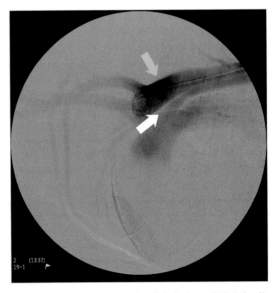

图5　动脉造影图，动脉导管（黄色箭头）、肺总动脉（蓝色箭头）和未闭合的动脉导管（白色箭头）

微创手术可以将组织的损伤降到最低。利于患病动物的恢复。但手术需要特殊的设备和术者专业的技术，而且对于小体型（小于7kg）的患病动物来说，操作会比较复杂。

传统手术治疗

PDA的标准矫正方法是在左侧第四肋间隙开胸并用不可吸收的多丝缝线将导管结扎。

穿过PDA的迷走神经，可作为定位动脉导管的参考点（图6）。

在定位并隔离好动脉导管后，用后文介绍的方法将动脉导管分离、结扎。

在关闭PDA期间，可能会出现Branham反射，其特征是由于主动脉血流的迅速增加而导致患病动物出现严重的心动过缓。

> PDA的快速关闭会刺激左心房的机械感受器 ❶ 引起迷走反射。

预后和并发症

PDA的关闭手术可治愈大多数患病动物的疾病。能够治愈年幼动物（6个月以下）所出现的二尖瓣闭锁不全和心力衰竭。

> 术后，对患有二尖瓣闭锁不全或心力衰竭的动物使用血管紧张素Ⅱ受体阻断剂是有意义的。

若由经验丰富的医生主刀，很少会出现术中并发症。由并发症导致的死亡率为0～2%，最重要的术中风险主要来自PDA或右肺动脉的破裂，在两岁以下的病例中尤为多见。

在PDA后方（右侧）的分离过程中出现的小面积破裂性出血，可通过止血海绵压迫加以控制，但在进一步的分离过程中，破裂的可能性变大，失血量会增加。此时，应先在PDA或主动脉、肺动脉干上用血管夹（血管阻断技术）控制出血，然后再选用适当的止血手术技术来解决大面积出血的问题。可选的止血手术技术包括：

■ 更改手术入路并使用Henderson-Jackson技术封堵PDA。

■ 使用粗的且耐腐蚀的缝线连续缝合PDA。

■ 在两个血管夹之间切开PDA，并将PDA游离端缝合。

图6 在心脏基底部可观察到：左锁骨下动脉（绿色箭头）；降主动脉（灰色箭头）；肺动脉（黄色箭头）；迷走神经（蓝色箭头）；PDA（白色箭头）

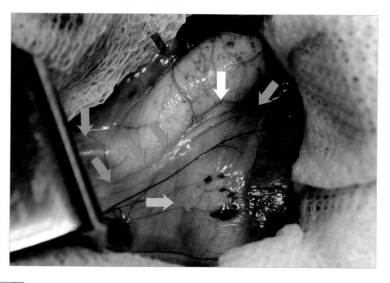

---

❶ 机械感受器是一种能对机械压力或扭曲力作出反应的感觉感受器。

动脉导管未闭传统手术治疗

流行性	■ ■ □ □
技术难度	■ ■ ■ □

　　患病动物取右侧卧位保定，通过第四肋间隙开胸，暴露心脏基底部。

　　拨开左侧肺的尾叶，用湿润的无菌纱布固定。

　　通过上述操作所暴露的术区可清楚地看到迷走神经、主动脉、肺动脉和未闭合的动脉导管（PDA）（图1）

　　左侧的迷走神经横跨 PDA 分布。小心分离这条神经，并用缝线做好标记（图2）。喉返神经沿着 PDA 的尾侧也应经行识别标记（图2，白色箭头）。

> 左喉返神经在 PDA 周围弯曲并沿颅骨方向延伸。通常可以确定（图2），但如果没有，在解剖时应牢记。

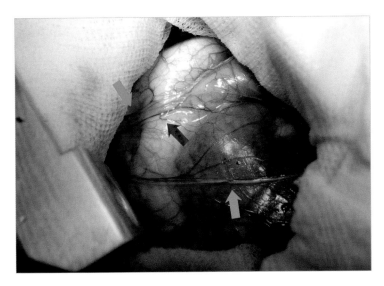

图1　心基部的图片。迷走神经（蓝色箭头），肺动脉和主动脉之间的 PDA（灰色箭头），膈神经（绿色箭头）

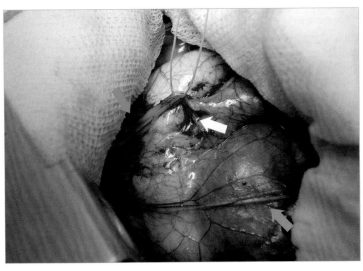

图2　分离迷走神经并做好标记，以避免手术操作过程中对其造成意外的损伤。神经：迷走神经（蓝色箭头），左侧喉返神经（白色箭头），左侧膈神经（绿色箭头）

接下来，充分暴露 PDA 的头侧和尾侧，并在 PDA 的头尾两侧分别放置一根不可吸收的多丝缝线（图 3～图 5）。

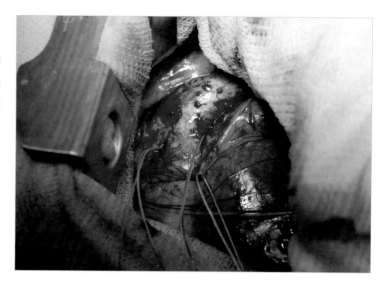

图3 向腹侧牵拉迷走神经，分离 PDA 后放置两根不可吸收的多丝缝线准备结扎

图4 结扎时要将两个结分别打在 PDA 的两侧，且两个线结应尽可能互相远离，彼此独立

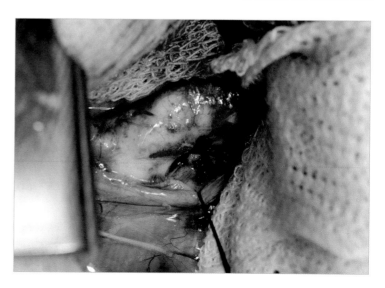

图5 结扎未闭合的动脉导管（PDA）。第一个结要尽可能靠近主动脉，而第二个结尽可能远离第一个结

某些患病动物的动脉导管非常短，只能做一个结扎。在这种情况下，血管壁往往非常脆弱，所以结扎时要非常小心。

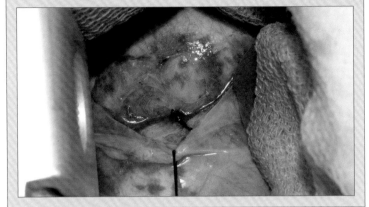

* 如果在结扎时引起了Branham 反射，可以先松一下线结，待反射消失后再逐渐拉紧。
也可以使用无创钳，在结扎前夹住 PDA 来避免Branham 反射的发生。

下面所介绍的任何一种技术都可以用来结扎 PDA，这些方法各有优劣，兽医应根据每个病例的具体情况来进行选择。

环形结扎

在不打开心包的情况下，PDA 的头侧位于主动脉和肺叶之间，尾侧位于主动脉和右侧肺动脉之间（图6，图7）。

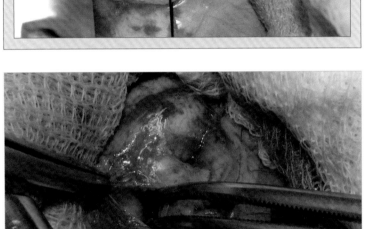

图6 用直角钳分离 PDA 的头侧。钳子是从图片所示的位置向着尾侧的方向沿 45°角斜向插入的

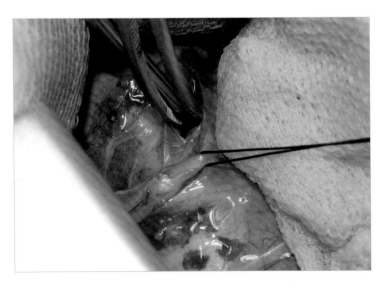

图7 在 PDA 和肺动脉之间分离时要特别小心，注意不要损伤位于 PDA 后方的左侧喉返神经或右肺动脉（此图未见）

应尽可能多地剥离 PDA 周围的纤维组织，以确保结扎的稳定性和 PDA 的完全闭合。

使用弯头止血钳，从尾侧至头侧仔细分离 PDA，直到在头侧可以触摸到并见到钳尖（图 8）。在分离过程中，钳口不能过度开张（2～3mm 为宜），否则可能会造成 PDA、主动脉或右肺动脉管壁的撕裂。

在分离 PDA 内侧时应格外小心，因为在这个无法暴露的区域进行的分离操作很可能损伤 PDA 脆弱的血管壁。

接下来用持针器持缝线穿过 PDA 的后方。此过程应缓慢进行，以避免多丝缝线产生锯切效应（图 3，图 4）。

* 为了避免多丝缝线产生的锯切效应，可预先将缝线在盐水或凝固的血液中浸泡。

如果钳子不能顺利通过组织，则说明纵隔已被夹紧，此时不能用力或拉扯，而是要根据具体情况进行钳口的反复开合，直到钳子能够顺利穿过 PDA 周边的组织。

用同样的方法在 PDA 上做第二次结扎。

此外，可将缝合线对折成双线，将双线穿过 PDA 后方，再从折点处剪断，即可获得用于结扎的两根缝合线（图 4）。

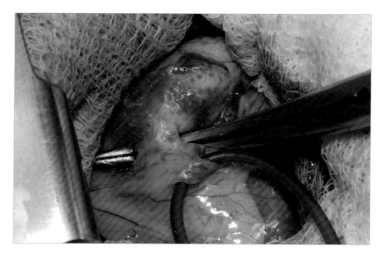

图 8　分离 PDA 的内侧时，应小心且缓慢地将钳子从尾侧上移至头侧，避免损伤血管壁

两个结应该独立，不能在 PDA 内侧交叉。

靠近主动脉的结扎应缓慢地收紧，但要确保结扎牢固。

紧接着是靠近肺动脉的结扎（图 9）。

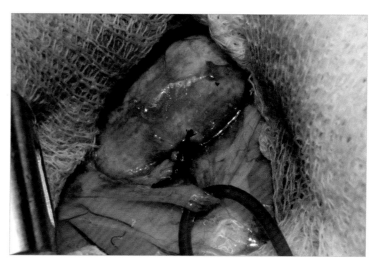

图 9　用两条 0 号丝线结扎的 PDA

Jackson-Henderso 技术

这项技术可用来替代环形结扎，以避免在不可暴露的 PDA 内侧进行分离操作时损伤肺动脉干或右肺动脉。

术中出血的发生率为 6% ～ 10%。

在主动脉旁，从左锁骨下动脉到主动脉肋间动脉切开并剥离背侧胸膜。如果看不到后者，可用镊子在主动脉弓尾侧寻找主动脉肋间动脉的分支（图 10）。

 谨慎进行主动脉背侧的剥离操作，以避免损伤靠近主动脉内测的 PDA。

用手指或钝器在主动脉内侧进行钝性分离。

 主动脉内侧的彻底剥离是有必要的。它可确保结扎线的顺利放置和打结过程中不会包含纵隔组织（包裹纵隔组织的结扎不牢固）。

277

图 10　主动脉背侧和头侧的剥离。应沿着锁骨下动脉和主动脉肋间支之间的部分进行剥离

然后，仔细分离 PDA 的头侧和尾侧。

弯头止血钳从 PDA 的头侧至主动脉的背侧穿过，夹紧双股缝合线的两个线端并小心地将其拉出（图 11，图 12）。

图 11　主动脉内侧的钝性分离效果很好。借助直接触诊，弯头止血钳可轻松地从主动脉腹侧下方通向右背侧区域。如图所示

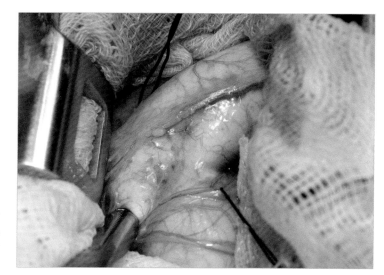

图12 用弯头止血钳夹紧双股缝合线的环，小心地绕过主动脉沿止血钳穿透的路径拉出。注意：不要用力拉动，避免血管和线之间产生摩擦

在 PDA 的尾侧区域重复相同的操作过程（图13），然后切断双股缝合线的线环，进行两次独立的结扎。

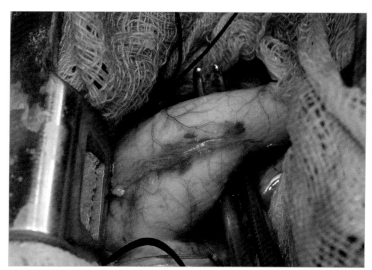

图13 弯头止血钳从 PDA 的尾侧向主动脉背侧穿过并夹住双股缝线的剩余部分

用于结扎 PDA 的两个结应相互独立，且不能在 PDA 内侧交叉（图14）。

缝合线应从主动脉背侧拉向 PDA 的内侧。

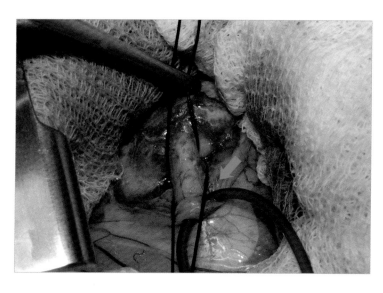

图14 结扎线结一定要独立且不交叉，结扎应确保安全和牢固，不能损伤喉返神经（箭头）

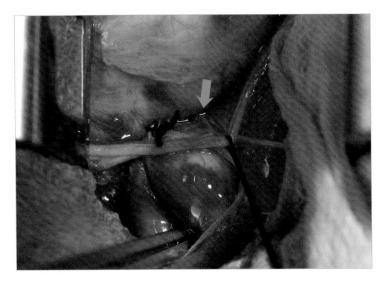

结扎要保证牢固，通常先结扎靠近主动脉处的PDA，然后在离第一处结扎尽可能远的位置做第二次结扎（图15）。

图15 结扎后的最终效果。由于空间很小，两处结扎的距离很近。即便空间再小，两处结扎也应尽量分开。喉返神经（箭头所指）

视诊检查血管和PDA，并通过触诊确认没有因紊乱血流引起的血管震颤。

兽医应掌握这两种手术技术，并且能够在不同的情况下做出合理的选择。

导管内的持续血流是由导管的不完全闭塞引起的，但其并不表现出明显的临床症状。

> 如果由经验丰富的兽医主刀，加上仔细的分离和对组织的小心处理，可以大大降低术中并发症的发生概率。

> ✳ 成年大型犬的PDA应特别小心，因为与年轻的小型犬相比它们的血管缺乏弹性，PDA也更加脆弱。

> 术后PDA的复发率约为1%～2%，在动物病情复杂或兽医缺乏经验的情况下，复发概率会有所上升。

以标准方式打开和关闭胸腔，除非有失血、其他液体进入或外科并发症否则不会放置胸腔引流管。胸腔手术后产生的液体通常在12～24小时后会自行清除。

两种技术可能出现的并发症[1]		
	Standard 技术	Jackson-Henderson 技术
术中出血	++	++
胸导管破裂和继发性乳糜胸	−	++
医源性喉返神经损伤引起的发声困难	+	+
流经PDA的剩余血量	++	+++[2]

① 随着兽医经验的增加，并发症的发生率显著降低。
② 可能是结扎过程中包裹了过多主动脉内侧的纵隔组织，或者是结扎不牢固的原因。

279

预后

对于幼犬来讲，心脏的大小会在手术后3个月恢复正常。术后7天肺血管也将恢复到正常大小，但动脉的扩张并未消失，因为血管壁的松弛是不可逆的。

在没有手术并发症的情况下，预后非常好。

观看视频
动脉导管未闭

会阴疝

会阴疝多见于中年或老年未去势的公犬、母犬和猫。尤其常见于以下品种的犬：拳师犬、波士顿犬、北京哈巴狗、柯利牧羊犬、腊肠犬和英国古老牧羊犬。在小型串种的梗类犬中也比较常见。会阴疝产生的根本原因是肌无力导致的盆膈退化。会阴的萎缩或退化往往由多种原因导致，应强调的包括：慢性便秘和里急后重患病动物会阴部运动神经元拉伸引起的神经源性萎缩、老年性萎缩、犬尾骨附近的尾骨肌萎缩，因性激素分泌紊乱和前列腺疾病引起的肌病。所有会阴疝的病例，不论病因是什么，造成的结果是一致的，均会出现肌肉对直肠壁的支撑减少，从而使直肠的末端被推挤向一侧，形成一个袋子或憩室。

疝通常位于肛门外括约肌外侧。

疝内容物可游离于括约肌和提肛肌之间。会阴疝的病例，提肛肌经常会出现萎缩，从而使肛门括约肌和尾骨肌之间留出空间让内容物滑出腹部（图1）。

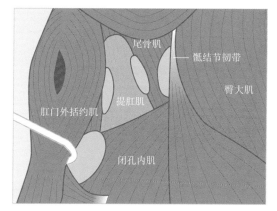

图1 会阴部解剖图，图中显示了会阴疝可能出现的部位

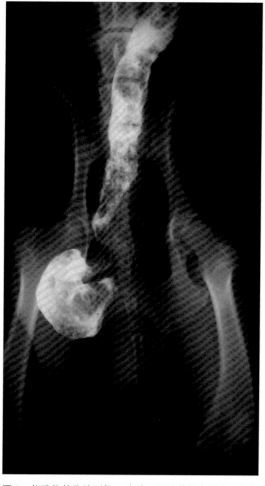

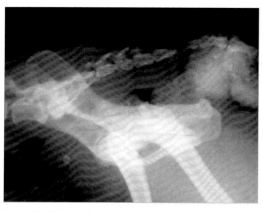

图2 盆腔侧位 X 光片，可见单侧会阴疝。疝的内容物是含有粪便的直肠憩室

图3 仰卧位的盆腔正位 X 光片，可见单侧会阴疝，其内容物为偏离正常解剖位置的直肠后段

最常见的会阴疝内容物是腹部的肠道或脂肪组织。由于盆腔膈肌功能的缺陷，直肠常发生外侧偏离，在疝囊内形成一个环。在某些情况下，慢性便秘后会形成直肠憩室，排便时施加在会阴上的压力会使残留的粪便进入直肠憩室从而形成疝气（图2，图3）。

膀胱和／或前列腺也会进入疝囊。有时，膀胱自身会向后翻转并进入疝囊，有时会与前列腺一起在外力作用下被拖入疝囊（图4，图5）。

临床症状主要表现为，在患病动物肛门的一侧或两侧出现会阴部的肿胀。一般情况下，双侧会阴疝造成的会阴区肿胀是可缩小的（图6）。其他症状包括：便秘，里急后重和营养不良，有时会交替出现腹泻和大便失禁。如果疝囊中包含有膀胱并发生了嵌闭，则临床表现可能会恶化到无法排尿的程度，进而动物可能会出现肾后性氮质血症。

完整的检查和诊断应包括造影和直肠触诊，以确定疝的内容物。检查和诊断的结果不但有助于治疗方式的选择，而且有助于解决将要进行的手术中所面临的困难。因此，不论有没有造影剂都要拍摄膀胱和直肠的X光片。

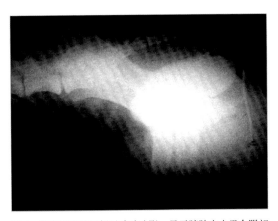

图4　使用碘化造影剂对膀胱造影，显示膀胱突出于会阴部

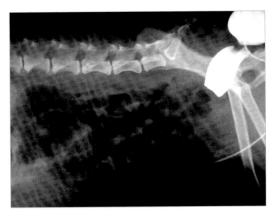

图5　这幅膀胱造影后的X光片，显示了向尾部移位的膀胱。它的一部分位于小骨盆腔，一部分位于疝囊中

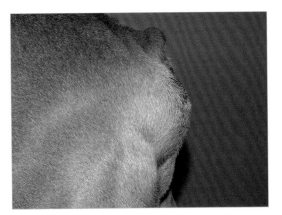

图6　与单侧会阴疝相对应的会阴区域出现肿胀。请注意：这个动物的尾巴是被截短的

基于高纤维湿粮的食疗和大量轻泻剂或（和）粪便软化剂（结合）的药物疗法其目标是使患病动物排便或产生软便；对所有的犬做绝育或去势其目的是减少对直肠的压迫。然而，这些保守的治疗方法效果并不理想，最终还得依靠疝的修补手术来解决问题。

＊　如果X光检查显示疝的内容物是膀胱，必须马上手术，因为这种情况可导致患病动物出现肾后性氮质血症。

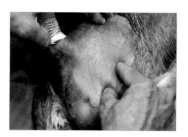

图7 这种弧形切口用于简单疝的修补手术

图8 为了实现臀浅肌和闭孔内肌的移位，需将简单疝修补手术的切口在背侧向头侧延伸，同时还需做一个侧方切口

图9 会阴疝手术入路的标志

术前

- 术前禁食24小时，以排空消化道，避免术野污染。
- 也可使用灌肠剂灌肠来排空消化道。
- 若疝内容物为膀胱，应先通过膀胱穿刺或插入导尿管将尿液排出。
- 因尿潴留而出现脱水或尿毒症的患病动物应待病情稳定后再实施手术。
- 做好术前准备，采用与其他会阴部手术相同的保定方式将患病动物保定。

会阴疝可通过多种手术方法进行修复。在不同情况下所选择的手术方法是否恰当主要取决于：

- 会阴肌肉组织的状态（疝的大小和位置，肌肉萎缩的程度……）。
- 疝内容物（肠、膀胱……）。
- 兽医对各种技术的掌握情况。

修复会阴疝的外科技术包括：

- 简单的疝气修补术。
- 闭孔内肌的抬高或移位。
- 臀浅肌的移位。
- 半腱肌的移位。
- 网格补片的放置。
- 膀胱固定术。
- 输精管固定术。
- 结肠固定术。

疝气修补术的皮肤切口要根据具体情况进行选择。对于简单的疝气修补或放置补片的手术，在肛门外侧做一个切口即可，该切口从尾根基部沿适当的方向向后延伸至坐骨结节（图7）。如果需要移位臀浅肌，则应在背侧延长切口至髂骨翼，同时在垂直于第一切口向着股骨大转子的方向做一个斜向的第二切口（图8）。坐骨结节、股骨大转子和髂骨翼是手术入路的参照点（图9）。

术后

- 动物在术后要持续佩戴伊丽莎白圈。
- 使用泻药，避免排便时对伤口产生过大的压力。
- 清淡饮食，防止便秘。
- 提醒宠主做好患病动物的卫生清洁工作（患病动物每次排便后都应及时清理）。

术后可能出现的并发症包括伤口感染、大便失禁、排尿困难、里急后重、直肠脱垂和坐骨神经麻痹。这些并发症在临床中非常少见。

然而，复发却是常见的。据文献报道，其复发率高达10%～40%。复发率的高低在很大程度上取决于兽医的经验和技术能力。一些研究表明，对患病的公犬实施去势手术不但可以降低1/3的复发概率，还可减少对侧疝的发生概率。

> 应建议宠主在会阴疝修补术实施的同时或痊愈后给患犬做去势术。

病例1·单纯性会阴疝

技术难度

图1　初诊

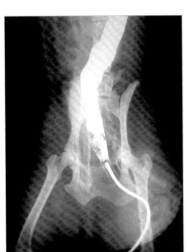

图2　仰卧位X光造影检查，结果显示疝内容物中不包括直肠

只要条件允许都可使用简单的疝修补术进行会阴疝的修补，因为这种方法是最简单的，用间断的结节缝合即可闭合疝环。这种手术方法最终能否成功，一方面取决于与疝环相邻的会阴部肌肉的状态，它将承受缝合线产生的张力；另一方面取决于疝环的大小，它将决定缝合线的张力。

10岁的公贵宾犬在肛门周围会阴区域出现肿胀（图1）。患病动物无里急后重或粪便滞留的迹象。通过直肠探查诊断为双侧会阴疝。经直肠造影证实，直肠并没有进入疝囊（图2）。决定采取手术修复（图3～图10）。

283

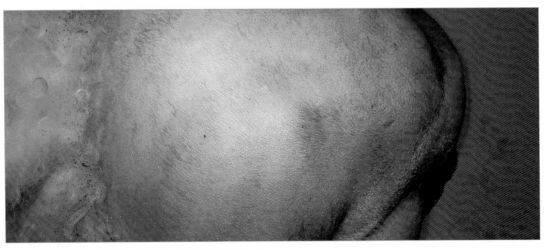

图3　术野按常规方式处理，图片显示肛门两侧出现肿胀

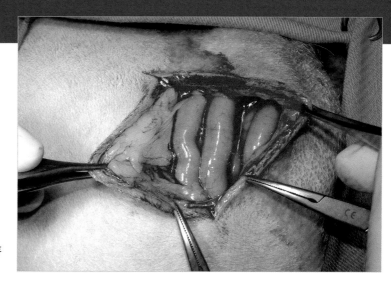

图4 打开疝囊后，可以看到其内容
物为健康的肠袢

284

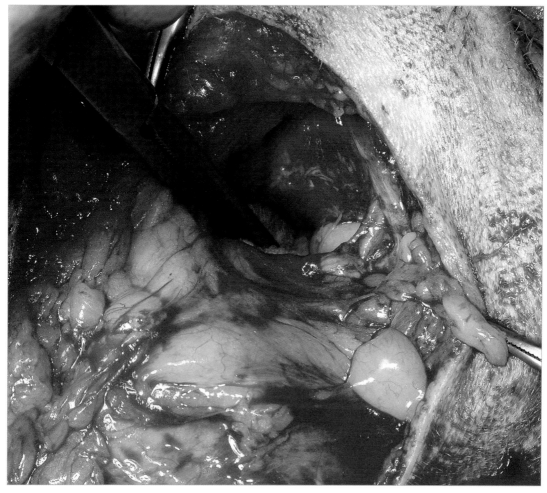

图5 用长的止血钳夹住纱布块将疝内容物还纳至正常位置，在疝环的缝合过程中需始终保持纱布块对疝内容物的阻隔
作用。该照片显示疝环并不大，且疝周围的尾骨肌和肛门外括约肌具有良好的完整性。因此，决定实施简单的疝修补术

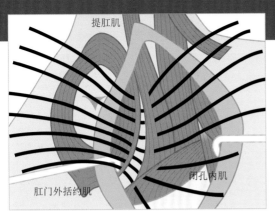

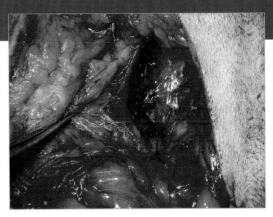

图6 会阴疝的示意图，图中显示了肛门外括约肌、提肛肌、尾骨肌之间间断缝合线经过的位置，以及这些肌肉与闭孔内肌之间的缝合线位置

图7 用可吸收缝线以简单的结节缝合方式闭合疝环

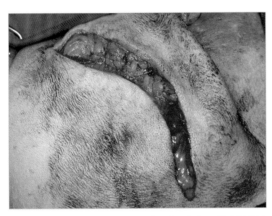

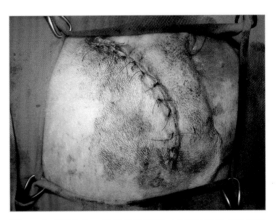

图8 疝修补后，重要的是小心缝合皮下组织，最大限度地将还纳后的组织固定到最佳位置

图9 皮下缝合伤口后的最终外观。采用同样的方法修补对侧疝，同时对患犬施行去势手术

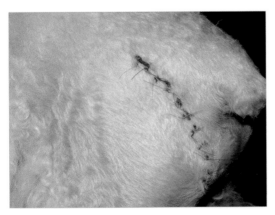

如果会阴部肌肉的功能良好，且疝所造成的缺损不是太大，简单的疝修补术就是最好的处理选择。

观看视频
会阴疝：单纯修补术

图10 拆线时的术区效果。会阴部外观正常，术后该区域出现的炎症反应已消失

病例2·网格植入

技术难度 ■ ■ □ □ □

如果会阴部肌肉不足以支撑缝合线产生的张力，则需用手术植入聚丙烯网格的方法来代替简单的疝修补术。这种技术的缺点是网格补片的成本较高。手术过程见图1～图9。

286

* 不要忘记在肛门括约肌周围做一圈预置的荷包缝合，在手术结束时要将其拆除！

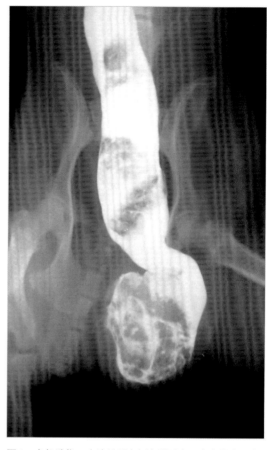

图1 犬仰卧位X光片显示左侧会阴区有一个大的会阴疝，其内容物为直肠末段

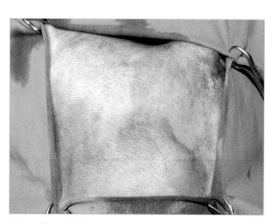

图2 做好术前准备。患病动物取仰卧位，将胸骨抬高，尾巴在背部固定。在疝的上方做一个简单的斜切口

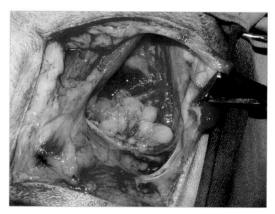

图3 一旦将疝内容物还纳，疝环的大小和其周边肌肉功能的缺失情况就被暴露出来。在这个病例中，根据具体情况医生决定植入一个网格补片来完成疝的修补

观看视频
会阴疝：植入物修补术

当修补会因疝气时，圆锥形的补片最常用。

图 4　网格补片由不可吸收的聚丙烯材料制成，在对缺损组织的疤痕修复过程中，成纤维细胞可穿过网格孔生长，与网格补片一起作为疤痕组织的支撑

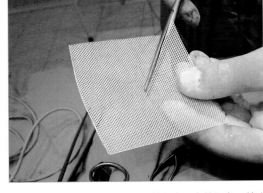

图 5　考虑到会阴疝造成的组织缺损有一定的深度，所以可将补片做成一个圆锥体

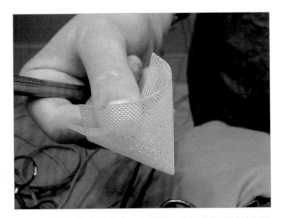

图 6　圆锥体补片制成后，将其顶点放置在缺损的最深处

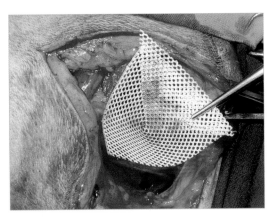

图 7　将网锥形的补片放置在缺损处，调整其大小，直到圆锥形补片的基部能够完全覆盖疝环

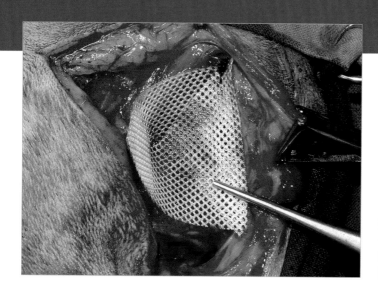

图8 接下来，将圆锥形补片的基底部缝合到疝环周边的肌肉上。
确保在健康的肌肉上进行缝合，同时要注意缝线不能拉得太紧

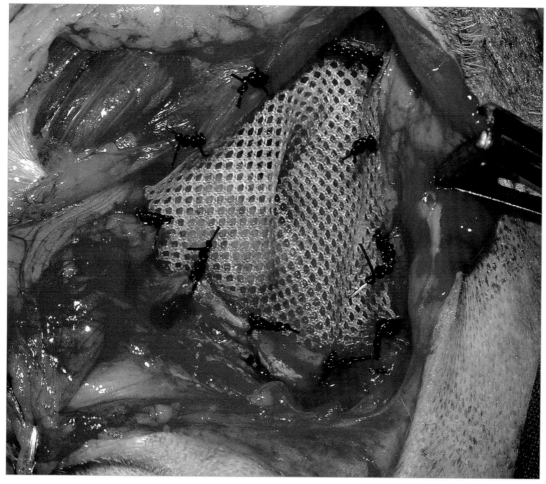

图9 用不可吸收缝线以简单的结节缝合方式围绕圆锥形网格补片的基底部将其固定

病例3·输精管固定术

技术难度 ▮▮▮▯

前列腺肥大是正常老年犬的常见症状，当它因腹部紧张而进入骨盆时，可能会成为排便的机械障碍。结果，患犬出现里急后重和慢性便秘。排便时，前列腺就像骨盆隔膜上的撞锤一样，因此，与已经提到的其他原因一起，引起会阴部肌无力，导致会阴疝出现。在这些情况下，前列腺会移动到骨盆中，并牵拉膀胱前进，这就是为什么两个结构都可以包含在疝气中的原因（图1）。在这些情况下，疝气的缩小和疝环的修复不足以完全防止复发。

在接下来的页面上，将介绍输精管固定的技术（图2～图18）。该技术的目的是将前列腺和膀胱固定在腹腔中，从而防止它们向骨盆移位和疝气复发。该技术是对先前描述的疝修补术、网格补片植入和肌肉移位术的补充。

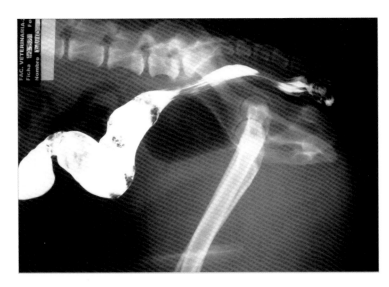

图1　患病动物腹部的侧位 X 线照片显示，内容物包括前列腺，前列腺已沿尾部方向将膀胱拖入骨盆。影像学检查包括钡剂灌肠和膀胱充气造影检查

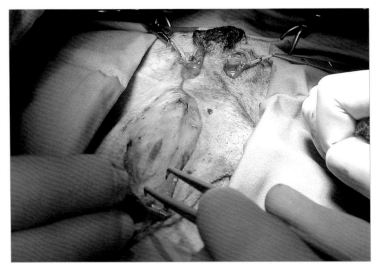

输精管固定术是一种辅助手术技术，特别适用于涉及膀胱和/或前列腺的会阴疝。

图2　首先，进行去势术，使患病动物在输精管上留有钳子。两个切口暂时不缝合。接下来，进行下腹剖腹手术

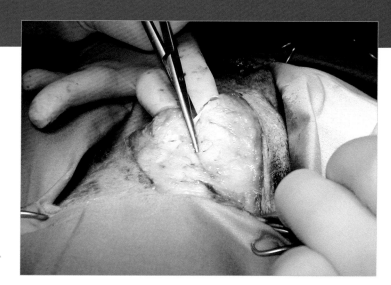

图3 剖腹手术通常在阴茎一侧进行。通过切开腹白线，小心保护腹部器官

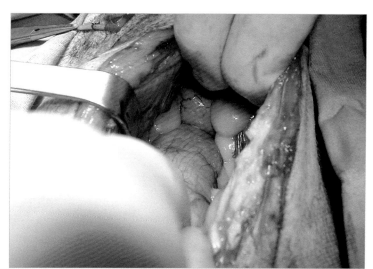

图4 一旦打开腹部，就可以看到膀胱。将肠道向头侧移动即可识别出结肠

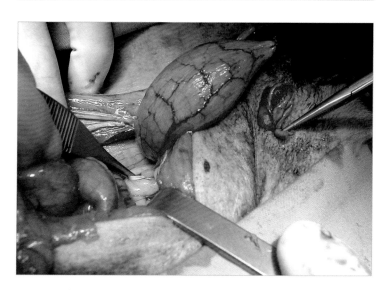

图5 膀胱尾部移动，穿过输尿管，以定位通向前列腺的输精管

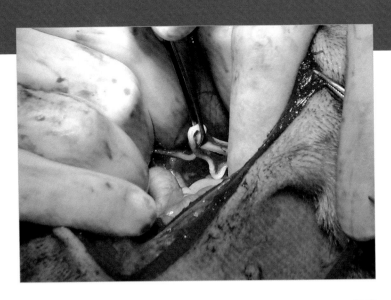

图 6　定位输精管后，在去势过程中放置的镊子将松开，其中一根导管通过腹股沟环被拉回到腹腔中

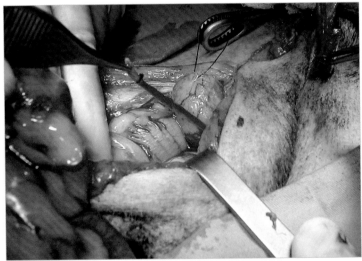

图 7　这张照片显示的是腹腔中的输精管。借助固定缝合线和无创钳将膀胱保持在后方

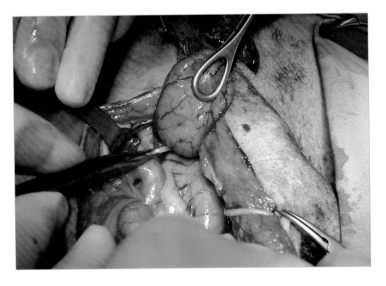

图 8　用镊子夹住第一根导管以检查其位置。另一条管道也是如此

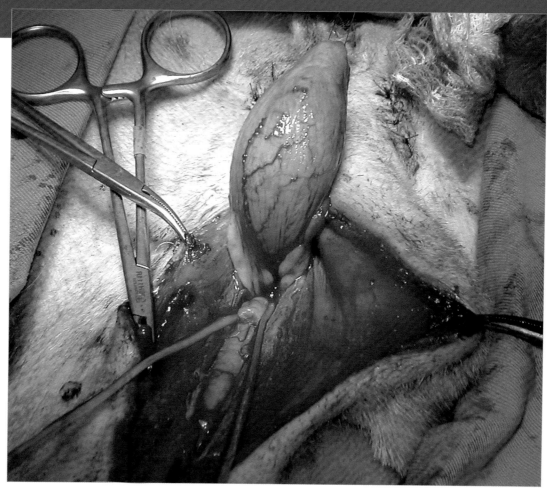

图9　两侧输精管清晰地暴露于腹腔，与前列腺相连

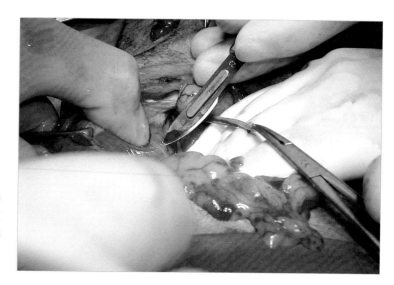

图10　这个目的是为了将两个输精管固定在腹壁的通道里，达到固定前列腺的作用。为了做到这样，我们需要在膀胱头侧腹侧壁做一个小切口

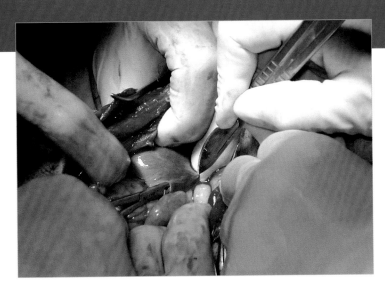

图 11 止血钳通过切口，在腹横肌下面形成一个 1cm 的通道，在止血钳穿出的地方用刀片划破

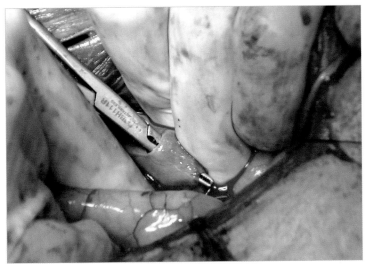

图 12 这张图显示准备给输精管通过的通道

图 13 使用第二把止血钳，使输精管通过通道

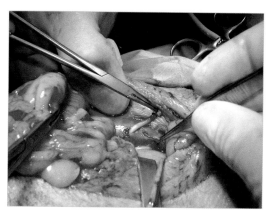

图 14　输精管被拉向头侧并收紧直到前列腺固定在腹腔，然后管道会自己收拢，并用缝合线固定

图 15　输精管收拢固定后，另一根缝线在两个节段周围扎紧

294

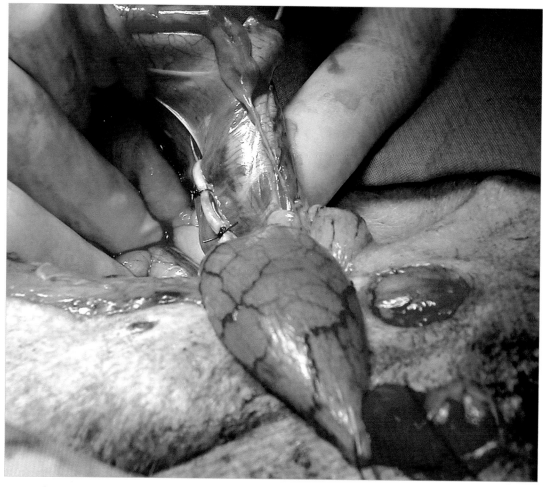

图 16　输精管用两条缝线固定，另一侧的管道也使用相同的技术

观看视频
会阴疝：输精管固定术

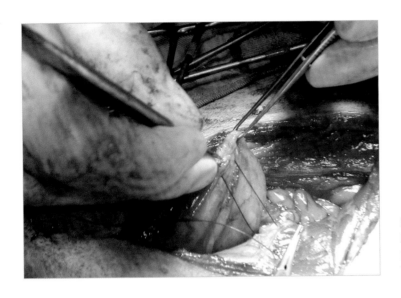

图 17　输精管固定术可以保证前列腺不移位到骨盆腔或牵拉膀胱，但不能防止膀胱掉入骨盆，为了避免这种可能性，膀胱固定术是被允许的

为了完善输精管固定术，建议做膀胱固定术，将其固定在它的解剖位置，避免膀胱移位

图 18　一旦腹腔关闭，患病动物俯卧保定，后端抬高，闭合疝环，在这种情况下，决定植入锥形聚丙烯网

肛周瘘

流行性

肛周瘘的特点是肛周的慢性炎症和溃疡性病变，肛门周围出现多个相互连接的瘘管且并发严重的感染（图1）。多见于德国牧羊犬和爱尔兰塞特犬的公犬。

临床病史：

· 肛周疼痛。

· 恶臭。

· 不断舔舐肛门区域。

· 消化道问题（便秘、腹泻、里急后重、排便困难）。

· 溃疡、出血或脓性分泌物。

临床症状：

· 剧痛，尤其在尾巴抬起的情况下会更严重。

· 肛门周围出现瘘管（图2，图3）。

· 肛门周围组织的溃疡和坏死（图4～图6）。

· 直肠扩张导致肛门狭窄。

✱ 检查会阴部时需注意，温顺的动物会因为疼痛而变得具有攻击性。

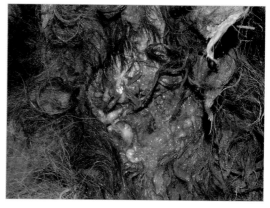

图1　6岁雄性德国牧羊犬的肛周瘘，患犬肛门区域剧烈疼痛且伴有排便困难

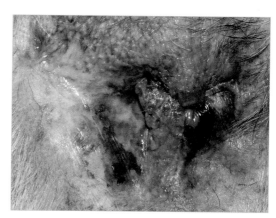

图2　德国牧羊犬肛门左侧的小瘘道

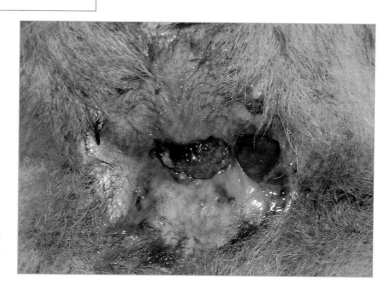

图3　复发性肛周瘘的患犬。注意肛门左侧的瘘道和右侧的溃疡。该病例还出现了继发性肛门狭窄

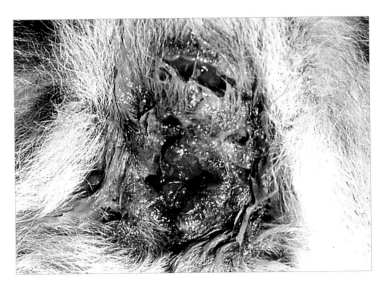

有些患病动物需要在镇静甚至麻醉的情况向才能进行会阴部的检查。

图4 若肛周的几个瘘道发生了融合，会导致大面积溃疡的出现，此时患病动物会表现出剧烈的疼痛及相当严重的局部感染。应告知主人病情的严重性、需要采取的治疗方案及预期的治疗结果，最重要的是告知主人在术后较长的恢复期间，他们所要承担的责任和配合医生所要做的工作

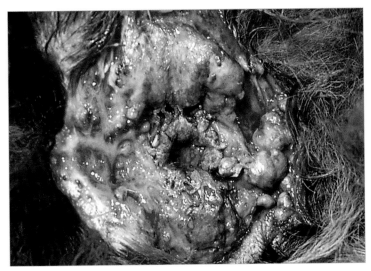

* 不论采用什么样的治疗方法，复发的概率都是很高的。

297

图5 8岁德国牧羊犬的肛周瘘。病变已波及整个肛周

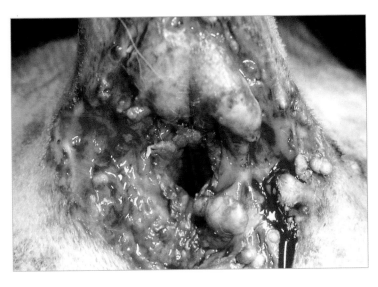

图6 大面积的肛周病变。患病动物的临床表现为排便困难、疼痛难忍、不断舔舐、肛周滴血。这个患病动物将接受手术治疗

病例 · 根治性切除

技术难度

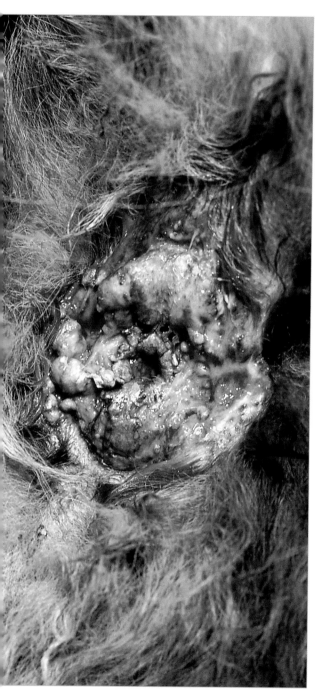

图 1　肛门损伤严重，肛周 360°的区域均受到波及。药物治疗只能缓解临床症状、减少损伤，但无法根治

　　根治性切除是将整个肛周感染区域切除、清除瘘道和溃烂组织的手术方法。

　　凯撒是一只 8 岁的德国牧羊犬，患有肛周瘘且有严重的并发症。由于药物治疗的效果不理想（图 1），所以医生决定为凯撒做手术。手术方案及可能出现的并发症均已告知凯撒的主人，主人同意实施手术治疗并接受可能出现的结果，且愿意在术后较长的恢复期配合医生帮助凯撒康复。

　　术前：
· 术前几天服用轻泻剂。
· 术前 48 小时直肠灌肠以清除粪便。
· 用消毒的肥皂水彻底清洗肛周。
· 使用抗生素预防感染（对革兰氏阴性菌和厌氧菌敏感的抗生素）。

> ＊　术前 24 小时内不要使用灌肠剂。因为可能被软化成液体的粪便会污染术部。

> ＊　尽量保留肛门括约肌，以降低大便失禁的风险。

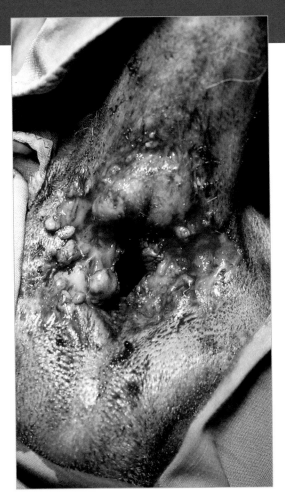

图3 切除病变组织后，将直肠缝合到皮肤上，保留直肠插入肛门的位置避免粪便污染手术区域

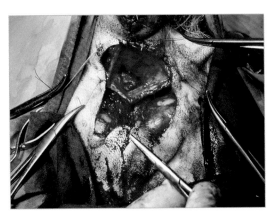

图4 使用不可吸收缝线进行简单的结节缝合

图2 注意肛周出现大面积病变的组织，其中包括肛门括约肌。用手术刀切开外面的皮肤和里面的肛门括约肌。切除整个病变区域：皮肤、皮下组织、肌肉、筋膜和肛门的大部分

299

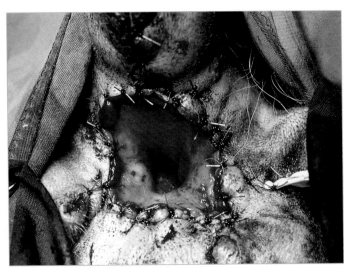

图5 缝合完成前，放置 1 ~ 2 个 Penrose 引流管避免术后血肿的形成

术后：

·持续佩戴伊丽莎白圈。

·全身止痛。

·每天清洗肛门数次，尤其在排便后。

·持续给轻泻剂3～4周。粪便软化后应易于排出，但不要使粪便变成糊状。

·全身性抗生素。

·每两天复查1次，直至完全康复，之后每月复查1次。

·肛周瘘的药物治疗。

可能出现的并发症：

·大便失禁。

·肛周瘘复发。

·肛门狭窄。

·腹泻。

·里急后重。

·排便困难。

·便秘。

术后需要定期复查以评估患犬的恢复情况

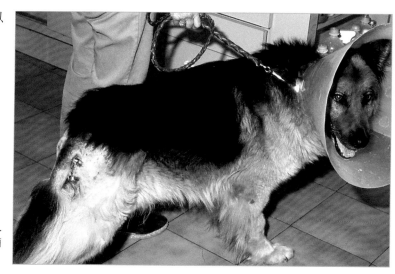

图6 36小时后的复查结果令人满意。患犬在术后一直佩戴伊丽莎白圈是非常重要的

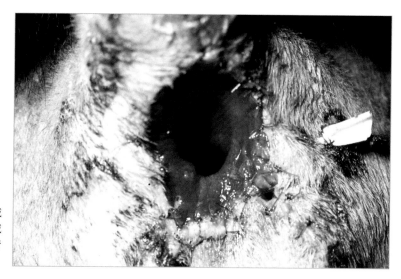

图7 术后第四天，除了外侧区域缝合处的小裂口外，其他手术区域愈合良好。拆除引流管，引流管拆除后的伤口将实现二期愈合

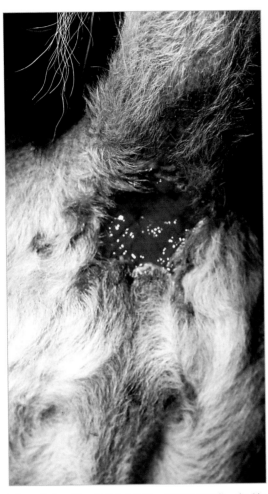

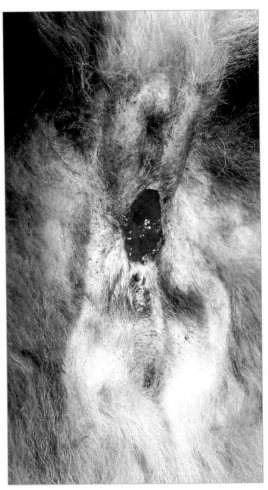

图8　术后15天，术部愈合良好。凯撒排便正常。术后初期观察，伤口边缘逐渐回缩并且没有发现感染

图9　3个月后，患犬体重恢复，完全恢复正常生活，无肛周瘘复发的迹象。疤痕组织的收缩没有引起肛门狭窄或排便困难的问题

观看视频
肛周瘘

　　从现在开始，建议每月复查1次，以监测复发情况。如果出现任何损伤，都应该及时采用烧灼剂处理。

烧灼剂：
· 硝酸银。
· 苯酚（5%溶液）。
· 碘（7%溶液）。

　大便失禁是这类手术最常见的并发症

《小动物外科学》是前几卷中介绍的主要外科手术的选集。这本书最大的优点是每一个手术技术均有高质量的配套手术操作视频，且根据手术的难易程度进行了分类。

这本书是作者深入细致的工作结果，无论是对兽医外科手术专业实践人员还是对兽医专业学生来讲均有重要的参考价值。